科学原来如此

传输力量的能源

主编　周戟

上海科学技术文献出版社

图书在版编目（CIP）数据

传输力量的能源 / 周戟主编．—上海：上海科学技术文献出版社，2011.1

ISBN 978-7-5439-4689-7

Ⅰ．①传… Ⅱ．①周… Ⅲ．①能源—普及读物 Ⅳ．①TK01-49

中国版本图书馆 CIP 数据核字（2010）第 263511 号

本书出版得到上海科普创作出版专项资金的资助

责任编辑：张　树　陈云珍
封面设计：周　婧
插　　图：汪伟俊

科学原来如此丛书
传输力量的能源
主　编　周　戟
出版发行：上海科学技术文献出版社
地　　址：上海市长乐路 746 号
邮政编码：200040
经　　销：全国新华书店
制　　版：南京理工排版校对有限公司
印　　刷：常熟市华顺印刷有限公司
开　　本：787×1092　1/16
印　　张：15.25
字　　数：285 000
版　　次：2011 年 1 月第 1 版　2011 年 11 月第 2 次印刷
书　　号：ISBN 978-7-5439-4689-7
定　　价：30.00 元
http://www.sstlp.com

《科学原来如此 · 传输力量的能源》分册编委会

主　编：周　戟
副主编：张庆麟
编　委：甘德福　吴　沅　周　戟　张庆麟　俞君定
（以姓氏笔画为顺）

前言

大自然之所以威力无穷,就在于大自然的能量是无限的。地震、火山喷发、龙卷风、飓风、洪水、干旱等自然灾害,都是大自然不可控制的能量的肆虐。怎样把大自然的这些无穷尽的能量来为我们社会发展服务是长期以来人们一直追求的目标。

从猿到人,人与动物的主要分界线在原始社会中,除了人会制造工具(石器)外,就是人会利用能源。人类利用能源的划时代的第一步,就是取火的发明。有了火才有以后的蒸汽动力、电力等。蒸汽机的发明使人们进入了工业社会。

在工业时代,人们除了掌握蒸汽动力、电力等能源外,还发明了钢铁材料和各种机械。能源、材料、机械,三者合一,奇迹发生了:人们不仅可以驾驶着汽车在大地上到处横冲直撞,还可以乘着飞机“上九天揽月”,也可以开着轮船“下五洋捉鳖”;一幢幢摩天大楼拔地而起,一座座城市遍布五大洲。

人类第一次发现了自己的力量。就像童年时代的孩子,发现自己会跑、会跳,还会做各种游戏时的兴奋一样。兴奋之余,工业时代的人们“勇敢”地提出了“征服自然”的口号。

工业时代的人们能“征服自然”吗?显然是不自量力!单从能源这一项来看,就是蚍蜉撼大树。大自然的能量在地球上的威力主要是太阳的能量和地球内部的能量,而工业时代的人们所控制的能源,仅仅是由太阳能转化成的石油和煤炭的能量。石油和煤炭不仅在地球中储量有限,与太阳能和地热能相比,也仅是沧海一粟。而且,燃烧石油和煤炭时释放出的大量二氧化碳及其他有害气体污染了大气,造成了温室效应的加剧,这是地球环境受污染的罪魁祸首。

工业时代的后期(20世纪60年代后),地球环境危机向人们敲响了警钟,人们醒悟了。1987年联合国提出了“可持续发展”的战略方针,并在全球范围内达成了共识。保护地球、保护我们共同的家园、我们只有一个地球、我们同住地球村等成为人们的口头禅。

为了达到"可持续发展"的目的,在能源利用上,一方面要开源节流,另一方面,要防止能源利用时对环境的污染。所谓开源,就是要开发各种无污染、可再生能源,如太阳能、地热能、水能、风能、海洋能、核聚变能等。所谓节流,就是要采取各种节能措施,以节约能源。为防止能源利用时对环境的污染,除了开发无污染新能源外,在应用现有的石油、煤炭、天然气等能源时还必须采用各种净化技术,以尽量减少它们对大气的污染。

21 世纪是人类社会从后工业社会(信息社会)向知识经济社会转型的世纪。从能源领域来看,21 世纪是以化石能源为主转向可再生、无污染的新能源的结构转型期。"科学技术是第一生产力",但科学技术欲发挥其"第一生产力"的作用,除了科技工作者的努力和贡献外,更需要广大群众的认同和支持。为此,作为《原来如此》丛书的分册,本书编撰了百余条有关能源领域的新技术和新情况,以此对能源结构转型的方向和进程作挂一漏万的介绍。

周　戟

目录

能源世界

能源是维持人类生存和发展物质文明的动力之源，是能量的来源。《大英百科全书》对能源的解释为："能源是一个包括所有燃料、流水、阳光和风的术语，人类采用适当的转换手段，给人类自己提供所需的能量。"简而言之，能源就是含有能量的资源。

众所周知，能可分为六大类：机械能、热能、电能、化学能、电磁能、原子能。而这些能，根据"能量守恒和转化定律"，它们之间又可以相互转化。因此，凡是可以产生或转换这些能量的资源就都是能源。如各种燃料，就是在燃烧时由化学能产生热能的资源；太阳能是地球上热能的主要来源，由太阳能转化的风能、水能、海洋能等都是动能（机械能）；核能是指在核裂变和聚变时产生的热能；同样，地热能也是热能；而这些能源又都可以转化成电能和机械能。

能源按其形态特性，一般可分为以下 13 类：固体燃料、液体燃料、气体燃料、水能、核能（通常指核裂变能）、太阳能、风能、生物质能、地热能、海洋能、核聚变能、电能、氢能等。

今天，人类使用的能源实际上只有四个来源。一类是太阳能，如果说广义的太阳能，那么连同煤、石油、天然气等矿物燃料都是太阳能的一种类型，因为它们是亿万年前太阳能凝固的产物。而风能、水能、海洋能、生物质能等则是太阳能转化而来的。第二类是核能，它包括核裂变能和核聚变能。第三类是地球内部的能量，这些能量的蕴藏量非常巨大，火山、地震就是这种能源爆发的体现。第四类能源是月球、太阳与地球之间的引力能，这就是潮汐能的来源。

能源还可分为：一次能源、二次能源；可再生能源和非再生能源；新能源和常规能源；商品能源和非商品能源；终端能源；绿色能源；农村能源等。

一次能源是指直接取自自然界，而不改变它的形态的能源。例如，煤炭、石油、天然气、柴草、地热、风力、太阳辐射能等等都属于一次能源。二次能源是指一次能源经人为加工成另一种形态的能源。例如，电能、热水、蒸汽、煤气、焦炭以及各种石油制品（诸如汽油、煤油、柴油、重油等），还有生产过程中的余热和余能等也都属于二次能源。再者，最近正在加紧研发的氢能，也属于二次能源。

按能否从自然界中得到补充，能源又分成可再生和不可再生两大类。

一次能源与二次能源

太阳辐射能、水能、风能、潮汐能、海洋能和生物质能等都是可不断地再生和得到补充的能源，所以被称为可再生能源。而煤炭、石油、天然气等化石燃料和铀、钍等核燃料，都是亿万年前遗留下来的，用掉一点就少一点，无法得到补充，总有一天会枯竭的，它们被称为不可再生能源。

根据应用范围、技术成熟程度及经济与否，又将能源分成常规能源和新能源两类。煤炭、石油、天然气、水能和核能等都已得到大规模的经济开发和利用，被称为常规能源；而太阳能、地热能、风能、海洋能、氢能等，因为它们都是在或正待开发研究中的能源，尚未得到经济开发利用，而被称为非常规能源，亦称为新能源。

商品能源是指经流通环节大量消费的能源，主要有煤炭、石油、天然气、电力等。非商品能源是指不经过流通环节而自产自用的能源，如农户自产自用的薪柴、秸秆，牧民自用的牲畜粪便等。非商品能源在发展中国家的能源供应中一般占有较大的比重。农村地区开发，以及生产和生活使用的能源叫做农村能源。

此外，从环境保护的角度，人们根据能源在使用中所产生的污染程度，分为清洁能源和非清洁能源。有时人们把清洁能源称为绿色能源。“绿色能源”有两层含义：一是利用现代技术开发干净、无污染的新能源，如太阳能、风能、地热能、海洋能等；二是化害为利，将发展能源同净化环境相结合，充分利用城市垃圾、淤泥等废物中所蕴藏的能源。

（周　戟）

能源的昨天、今天和明天

对于人类社会来说，没有能源，就不会有我们今天的一切。可以说，能源是人类社会发展的基石。人类发现并利用能源的时间与人类发生、发展的时间一样漫长。人类利用能源的历史可分为五大阶段：

1. 火的发现和利用；
2. 畜力、风力、水力等自然力的利用；
3. 化石燃料的开发和热的利用；
4. 电的发现和开发利用；
5. 原子核能的发现及开发利用。

火的利用使人类结束了茹毛饮血的原始生活。火，开创了人类的文明史。有了火，人类才有了熟食，并可用于照明、取暖，进一步用它来冶炼矿石、制取青铜器和铁器，使人类从石器时代过渡到青铜器时代、铁器时代，推动了人类社会的文明。人类在用火的时代，主要的能源是草木燃料。草木燃料就是现在所说的“生物质能”。

在漫长的农业时代中，人类只限于对风力、水力、畜力、木材等天然能源的直接利用。尤其是木材，在世界能源消费结构中长期占据首位，直到蒸汽机的出现。

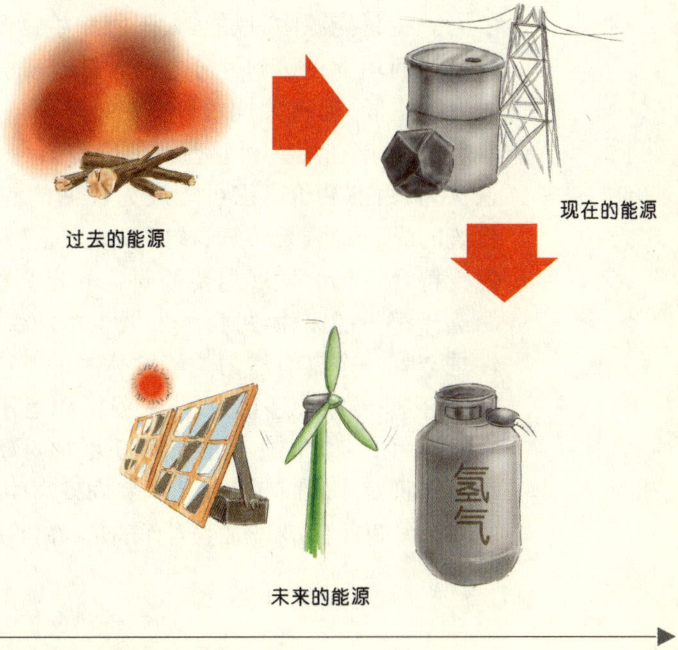

蒸汽机的应用具有划时代意义，它开创了人类社会的第一次产业革命。蒸汽机的应用促进了煤炭的大规模开采。到 19 世纪下半叶，出现了第一次能源转换。1860 年煤炭在世界一次能源消费结构中占 24%，1920 年上升为 62%。从此，人类进入了“煤炭时代”。

对于科学技术发展的第二次巨大的推动，是电能的出现和应用。西门子发电机的问世，在科学技术发展史上具有像瓦特发明蒸汽机一样的划时代意义。1881年开始兴建火力发电站,从此,电能得到了大规模的利用。

20世纪初,随着汽车工业的发展,石油的应用量与开采量与日俱增。到20世纪70年代,石油占世界能源总体的比例已经达到54%左右,天然气和煤炭各占18%,石油取代了煤炭,完成了能源的第二次转换。但是地球上石油的储量有限,石油的大量消费,使能源供应严重短缺,世界能源向石油以外的能源转换已势在必行。世界能源正面临一个新的转折点。能源消费结构,已开始从以石油为主要能源逐步向多元化能源结构过渡。

2004年国际油价急剧攀升,除多种短期因素的影响外,主要原因是世界能源体系本身存在结构问题。因此,人类对新能源的需求更加迫切。

现在,21世纪初,世界能源结构存在的主要问题是,对传统能源如石油和煤炭等的依赖性太大,清洁能源和可再生能源在世界能源总消费量中所占比例偏小。石油占世界能源总消费量的比例虽然已从20世纪70年代的54%降到37%,但仍然太高;煤也超过26%;而核能、水能、天然气等三大清洁能源只占约36%;以可再生能源为代表的其他新能源在世界能源总消费量中仅占1%左右。

目前,制约新能源发展的障碍有不少,包括成本过高、缺乏相关立法和大众对新能源的重要性认识不足等。

造成新能源成本居高不下的原因是新能源能量转换效率低下,规模化和商业化程度不高等。因此,当务之急是加快研究开发新技术的速度,提高技术水平,以降低新能源的成本,逐步提高新能源在能源市场中的竞争力。在新能源中,风能、太阳能和生物质能最有发展潜力。目前人类对风能的利用率只达到万分之四,太阳能的利用远不足万分之一,存在巨大的发展空间,而有关技术有望在短时间内实现突破。

2004年在澳大利亚悉尼举行的第十九届世界能源大会上,专家们普遍认为,目前油价高涨可能成为长期的趋势。能源短缺引发了能源界对传统的煤、石油、天然气、核能和水电,以及新的可再生能源中到底哪种能源更符合可持续发展需要的讨论。世界能源理事会认为,目前所有的能源选择都不能废除,可持续发展也不能仅靠某一种技术,能源的来源多样性是造就一个富有活力的能源体系的基础。

会上,专家们还认为,技术创新和运用对能源可持续发展起到至关重要的作用。专家们在大会上呼吁增加对研发的投入,加强国际合作,减少重复性研发。他们呼吁发达国家向发展中国家转让技术。世界能源理事会的官员强调,如果南北加强合作的话,在这一领域是有望取得双赢效果的。

(周　戟)

能源与人类

20世纪70年代,日本有位作家写了一本小说,书名叫《油断》。书中描写一旦石油用完了,人类社会将发生怎样的混乱。

自从进入工业社会后,煤炭、石油等矿物能源成了工农业生产和人们生活中的主要能源。而大家都知道,矿物能源在地壳中的储量是有限的。百余年,甚至几十年后都将用完。届时若没有新能源取而代之,人类文明将不堪设想。

循着《油断》的思路,这里不妨假设,一旦石油和煤炭都用完了(这是迟早的事),而新能源又尚未开发的极端情况下,人类社会将会是怎样地被动。

首先映入眼帘的是,路上停满了动弹不得的大大小小的各种汽车。当然,地铁和轻轨等轨道交通也都停运了。城市之间的货运和客运,由于飞机、火车、轮船和大巴士的“罢工”而中断。不用多久,也许马车、骡车会多起来。

能源匮乏最严重的后果还不是交通运输,而是停电。一旦发电厂停工,城市和乡村都会停电,那将会出现怎样的情况呢?当然,所有的家用电器全部停工;更麻烦的是水龙头中开不出水来,井水和河水成了直接的水源。烧菜煮饭就更困难了,因为微波炉和电炉都得用电,而煤气、天然气也早已停止供应,连蜂窝煤也买不到了……

社会化的大生产将更是寸步难行。所有称得上工厂的工厂将全部停工。其中最麻烦的是粮食加工厂、食品厂、纺织厂等的停工将直接影响到人们的衣食供应。

工厂停工了,第三产业也都因为停电而萎缩了:所有的电脑、互联网等都因停电而崩溃;交通运输瘫痪后,旅游业必将随之而倒闭;各种文化娱乐场所也因为停电而难以开张;信息业更是困难重重;商业会从全球性的国际贸易萎缩成原始的集贸市场。

必然的结果是,城市人口回归农村,以求仅供糊口的粮食供应。

总而言之,能源匮乏的必然结果是人类社会几百年来的工业文明和其后的信息文明都将毁于一旦,重又回到农业时代。

回到农业时代虽然不是“世界末日”,但绝不是人们愿意看到的。人类社会是不断发展、不断进步的。人们决不能容忍由于能源匮乏而使社会倒退到农业社会,惟一的出路是开发新能源,人们必须赶在矿物能源用完之前,开发出太阳能、地热能、生物质能、风能、核聚变能、海洋能、氢能等

能源与我们的生活

无污染、可再生能源，以取代矿物能源。

从积极的角度来看，一旦这些无污染、可再生、用不完的新能源被大规模地开发出来，如太阳电池在技术上、经济上出现重大突破；或地热能开发后得到极为便宜的地热电能；或是可控核聚变发电进入产业化大发展；再如，一旦氢能大降价，可完全取代石油和煤炭等等。这时，地球将会是怎样的？人类社会又将会怎样呢？我们不妨展开想象的翅膀，展望人类美好的远景。

有了用不完的廉价（甚至几乎免费）新能源后，我们必然会大力发展海水淡化事业。这时，淡水资源短缺就成为历史。当有了用不完的淡水时，绿化沙漠、消灭沙漠就有了物质基础。人们会把地球上占陆地面积 1/4 的沙漠和荒漠改造成绿洲。这样，人类的生活空间就几乎扩大了 1 倍。不过，到时候也许有人会建议，地球上应该保留些沙漠，作为“旅游资源”和科研对象。

有了用不完的廉价能源后，控制气候和克服自然灾害就有了可能。气候的冷暖本质上是由空气中能量的多寡所决定的。所谓“气温”，就是大气能量的标志。现在我们有了暖气设备和空调，但它们只能在人们的生活小空间里控制室温。一旦有了用不完的能源，人们就可以在更大的范围，如对整个城市和大片的农场控制气温。

至于各种自然灾害，那都是自然界不可控的能量的肆虐所致。旱涝灾害是大气中降水的不谐调；风灾是大气流动能量的反常；火山喷发是地下岩浆能量的驱动；地震是地球板块运动能量的释放。当人们控制了可与自然界相抗衡的能源后，控制和消除自然灾害，就成为已经被人们控制的能源与大自然能量的较量。到那时，正由于人是有目的、有智慧的，而大自然却没有目的和智慧，因此，最终“人定胜天”是可以预期的。虽然整个过程将会相当漫长而曲折。

有了用不完的廉价能源后，海洋开发、空间开发、地下城市开发等都将不在话下。届时，地球村将被我们的后代建设成一座美丽的大花园、人间的天堂！

（周　戟）

马可波罗眼中的怪物——煤

马可波罗是13世纪的一位著名的意大利旅行家，曾遍游我国诸多省市，回国后写了一本在西方世界广为流传的《马可波罗行记》。书中，他曾经谈到："中国的燃料，既非木，也非草，却是一种黑石头"。

这种被马可波罗视为怪物的"黑石头"究竟是什么东西呢？原来就是我们今天常见的煤。其实，早在2 000多年前的春秋战国时期，我国人民就已开始使用煤，并称其为"石涅"或"涅石"。当时的地理名著《山海经》中，就有三处提到石涅。在河南巩县铁生沟还可找到西汉时用煤冶铁的遗址，至晚到东汉末年，煤已作为重要燃料进入普通百姓家。而欧洲直到16世纪才开始使用煤。这就怪不得马可波罗不识其为何物了。

今天我们已经知道，煤是古代的植物遗体，埋藏于地下后经长期地质演变而形成的、以碳为主要组分的有机质岩石。按植物煤化程度的不同可将其分为四类：

泥炭，也称"泥煤"或"草炭"，是煤化程度最低的，含碳量在60%以下，还含有不同程度的水、碳水化合物及腐殖酸，并常见有许多未完全分解的植物残渣。其发热量每千克10.45～20.9千焦。

褐煤，煤化程度高于泥炭，因常呈褐色而得名，含碳量在60%～77%，也含有少量腐殖酸，其发热量每千克25.9～30.9千焦。

烟煤，煤化程度更高，不再含游离的腐殖酸，含碳量75%～90%，含挥发物10%～25%，燃烧时火焰长而有烟，故名之。其发热量每千克27.2～36.8千焦。

铁匠打铁

无烟煤，俗称"白煤"，煤化程度最高，含碳量一般在90%以上，挥发物含量低于

10%,燃烧时火焰短而无烟,故名无烟煤。发热量每千克33.4～35.5千焦(因挥发分低,致发热量有的不及烟煤)。

煤除了广泛用于民间炊事、取暖以外,在工业上更是一种不可或缺的矿物原料,以致享有"工业的粮食"之称。其用途大致可分为3个方面:

动力用煤。这是煤作为能源的最主要用途。虽然在当今世界的整个能源消费结构中,煤位于石油之后,名列第二(石油占39.3%,煤占28.8%)。但随着当今石油价格的不断攀升,煤正有重新夺回老大地位的趋势。事实上,在我国和一些煤炭资源较丰足的国家,煤在能源消费结构中一直稳居主导的地位,成为火力发电、火车、轮船、蒸汽锅炉的动力来源。

冶金用煤。在各种金属冶炼工业中,煤一直是最重要的还原剂。没有煤炭,也就没有钢铁等冶炼业。

化工用煤。在化工工业中,煤被称为"化工原料之母",它是氮肥、农药、染料、塑料、合成纤维、合成橡胶、糖精、香料等众多化工产业的基本原料。除上述三方面外,煤还被用于电子工业,制作石墨电极;燃烧后的煤渣被用于建筑业,制造耐火砖、建筑用砖和水泥等等。正由于煤具有如此广泛的用途,所以许多有识之士指出:把煤作为燃料使用,实在是一种极大的浪费。

据世界能源委员会的评估,全世界的煤炭资源蕴藏量达48 400亿吨,占世界化石燃料可采资源的66.8%。其中储量最大的7个国家依次为:美国、中国、澳大利亚、印度、德国、南非和波兰。

我国拥有丰富的煤炭资源,全国所有省市都拥有不同规模的煤炭储藏,但储量最多的是山西、内蒙、陕西、新疆、贵州和宁夏。这6省所拥有的储量占全国总量的81.6%。另外,我们也应该看到在丰富资源的背后也隐藏着若干不足:

首先应该看到,我国的煤炭储量虽然雄居世界第二,但由于人口众多,人均占有量仅为234.4吨,只有世界人均占有量312.7吨的$\frac{3}{4}$。远比美国人均占有量1 045吨低得多。而且勘探程度较低,经济可采储量相对有限(所谓经济可采储量是指经过勘探,可供建井,并扣除了回采损失及经济上无利和难以开采出来的储量后,实际上能开采并加以利用的储量)。因此造成可采的后备储量相当紧张。

其次在地理分布上很不均衡,具明显的北多南少、西富东贫的态势;而且产区与消费区也明显脱节。如从各大行政区看:华东的煤炭资源87%集中在安徽和山东,但消费区却主要是以上海为中心的长江三角洲地区;在中南地区,煤炭资源72%集中在河南,但工业却主要分布在武汉和珠江三角洲;西南的煤炭67%集中在贵州,但工业则集中在重庆和成都;东北相对好一些,52%资源集中在北部的黑龙江,而工业则主要在南部的辽宁。

第三,我国煤炭资源虽有煤类齐全、煤质优良(低硫煤占 56%,低灰分和中灰分煤占 76%)的优势,但炼焦煤却相对贫乏,而且分布区与消费区不协调。如全国有一半炼焦煤产于山西,而拥有大型钢铁企业的华东和中南地区则几乎无炼焦煤的产出。东北的钢铁业在辽宁,而炼焦煤则产于北面的黑龙江。

第四,可露采(露天开采)的资源少,仅占总量的 7%,且其中 70%是煤化程度较低的褐煤。

第五,资源浪费严重。据最近的统计,我国目前已利用的煤炭资源约 3 469 亿吨。其中大型矿井占 19.6%,中型矿山占 8.6%,其余均为小型煤矿。其中乡镇小煤矿占有资源量达 2 200 多亿吨,且多为优质资源,而它们的回采率(实际开采量与可开采量之比)却非常低,仅 10%,也就是说有 90%的资源将被浪费。如果说前四点的不足是来自客观的因素,我们无力予以改变,而最后这一点则完全是人为的,若再不引起重视,迅速予以改变,显然必将遗恨后世。

(张庆麟)

最早使用煤的国家

中国是世界上最早利用煤的国家。辽宁省新乐古文化遗址中,就发现有近百块煤精制品,河南巩义市也发现有中国历史上最早用煤的遗存,是用煤饼炼铁的铁生沟汉代冶铁遗址。《山海经》中称煤为石涅,魏、晋时称煤为石墨或石炭。明代李时珍的《本草纲目》首次使用煤这一名称。

困扰伦敦和洛杉矶的烟雾

1952年，在英国的报刊上曾有这样一则报道：12月5日晨7点左右，约翰一觉醒来，拉开窗帘向窗外望去，只见街头被浓雾重重笼罩，分不清哪儿有房屋和行人。偶尔有一些模糊的亮光带着隆隆的声音驶过，他感觉身上很不自在，喉咙疼痛，一阵阵地咳嗽并伴随着头晕。啊，应该去叫医生。然而在医生还没有赶来之前，这个60岁的老人，却已由于呼吸困难和连续几次呕吐而昏厥了，几天后竟与世长辞。

这次大雾整整延续了8天，有4 000多人与约翰一样死于非命。这就是著名的“伦敦烟雾事件”。而造成这一灾难的元凶就是煤燃烧后产生的大量烟尘。因为那几天伦敦正处于高气压控制下，使地面的冷空气无法散逸出去。于是，家庭和工厂烟囱排放出来的烟尘便经久不散地停留在楼宇、街道的上空。正是这污浊的饱含二氧化碳、二氧化硫和尘粒的空气，危害着人们的健康。

伦敦烟雾事件

据测定，燃烧1吨煤约能排放3.5吨的二氧化碳、60千克二氧化硫、3～9千克的二氧化氮、2千克左右的一氧化碳、9～11千克的煤灰粉尘。煤灰中一些较大的颗粒会很快坠落地面，成为“落尘”；而更多的颗粒比细菌更小，只有0.75微米左右，成为“飘尘”。飘尘可以在大气中飘浮几十年，还会随着人们的呼吸而进入人体，其中又有约一半会附着在人的肺泡壁上。这些烟尘大多是燃烧不完全的产物，含有多种有毒重金属和致癌物质，对人和其他动植物具有严重的危害性。另外，煤烟中的二氧化硫、二氧化氮对环境的危害也很明显，它们在空气中会和水蒸气结合形成硫酸和硝酸，从而导致了被称为“空中死神”的酸雨、酸雾的形成。

与煤烟尘污染相类似的令许多

人不幸丧生的烟雾污染,发生在位于美国西海岸的洛杉矶。这里西面临海,三面环山,本是个阳光明媚、气候宜人的好地方。早期金矿、石油和运河的开发,以及得天独厚的地理位置,使它很快成为一个商业和旅游业都很发达的港口城市。著名的电影业中心好莱坞和迪斯尼乐园的落成,更使这里人口剧增,随之而来的是难以计数的大大小小的车辆。于是从20世纪40年代开始,人们就发现每年从夏季至早秋,只要是晴朗的日子,城市上空就会弥漫一种浅蓝色烟雾,它使整个城市变得浑浊不清。烟雾还使人眼睛发红、咽喉疼痛、呼吸憋闷、头昏、头痛。1955年有400多位65岁以上老人因呼吸系统衰竭而死;1970年约有75%以上的市民患上了红眼病。这便是历史上另一起著名的公害事件——洛杉矶光化学烟雾事件。

经研究,导致这次事件的元凶和伦敦不同,是汽车排放的尾气和工业废气。在20世纪40年代,洛杉矶已有车辆250万辆,每天大约消耗1 100吨汽油,排出1 000多吨碳氢(CH)化合物,300多吨氮氧(NO_x)化合物,700多吨一氧化碳。另外还有炼油厂、供油站等其他的石油燃烧排放源。这些化合物被排放到空气中,当大气湿度较低,气温在24 ℃～32 ℃的夏季晴天的中午或午后,在强烈阳光的紫外线作用下,这些排放物就有可能发生各种化学反应,形成臭氧(O_3)和醛、酮、醇、酸等有害环境和人体健康的污染物。所以可以说,这种光化学烟雾事件是工业发达、汽车拥挤的大城市的常见污染。事实上,在洛杉矶之后,人们在世界许多其他城市也都发现有程度不同的同类事件的发生,其中也包括我国的一些城市。如北京和南宁就曾分别在1998年和2001年发生光化学烟雾现象。国家环保总局还警告说,随着我国机动车数量的增加,发生此类事件的概率也在增加。

当然,煤烟尘污染和光化学烟雾污染,并不是燃烧煤和石油的全部恶果。正像大家所知道的,它们还是造成近年来气候变暖和气候异常的罪魁祸首。人们担心,如果这一趋势继续下去,将使极地冰川大量融化,海平面升高,从而淹没许多海滨城市,并带来频繁的洪涝灾害。正是出于这样的担忧,1997年12月,世界160个国家在日本京都召开的联合国气候变化框架公约第三次缔约方大会上,通过了旨在约束各国二氧化碳等温室气体排放量的《京都议定书》。显然,要实现《京都议定书》中减少温室气体的排放目标,除了采取节能和净化等手段外,最根本的还是要努力减少这些被称为"肮脏能源"的煤和油气等的使用,提高"绿色能源"在能源消费中的比例。

(张庆麟)

洁净煤技术

煤炭作为能源,在国民经济发展中做出了重大的贡献,但在其开发利用过程中,也带来了一系列环境污染问题,危及生态平衡。煤燃烧时排放的污染物之一的二氧化硫是大气污染的元凶,二氧化硫遇水会成为被称之为“空中死神”的酸雨。

正因为煤炭燃烧后会带来各种污染,因此洁净煤技术应运而生,成为当今世界解决煤炭利用和环境问题的主导技术,在各工业发达国家得到高度重视与大力发展。洁净煤技术包括煤炭利用各环节的净化技术,主要分为燃烧前的技术、燃烧中的技术和燃烧后的技术。

煤炭在燃烧前作净化处理,相对于燃烧中和燃烧后再处理,是最经济和便捷的方法。燃烧前的处理主要有洗选处理、型煤加工和水煤浆加工。

洗选处理:可除去或减少原煤中所含的灰分、矸石、硫等杂质。选煤分为物理选煤、化学选煤、生物选煤。物理选煤的成本较低,但只能脱去煤中的灰分的60%和30%～60%黄铁矿硫,很难去掉其中的有机硫化物,而化学法和生物法可脱除90%的黄铁矿硫和有机硫。

型煤加工:是用机械的方法将粉煤制成具有一定粒度和形状的煤制品。烧型煤比烧散煤一般可节煤20%～30%,烟尘和二氧化硫减少40%～60%,一氧化碳减少80%。型煤适用于各种工业锅炉、工业窑炉、民用炉、冶金等诸多行业。

由于型煤加工技术简单、经济效益好,型煤加工技术已经发展到第三代型煤生产。第一代型煤只是简单地将粉煤压块,民用的蜂窝煤和煤球就是第一代型煤;第二代型煤是在成型时单项改变型煤的特性;第三代型煤是全面调整改变型煤的特性,从而使型煤多样化、专业化和系列化。我国已研究开发了二十多种专用型煤工艺,尚需进一步研发的项目有:型煤直接无烟燃烧技术、型煤高效固硫技术、低烟尘型煤技术等。

水煤浆加工:水煤浆是20世纪70年代发展起来的一种以煤代油的新燃料。它是把经过洗选的煤研磨成微细煤粉,按煤约70%、水约30%的比例,再加入少量分散剂和稳定剂配制搅拌而成。水煤浆技术不仅环保效益明显,而且便于运输和贮存。

煤炭在燃烧中的净化技术主要是流化床燃烧技术。流化,即流体化的意思。流化床燃烧是固体燃料在炉床(炉膛)内经气体流化后进行燃烧的技术。当气流流过炉膛内的燃料层，若气流的力量能够克服固体燃料的自重时，燃料本身会变得像流体一样，原来高低不平的界面会自动地流出一个水平面来。也就是说，固体燃料已经被流态化了。流化床燃烧即利用了这一现象。流化床燃烧的床料（燃料）包括化石燃料、废物和各种生物质燃料。

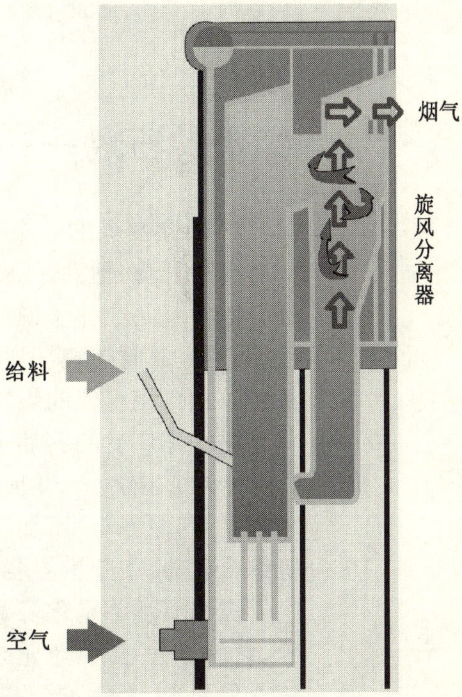

循环流化床燃烧示意图

如果把气流流速进一步加大，气流会在已经流化的床料中形成气泡，当气泡上升到流化的固体颗粒的界面时，气泡会穿过界面而破裂，就像水在沸腾时气泡穿过水面而破裂一样。因此这样的流化床又称为“沸腾床”。继续加大气流速度，当气流速度超过终端速度时，燃料颗粒就会被气流带走。如将被带走的颗粒通过分离器加以捕集并使之重新返回床中，就能连续不断地操作。这就是循环流化床。

流化床燃烧技术在燃烧的过程中，需要把煤和吸附剂（石灰石）同时加入燃烧室的床层中。流化形成湍流混合条件，从而提高燃烧效率；石灰石起到固硫作用，使之减少二氧化硫的排放；较低的燃烧温度（830 ℃～900 ℃）又能使氮氧化物生成量大大减少。流化床燃烧与采用煤粉炉和烟道气净化装置的燃烧相比，二氧化硫和氮氧化物可减少 50%，还可不用烟道气净化装置。

目前，世界上已有千余台循环流化床锅炉投入运行，并在向大型化发展。我国也正在研发使用流化床燃烧技术。

煤炭在燃烧后的净化主要是烟气净化。烟气脱硫有湿式和干式两种方法。湿法一般是用石灰水淋洗烟尘，使二氧化硫变成亚硫酸钙浆状物。干法是用浆状脱硫剂（石灰石）喷雾，与烟气中的二氧化硫反应，生成硫酸钙，水分被蒸发，干燥颗粒用集尘器收集。这两种方法脱硫效率可达 90%。

（周　戟）

煤变的石油——水煤浆

1982 年夏天的一个下午，一位美国专家在清华大学演讲厅里做了一个有趣的表演：他两手各持一杯掺水 30％的煤粉，一杯煤粒较粗，一杯较细。他举起两个杯子说："我现在要将两杯煤水混合物变成'油'，如果失败，愿请大家吃烤鸭。"说着将两杯掺水的煤粉倒在一起，用玻璃棒搅拌起来，不一会，泥土似的煤水混合物竟渐渐地变稀了，终于成了重油似的液体。这就是煤变的石油——水煤浆。

水煤浆技术是 20 世纪 70 年代世界石油危机中发展起来的一项新技术，由于其原料丰富、加工简单、成本低，具有代油、节能、高效率、低污染等综合优势，引起世界各国工业界的普遍关注。

煤和石油都是化石燃料，都是以碳和氢为主的化合物，从这一点来看，它俩是一对"黑色兄弟"。煤与石油的最大区别是氢含量不同，石油中氢含量为 11％～14％，煤只含 5％～8％。尽管如此，煤还是有可能变成石油的。早在半个多世纪之前，化学家们就已在实验室中尝试将煤变成石油的各种方法了。

人们将煤炭粉碎，产生直径大约只有几个微米的煤粉，然后除去灰分与杂质，再将煤粉加水，就得到了水煤浆。水煤浆的黏稠程度与石油相似，可以通过管道进行运输，这种水煤浆本身的质量也比煤炭要好，因为它已经被粉碎成极其微小的颗粒。在水煤浆进入燃烧室之前，必须先将它雾化(即变成雾状)，燃烧时水煤浆滴中的水会迅速干燥，煤粒就熔化成微粒团，大小和水煤浆滴差不多，因此其中的碳与空气的接触面很大，极易点燃。由于这种燃料去除了大量的杂质，因此它的燃烧效率更高。

将煤加工成水煤浆示意图

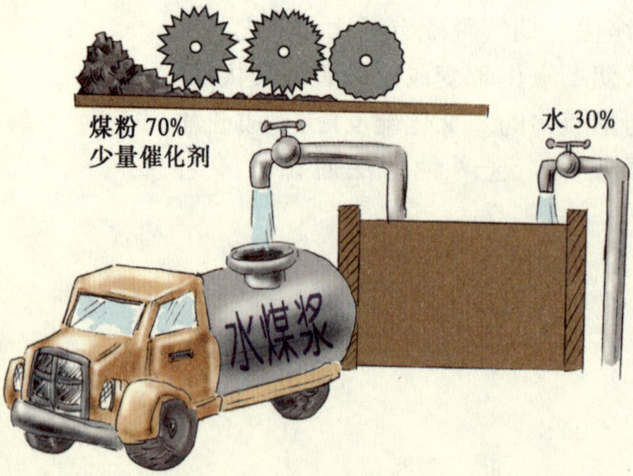

把煤炭加工成水煤浆，除了把煤炭磨成粉后加水的工艺外，另一种方法就是对煤炭进行直接液化。直接液化有两种方式，第一种方式是先将煤炭气化后加入催化剂，在催化剂的作用下，氢气与一氧化碳

发生反应变成液体燃料。第二种方法则是向煤炭中加入氢,同时加热加压,就能得到类似石油一样的液体。液体煤炭技术是今天煤炭工业研究的前沿课题。

我国是产煤大国、产油小国,为此,研究和开发水煤浆技术对于调整我国能源结构具有重要的意义。早在“七五”期间,我国就顺利地完成了水煤浆攻关任务,开发了成套技术,建成了“五厂、六炉”示范工程体系,取得了重大的成果。“八五”以来,相继批准了15万千瓦电厂改烧水煤浆工程及其配套的制浆厂扩建工程和桂林钢厂、北京造纸一厂等5个水煤浆代油、节能、环保项目。这些项目的建成和投产,使我国在水煤浆产业化开发方面又上了一个新台阶。北京水煤浆示范厂在使用新的添加剂和新技术的基础上,用成浆性较差的大同煤,经过长期的工艺调整,生产出了符合质量要求的商品浆。它标志着水煤浆技术的开发和工业推广应用在我国已进入一个新阶段。

代油效益:经过几个燃烧示范点的长期使用证明,燃油工业锅炉、窑炉改烧水煤浆,1.8～2.1吨浆可替代1吨重油。按照市场价格,可以给燃油用户带来明显的经济效益。

节能效益:由于水煤浆原料灰分低、粒度细,故燃烧充分,燃烧效率在96%以上,比原燃用块煤和原煤的中小锅炉,可以提高燃烧效率5%～10%。

环保效益:实践证明,燃烧水煤浆后,排放的废气中氮氧化物和硫氧化物有明显的减少,排烟的含尘量也有较大幅度降低,环保效果明显。

节运效益:水煤浆由于其流动性好,便于管道运输。管道运输投资少、占地少,运行费用比铁路低得多。

综合利用效益:在煤矿开采过程中会产生大量的粉煤;煤炭洗选过程中产生了泥煤,泥煤灰分高、水分高、价值低。把水煤浆技术应用于粉煤和泥煤的处理,变废为宝,可变劣质煤为优质煤。

总之,水煤浆事业发展的前景是光明的,但使用水煤浆的效果毕竟不如石油,因为煤中含有非可燃有机物的数量是石油的100～300倍,这会使锅炉受热面污染而降低效率。为了降低非可燃杂质含量,必须对煤进行彻底清洗,这又会增加成本。因此,当石油来源不缺乏时,水煤浆往往竞争不过石油。因此目前来看,在能源大家庭中,水煤浆尚处于“替补队员”的地位,但一旦“主力队员”——石油“告老退休”,那么,水煤浆就很有可能成为“主力队员”。

（周 戟）

陶瓷厂商的制胜法宝——煤炭气化代油

建筑陶瓷业是福建泉州的五大支柱产业之一，然而自2001年以来，该市许多建筑陶瓷工厂或开工不足，或迟迟不敢开工。是什么原因使得这一本来红火的产业突然趋向萎缩呢？是国际市场上石油价格节节攀升的缘故。石油是这些陶瓷厂烧制陶瓷产品的主要能源。石油价格的迅速攀升，使他们的成本也水涨船高，以致直逼所剩无几的利润空间。一些厂商不禁哀叹："利润都被烧掉了"。

正当大多数厂商都在唉声叹气、束手无策之时，人们忽然注意到位于晋江市内坑镇的一家陶瓷厂却依然红红火火地在日夜加班生产，没有显示出任何的颓势，而且产销两旺。难道是什么制胜的法宝使它能"独善其身"，立于不败之地？经过了解，人们发现原来该厂的商家早已预见到油价的上涨必然导致产品竞争力的下降。要使产品保持竞争力，必须从改变燃料结构上下工夫。事实上国家有关机构也早就提出了"以煤代油"的能源对策。但普通的块煤并不适合陶瓷厂使用的烧制炉窑。怎么办？厂商决定派人四处寻觅解决方案。一些北上的人员发现，北方的一些相似厂家已普遍采用"油改气"技术。了解到我国的有关部门已发展了一套成熟的把煤转化为可燃气的技术，经过一番仔细的可行性评估，该厂决定立即上马这一新技术，并在山东省一家规模最大的冶金机械厂的帮助下，投资600万添置了一种名为"两段式冷净煤气发生炉"的设备，顺利地实现了以廉价的煤替代高价油的燃料结构变革，使燃料成本几乎下降了一半。这就使其产品在售价不变的情况下，多出了17%的利润空间。因此当泉州各建筑陶瓷厂纷纷因石油涨价而亏损、濒于倒闭时，该厂却能以每年千万元的赢利而"笑傲江湖"。

大家知道，煤炭是世界的主要能源之一，它造福于人类，但同时也给人类带来很多烦恼，那就是在燃烧时会释放出大量的二氧化碳、二氧化硫等有害气体，从而给我们带来了气候变化、酸雨、酸雾等环境问题。怎样才能使其趋利避害？这一直是人们苦苦追求的目标。因此，在国际社会上，从20世纪七八十年代就开始兴起所谓的"洁净煤技术"。1988年，美国提出实施"洁净煤技术"，加大煤炭的生产和利用，减少石油进口。欧盟每年投入几十亿美元用于控制煤燃烧所产生的污染问题。英国还专门成立了"洁净煤技术"研究机构。日本亦明确重点发展"洁净煤技术"。我国

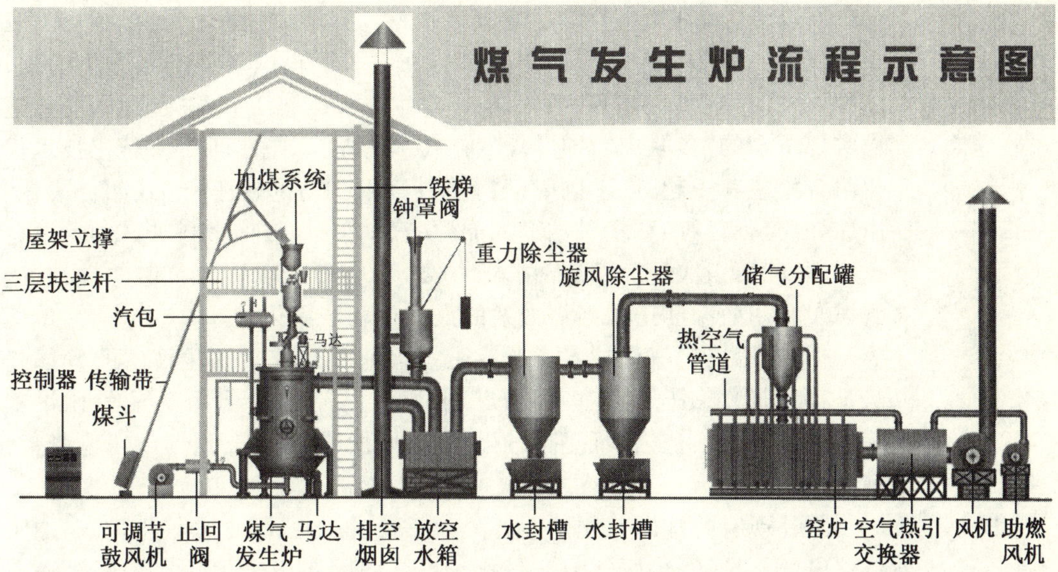

也在 1994 年成立了"中国洁净煤技术研究中心"。当人们纷纷向"洁净煤技术"发起冲锋时,煤的气化便成为一项首选的技术。

煤炭的气化技术其实很早就已起步。早在 1839 年,俄国就有了一台空气鼓风液态排渣气化炉。经过 160 多年的发展,煤的气化技术已经相当成熟,据说已有上百种工艺技术,并从早期的单段炉煤制气发展为今天的双段炉煤制气。前面我们讲到的晋江陶瓷厂所使用的两段式冷净煤气发生炉就是属于后者。今天煤的气化技术之所以受到人们的广泛重视,是因为煤炭气化后,不仅可以明显提高煤炭资源的利用价值和利用效率,而且能够大幅度减少煤炭利用过程中的污染物排放,同时还给输送和后续利用以及进一步加工转化带来极大的方便。再则,煤气不仅可以用作各种用途的燃料气,又可用作多种化工合成工艺的原料气,还可用作冶金行业的还原气等等。所以煤的气化技术,在各国的"洁净煤技术"中都占有非常重要的地位,甚至被认为是保证国民经济持续、健康、高速发展的重要一环。

遗憾的是,煤的气化技术虽已相当成熟,但仍存在些许不足。这首先因为煤气化所使用的原料——煤本身是一种复杂的矿石资源,它不仅有烟煤、无烟煤、褐煤等类别的不同,而且即使是同一类别的煤也存在物质组成——挥发分、胶质层、灰分等含量的差异。同一种气化工艺对不同的煤常会取得不尽相同的气化效果。也就是说,每种气化工艺所使用的核心关键设备——气化炉,在实际应用时都有一定的局限性。从技术可行和经济合理两方面来综合考虑,迄今世界上还找不到能适合各种原料煤、各种煤气用途以及各种生产规模的"万能"气化炉。

所以专家们指出,要发展煤气化技术,必须作好充分的规划研究,应该首先考虑可能供应的原料煤,并以此为基础,再以煤气的用途为前提,以拟议中的生产规模为判断依据,科学地选择气化工艺和气化炉,而且还应实现所谓的“多联产”,即以煤气化技术为龙头,把多种煤炭转化技术优化组合集成在一起,以求同时获得多种高附加值的化工产品(如合成氨、脂肪烃、芳香烃等)和多种洁净的能源(气体燃料、液体燃料、电等)。只有这样,才能真正实现“洁净煤技术”的要求,实现煤炭资源价值的提升,达到煤炭利用效率和工程经济效益的最大化和洁净化。

据《中国煤炭气化技术进展》报道,当前国外煤炭气化技术的发展趋势是:大型化、加压、适应多种粉煤、低污染、易净化。新开发的气化炉都采用加压气化工艺,这可提高气化强度,增加单炉的产量,节约压缩能耗,减少损失。

国外现有的加压气化炉主要分为三类:①加压固定床气化炉,②加压流化床气化炉,③加压气流床气化炉。其中固定床气化炉和加压气流床气化炉的产业化程度已十分成熟,可达到日处理400～1 650吨的量级。这些气化炉的发展都以服务于化工产业为先导。固定床气化炉以弱黏结块煤为原料,冷煤气效率最高,但净化系统复杂,焦油处理困难。加压气流床气化炉以低灰、低熔点煤为原料,高温操作,虽气化强度和气体品质较高,但氧耗高,设备投资高;加压流化床气化炉操作温度相对较低,因此只适用于烟煤和褐煤。

我国的煤炭气化技术与世界先进水平相比还有较大的差距。目前国内使用的较为成熟的技术还是常压固定床气化技术。其优点是操作简单,投资小;但缺点也十分明显,如技术落后,能力和效率低,污染也相对较大,未能真正达到洁净煤技术的要求。

(张庆麟)

煤炭气化的用途

煤炭气化是指煤在特定的设备内,在一定温度及压力下使煤中有机质与气化剂(如蒸汽/空气或氧气等)发生一系列化学反应,将固体煤转化为含有 CO、H_2、CH_4 等可燃气体和 CO_2、N_2 等非可燃气体的过程。煤炭气化时,必须具备三个条件,即气化炉、气化剂、供给热量,三者缺一不可。煤炭气化技术广泛应用在下面的领域中:1)作为工业燃气,常用以加热各种炉、窑,或直接加热产品或半成品。2)作为民用煤气。3)作为化工合成和燃料油合成原料气。4)作为冶金还原气。5)作为联合循环发电燃气。6)作煤炭气化燃料电池。7)煤炭气化制氢。8)煤炭液化的气源。

让瓦斯变害为利

2004 年 11 月 28 日早晨 7 时 10 分，位于陕西省铜川地区的陈家山煤矿突然发生猛烈的爆炸，正在井下作业的 293 人，除 127 人获救外，166 人不幸遇难。在抢救遇险工人时，由于井内瓦斯浓度依然很高，尽管人们已采取了各种防护措施，但在 12 月 2 日 3 时 25 分到 10 时 53 分，又相继发生了 4 次爆炸，幸亏防护措施到位，没有再发生新的伤亡事故。但矿井中复杂的险情，使抢险指挥部不得不下令暂停井下的搜寻、抢救工作，而采取了封井、向井下局部灌水、堵风、灭火等善后措施。

“瓦斯”一词实为英文 Gas 的音译，原泛指气体，煤矿中俗称的瓦斯，其正确的叫法是煤层气或煤成气，它是植物在地下转化为煤的过程中分解释放出来的产物。人们还发现，煤化变质程度愈高，释放出来的瓦斯也愈多。形成一吨褐煤，可释放出 38～68 立方米的瓦斯，而形成一吨无烟煤则能产生 340～422 立方米的瓦斯。这些在煤化过程中释放出来的瓦斯，大部分将散逸到大气和周围的地层中去，特别是当煤层埋藏较浅，或有露头时，瓦斯更易散逸。但也有相当一部分瓦斯却以煤层本身作为储藏所，以吸附或游离状态贮存于煤层的孔隙、裂隙或缝隙之中。不同地区的煤会因煤的牌号、煤层的位置(埋藏深度)、温度、压力以及裂隙的发育程度和顶底板岩层的渗透性等条件的差异，而蕴藏着不同数量的瓦斯。一些埋藏深、顶底板封闭条件较好的煤层，平均每吨煤中常可蓄积几十立方米瓦斯。因此，当矿井一旦开采，压力降低，煤层受到震动，本来蓄积在煤层中的瓦斯便有可能释放出来。若井下通风不良，释放出来的瓦斯达到一定浓度，便会发生瓦斯爆炸的惨剧。

事物是一分为二的，煤层中的瓦斯尽管对采矿来说是一个重大的隐患，但如果处理恰当，却可以使它“改邪归正”，变害为利。据研究，这种被称为瓦斯的煤层气，在化学组成上与天然气十分相

陈家山煤矿矿难发生地

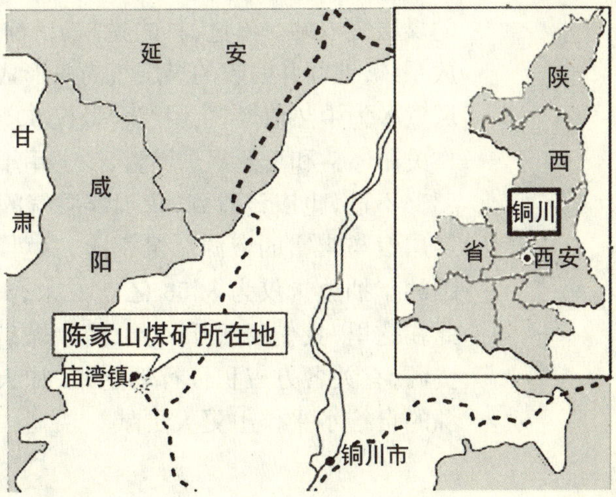

似,是一种高效、优质、清洁、少污染的理想能源和化工原料。每1立方米瓦斯能产生35.5千焦的热量,比1千克标准煤的热量还高,而且也比煤等其他矿石能源更易开采。此外,它还可用于制造塑料等有机化学品和炭黑,也是提取氢的重要原料。美国国家矿业局曾经估计,在美国已发现的煤矿中,可能含有200万亿立方英尺的瓦斯。若按目前的能源消耗来看,只要能采取其中的一半,就可满足美国20年的能源需要。

我国也拥有丰富的煤层气,据国土资源部的初步估算,埋藏深度浅于2 000米的煤层气资源量为30万亿~35万亿立方米(是美国煤层气资源量的3倍),相当于450亿吨标准煤,与已知的我国天然气资源量相当;而且其中的22.3万亿立方米分布在我国的中、东部地区。这对急需能源补给的中东部地区无疑是天赐的财富。因此,积极开发煤层气资源无疑是一个既可避害又可获利的双赢事业。为此,我国政府已给予高度重视,将其列入国家十五能源发展计划,在政策上给予重点支持,亚洲开发银行也准备积极参与。

煤层气的开发一般有两种方式:一种是在尚未开采煤矿的地区进行先期煤层气开采。采用的技术与常规的天然气开采相似。若煤层渗透率低,则须进行井下爆破、水压激励等手段来增加产量。另一种是在已开采煤矿的矿区内用地面钻井抽取采空区的煤层气。由于采煤时引起上覆煤层的岩层下沉与煤裂,采空区上方岩石冒顶,压力释放,透气性增加,瓦斯大量释放和聚集于采空区,使开采更为容易一些。

我国煤层气的利用始于20世纪70年代末。1982年,国家将矿井瓦斯利用工程正式纳入国家节能基本建设投资计划。迄今已建成瓦斯利用工程60多个。2000年煤层气利用量达5亿吨左右。其中山西晋城无烟煤集团公司是最早利用煤层气发电的企业。其投入运营的煤层气电站的总装机容量已达5 840千瓦。目前该公司正计划再建一座装机容量为120兆瓦的煤层气电站。不过,总的说来,目前我国煤层气的开采主要来自井下抽放系统,地面井回收的煤层气尚未形成规模。而且井下抽放系统回收的煤层气多为中热值燃气,甲烷含量仅30%~50%。这种中热值煤层气主要用作民用燃料和工业锅炉燃料,少量用于发电和化工产品。

不过,也应该看到,我国煤层气的利用水平仍然很低。已抽取利用的煤层气与丰富的资源总量相比,真可说是微不足道。至2000年年底,全国的年抽放量仅为8.58亿立方米,只占总资源量的0.01%还不到。因此在这里,我们要呼吁,为了消除煤矿开采的隐患,保护环境和合理利用资源,有关各方应积极行动起来,加大煤层气的开发力度,为提高我国能源的自给水平作出更大贡献。

（张庆麟）

无人下井也能采煤

煤炭自古以来就是人类使用的重要能源，迄今为止，在我国的能源结构中，它仍然占有举足轻重的地位。然而，采煤却是一项既苦又累且充满危险的工作。只要稍稍注意一下各地的传媒，我们就能不时看到或听到关于发生煤矿瓦斯爆炸、矿井被淹、矿坑塌陷、冒顶等事故，致使许多矿工不幸遇难的报道。尽管这些矿难事故很多是由于管理不力、安全措施不到位等人为因素造成的，但不可否认的是矿难的发生也有其本身客观的自然地质因素。如煤层本身常富含被称为瓦斯的煤层气，在开采过程中它必然会从煤层中释放出来，即使有良好的通风设备，有时候也难免会因瓦斯骤然超量释放而发生所谓的“瓦斯突出”事故。另外，煤层的上下围岩多为致密度较差的泥砂质岩石，这也是煤矿易发生水淹、坍塌、冒顶等事故的客观原因。

有什么办法可以使我们既能获得这些被称为“乌金”的宝贵资源，又尽可能地杜绝这些常使人们付出惨重代价的矿难事故的发生呢？这一直是人们长期追求的目标。露天采矿是一种好办法，它能最大限度地避免一些煤矿安全事故的发生，但是露天采矿受煤层埋藏深度的限制，埋藏深的煤矿是无法实现露天开采的。因此，要想鱼与熊掌兼得，只能另辟蹊径了。

值得高兴的是，据报道，不久前，2004 年 8 月，一种新的无人采煤技术已在我国江西新余试用成功。这一方法被称为“钻孔水力采煤法”。它由国土资源部勘探技术研究所的研究人员，经两年多的研究和试验才发明的。这种方法综合运用了定向钻孔技术、高压水射流的切割破碎技术以及气压提升的原理。实际实施时，在煤层上方打一直一斜两个钻孔。直孔作为开采井，斜孔用来灌入高压水流。水流在冲碎煤层后，会在压力的作用下携带已破碎的煤块，沿直井升到地面。在试验现场，人们可以看到乌黑的煤炭源源不断地从出煤口流出，工人们只需在地上挥锹装车而无需深入危险的地下。

毫无疑问，这一无人采煤技术具有巨大的优势，它不仅几乎可以完全避免矿难事件的发生，而且由于不需要进行采矿巷道建设，而用施工费用相对低廉得多的钻孔来代替，可以大大减少煤矿建设的投资，还能缩短开发周期。因此有人初步估算，其开发成本会比常规开发成本降低 2/3。再则，人们还认为这一技术的实现也有利于产煤区的环境保护，因为它一不

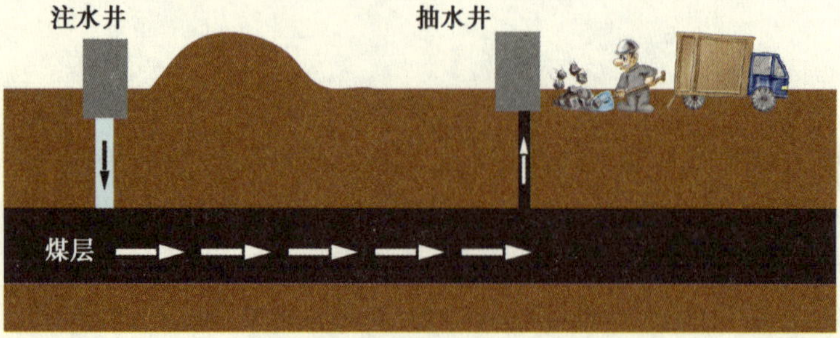

钻孔水力采煤示意图

会产生大量的有害环境的废渣；二因采用水力采煤，会大大减少煤尘的飞扬。不过，我们也应该看到，这一技术存在一定的局限性。它应该只适用于那些煤层较厚、分布状态相对稳定的煤矿藏。另外由于无人下井，完全依靠水力切割破碎，带有一定盲目性，因此必然会遗漏许多宝贵的资源。

其实，人们早已认识到，煤可以通过一定的技术工艺手段，把它转化成为运输、使用更加方便的煤气。不过那是在煤采出以后，在一定的设备条件下完成的。那么我们有没有办法把这一方法转移到地下去呢？让煤在地下直接转化成为煤气。

据说，早在一百多年前化学元素周期表的发明人门捷列夫就曾提出：采煤的目的是提取煤中的能源，而不是采煤本身；并提出了煤炭地下气化的设想，建议有控制地燃烧处于地下的煤炭，使煤在热作用及化学作用下产生可燃气体；将建井、采煤、气化三大工艺合而为一，变物理采煤为化学采煤。显然，若能实现这一目标，就能抛弃庞大的、笨重的采煤设备与地面气化设备，且有安全性好、投资少、见效快、污染少、效益高的五大优点。但长期来，由于未能突破如何才能有效地控制煤炭在地下的燃烧等一系列关键技术，致使这一设想一直停留在纸上谈兵的阶段。1979 年联合国“世界煤炭远景会议”呼吁各国加快煤炭地下气化的研究。1992 年我国国家科委提出，在 2020 年实现煤炭地下气化的试验研究，并建立商业性煤炭地下气化站。值得高兴的是，目前我国已在唐山刘庄煤矿、山东新汶孙村煤矿等地成功地实现了煤炭地下气化的试验研究。它证明采用我国自主开发的具有独立知识产权的地下气化技术，①可充分回收和利用报废的煤炭资源，提高煤炭资源利用水平；②燃后的灰渣、氧化物、放射物和矸石全都留在地下，避免了地面的废渣堆积，减少了采煤遗留的地下空间，降低了对地面的污染；③煤气在地面集中净化和进行脱硫处理，既可用脱除的硫、焦油、二氧化碳等副产品作为化工原料，又实现了洁净燃烧，减少了大气污染；④为燃煤联合循环、燃料电池发电系统研制开发提供了关键技术；⑤为国家节省大量的能源基础项目投资。真是一举多得。相信不久的将来，这一技术必将获得广泛的应用。

（张庆麟）

变废弃物为新资源——煤矸石

2004年6月5日下午2时左右，重庆市万盛区万东镇东源煤矿附近的居民，突然听到一阵轰隆隆的响声，伴随着响声，大地发生了轻微的震动。原来是一座原本高耸在地面的煤矸石山不知为什么骤然垮塌。汹涌的泥石流范围宽达150米，长达1 000米，并把附近的8栋2层居民房全部摧毁和掩埋。

这次事件是煤矸石造成的众多危害中的一例。那么，什么是煤矸石呢？简单地说，煤矸石就是夹杂在煤层中的非煤的废石，是煤矿在采煤与洗选煤过程中剔除出来的固体废弃物。大家知道，在成煤过程中除了有大量植物残渣沉积外，也同时会有来自周围环境的泥沙一齐沉积下来。后者在成煤以后就构成煤中的灰分。优质煤的灰分很低，一般不超过10%。但也有一些质量较差的煤，就会含有较多的灰分，当灰分含量超过60%～70%，而碳含量只有20%～30%或更低时，便成为煤矸石。煤层中碳和灰分的分布是不均匀的，大多数煤层中都会夹杂或多或少的煤矸石，因此无论是在采煤还是洗选煤过程中，都会有这种非煤的煤矸石被挑拣出来，予以抛弃。久而久之，这些被抛弃的煤矸石便会堆积成一座小山。重庆东源煤矿的这次煤矸石山垮塌事件，就是由于煤矸石堆积过高，重力失衡而引起的。

其实煤矸石的大量堆积，不仅会造成这种垮塌事故，它还会给环境带来不同程度的危害。首先，由于煤矸石中常常含有一定量的硫铁矿，它很容易被氧化而发热，致使煤矸石发生自燃，从而向大气排放多种有害气体，如CO、CO_2、SO_2、H_2S、NO_x等。其次，这些暴露在环境中的煤矸石遭受风吹雨淋，致使其中的某些组分被水所溶解，向周围环境扩散，使水源受到污染，危害农作物和水生生物，并最终危害人类的健康。再则，人们还发现有些煤矸石具有较高的放射性，若让其任意堆放，对环

煤矸石制砖

境和人体的危害自是不言而喻的。

煤矸石不仅有害环境,危害健康,还大量侵占农田。据报道,我国境内已统计的煤矸石山达 1 500 多座,累计堆存量 30 多亿吨。若以每座煤矸石山占地面积为 1 平方千米来计算,则其总计占地面积几乎相当于 3 个新加坡的国土面积。

当人们正在努力保护环境,构建绿色家园时,我们显然不应该让煤矸石山的这一现状继续存在下去。其实,人们早就知道,煤矸石的主要组分虽然是"石",是灰分,但它大多也含有一定量的碳,只是由于碳含量偏低,不易燃烧。但只要采取适当的激活方法,仍可以使其燃烧起来。这不仅可以减少煤矸石的危害,而且还能拓宽能源的来源,节约已知能源的使用。正是本着这一思路,人们纷纷开展煤矸石的应用研究。

2002 年,一座经国家经贸委推荐的采用清华大学的循环流化床燃煤技术建设的火力发电厂正式投产。该技术使原本每天消耗 35 吨优质煤的锅炉,全部改"吃"劣质煤和 60%以上的煤矸石;采用石灰石进行炉内脱硫后,使二氧化硫的排放量大大低于国家标准。该厂投产后,每年可消耗煤矸石 6.7 万吨,节约能源近 50%。这一来,不仅可使原本堆积着大量煤矸石的山林重现生机,而且每年还可生产渣灰 1.7 万吨。这些渣灰将全部被水泥厂和机砖厂作为混合料充分利用,既减少了二次污染,又使水泥厂节约了大量的石灰石和煤炭资源,可降低成本 350 万元/年。仅此一项就可在 4 年内收回 1 260 万元的全部投资。

据报道,在国家有关部门的积极倡导下,各地已有多家煤矸石发电厂在筹建中。如重庆市拟建 10 个煤矸石发电厂,预计可新增发电量 35 亿千瓦时/年。武汉则准备建成全国最大的煤矸石发电厂,可发电 8.1 亿千瓦时/年。

煤矸石不仅可用来发电,还是良好的制砖材料。这是因为在它的物质组成中通常都含有大量的黏土质矿物,而且又有分散在黏土中的碳质组分,用于制砖,可大大节省烧砖时使用的煤炭;更能使烧制出来的砖富有孔隙,有利于生产烧结多孔砖、小型空心砌块砖、轻质陶粒隔墙板、盲孔砖等新型墙体材料。今天,当国家提出在 170 个城市全面"禁止使用实心黏土砖"后,就使煤矸石在这方面的应用格外受到人们的重视。

据了解,目前我国煤矸石的年废弃量为煤炭产量的 10%～15%,已被利用的煤矸石还不到 50%。因此有必要继续加强煤矸石的综合利用,让其成为既可创造效益的新资源,又为改善环境出力。

(张庆麟)

“火焰山”之忧

《西游记》中关于火焰山的故事，许多读者大概都耳熟能详。事实上，在吐鲁番盆地的火焰山附近，确实有长年烟火不断的“火焰山”。不过引起大火的不是神仙丹炉的火种，而是燃烧的煤层。

煤层大火，是一种不容忽视的灾害。不仅火焰山附近有，世界许多地方也有。据卫星探测资料显示，全球大大小小的煤田火灾有数千处，几乎每个产煤国都有。其中我国就有 750 处，仅新疆 88 个产煤区中就有火区 42 个。每年我国就有约 2 亿吨的煤炭因这种大火而白白损失。要知道，这些煤田大火有的已燃烧了几十年、几百年，甚至上千年。因此人们不难想像，历年来毁于这种火灾的煤炭将是一个多么惊人的数字！

如新疆乌鲁木齐西山火区，根据历史记载已燃烧了 2 000 年，其中四道岔火区长达 6.5 千米，地表明火几乎连成一片。而奇台县将军庙的煤田火灾则始自公元 9 世纪末的唐代，至今也有上千年的历史。在国外，澳大利亚新南威尔士州斯科涅城北，也有一处地下煤层大火，几千年来它日夜不停冒起的缭绕烟柱，一直被土著居民当作神灵的显示而敬奉着。美国宾夕法尼亚州附近的煤层大火则始自 1962 年，几十年来它产生的烟雾和热力，使附近的居民再也无法承受，而不得不把整个城镇放弃。

煤层火灾的危害是十分巨大的，它不仅残酷而无情地吞噬着大量宝贵的煤炭资源，而且还使环境严重恶化，成为地球大气污染的重要来源。如据估计，我国每年因煤层火灾而释放出来的二氧化碳，就相当于美国所有公路交通工具一年的排放总量，或相当于全球矿物燃料(包括石油、天然气等)燃烧排放的二氧化碳总量的 2%～3%。除二氧化碳外，它还会释放二氧化硫、氧化氮等众多的有害气体，那缭绕的烟雾常笼罩在火区的上空，使植物难以生长，甚至人畜也无法久留，还使水源枯竭，造成赤地遍野。

煤层火灾的产生原因是十分复杂的。一些靠近地面的煤层会在日光的曝晒下发生自燃，有的则与雷电或森林火灾有关，但更多的与人类活动尤其是采矿关系密切。例如我国广东茂名羊角镇的爱群村，就有一处蜿蜒 1 千多米的火场。起火的原因与 1958 年大炼钢铁时人们开采那里的煤层有关。由于开采，使岩层发生松动，空气中的氧气有可能通过裂缝渗入地层深部，加上当地村民发现碎裂下来的岩层经焙烧以后，烧成的岩渣可用作水泥厂的原料，于是便给它点了一把火。没想到这火越烧越旺，已

煤田火灾

无法控制。于是大火便年复一年烧了下来，至今未能熄灭。

人们还发现，煤层大火除了外在的原因外，煤层本身的内在因素也很重要。研究表明，物质组成不同的煤，其自燃的倾向也不同。褐煤比烟煤更易自燃；含硫量高的煤也较易自燃。另外，一些曾遭水浸，水分蒸发后的煤层也易自燃。

扑灭煤层大火，迄今仍是一项十分困难的任务。这是因为火苗在地下移动，人们无法直接观测到。而且人们还发现，地下大火常常能够穿过地下非可燃性物质组成的广阔屏障，在远处引起新的大火。所以它常使人们顾此失彼，难以将其全歼，让其轻而易举地死灰复燃。例如美国曾在圣曲利亚火区钻了许多井，用水冲灌整个区域，试图覆盖并窒息该地的大火，但却事与愿违，大火没有熄灭，反而更加旺盛。据此有人指出，地下火焰异常灼热，水不仅不能将其浇灭，反而被高温分解成氢和氧，结果起到了火上加油的作用。于是，又有人建议用烟灰渣来灭火。几年来人们又钻了1 800 个井孔，灌进了约 12.3 万吨的烟灰渣和 8.96 万立方米的砂土。但这些努力仍然付诸东流，大火依然绵绵不断。鉴于扑灭煤层大火的困难，又有人建议反其道而行之，不是设法扑灭大火，而是让大火加速燃烧，以利用煤层因燃烧升温和氧化程度不足而产生的一氧化碳等可燃性气体，变采煤为采气。显然，如果能够实现这一设想，不仅煤炭资源不再白白烧掉，而且还可以使那些目前还无法开采的煤层，也能生产出有用的气体燃料，变废为宝。遗憾的是，这一设想尽管非常美好，但真正要付诸实施却也困难重重。因为目前人们还无法解决，怎样才能妥善地把煤层产生的可燃性气体收集起来，以供利用。

2003 年 10 月，已燃烧百年的我国最大的着火煤层之一——新疆硫黄沟煤田的大火，在当地各族人民的共同努力下，历经 4 年的艰苦奋斗，终于被彻底扑灭。此外我国还和法国合作，采用最先进的科学手段，对各地的煤层火灾进行详细的调查，如采用卫星红外光谱图像技术对火区的分布范围进行科学的圈定；使用地质声学方法，对火源的位置进行精确的测定等等。人们相信，只要对那些燃烧的煤层的着火情况有了更清楚的了解，就能采取更有针对性的手段来扑灭这些大火，挽救那些濒于毁灭的煤田。

（张庆麟）

世界能源危机的由来

班固是东汉时期著名的史学家和文学家，在他所著的《汉书·地理志》中曾经提到："高奴（今陕西延安东北），有洧水，可爇"（爇是燃的古字）。那么这可以燃烧的洧水是什么呢？原来它就是我们今天所说的石油。古时，它还被称为石脂水、石漆等。最早出现"石油"一词，是公元977年北宋时期编著的《太平广记》。稍后的北宋大科学家沈括在其所著的《梦溪笔谈》中还曾预言："此物后必大行于世"。

我们知道，石油是蕴藏在地下的一种可燃的碳氢化合物。它包含有气态的石油气、液态的原油和固态的石蜡与沥青。由于各地生成条件和埋藏情况不同，故各地的石油在化学成分与物理性质方面也会有所不同。一般说来，其平均含碳量在83%～87%，氢11%～14%，另有少量的硫、氮、氧，以及微量的镍、钒、铁等金属元素。这些杂质总共约占1%左右，少数情况下也可达2%～3%。

石油的物理性质差异很大，颜色从无色透明到淡黄、红棕乃至棕黑或暗绿色。油里含石蜡、沥青等杂质愈多，颜色就愈深，且黏稠性也随之增加。有的石油一喷出地面就自行凝固。黏度大的石油在运输过程中要不断加温，才能防止油管堵塞。我国北方产的石油大多如此。石油的密度一般在0.75～1.0间，杂质多、密度也大。人们把密度在0.7～0.9间的石油称为"轻石油"，密度0.9～1.0的是"重石油"。轻石油产量甚少，故最珍贵。已知密度最小的轻石油产于俄罗斯，只有0.65。大量的石油属于重石油，我国产的石油多属于此类。世界上密度最大的石油产于墨西哥，为1.08。石油因密度远小于

石油分馏示意图

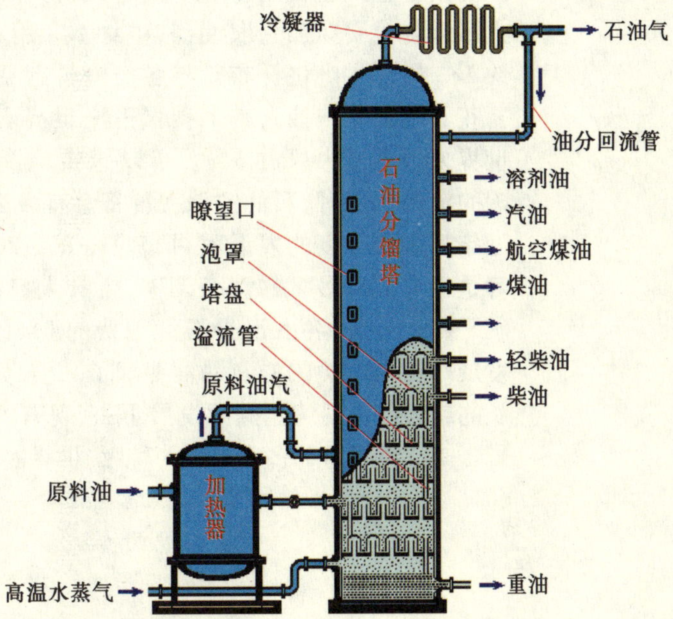

地壳的密度，又被封存在地下，受到地层的压力，所以一旦钻井打到油层，它们通常会自动喷出地表。当压力释放后不能自喷时，通常可采用注水的方法，让水压把石油挤上来。

石油是多种碳氢化合物的混合体，极易燃烧，且发热量大。一般发热量比同质量的煤要高50%左右。加之石油使用、运输方便，又是汽车、飞机等不可缺少的动力，自20世纪50年代以来，已逐渐替代煤成为世界第一能源。其实石油不仅可用作燃料，在化工工业中也有十分重要的用途，是提炼、制造合成纤维、塑料、合成橡胶、合成洗涤剂、乙醇、化肥、油漆、肥皂以及多种医药的重要原料。可以说，它与我们的衣食住行息息相关。

已知的世界石油资源主要位于中东、拉丁美洲、北美洲、欧洲、非洲、东南亚和我国。已知的产油国和地区有150多个，已发现的油田有4万多个。中东的沙特阿拉伯、伊朗、科威特、伊拉克和阿拉伯联合酋长国，是当今世界上最大的石油产地。已知世界最大油田就位于沙特，即加沃尔油田，其可采石油储量达104亿吨。而全球已探明石油储量为11 500亿桶(1吨约合7桶)中的25%，也储藏在沙特。其他储量最多的另9个国家依次是：伊拉克、科威特、阿联酋、伊朗、委内瑞拉、俄罗斯(包括中亚国家)、墨西哥、美国和中国。

据美国《地理》杂志报道，全世界现在每天消耗石油约8 000万桶，一年将消费近300亿桶。如果没有新的油田发现，按此速度消耗下去，全部探明储量也就够使用30多年。目前，美国是最大的石油消费国，平均每人每天要消费3加仑汽油(其中约2/3用于汽车、飞机和其他交通运输，约1/3用于生产化纤衣料与各类塑料制品。据说甚至生产1磅牛肉，也要花3/4加仑汽油)，其消费量占全世界石油消费量的1/4，而美国人在世界人口总量中只占5%。可以想像，当世界上若有1/4的人口达到美国的消费水平时，石油的消费量将会有多么巨大的增长。而这一趋势，从近年我国和印度的发展就可窥见一斑。20世纪90年代，我国和印度尽管是世界人口最多的两个国家，合计人口占世界的40%强，但石油消费水平却十分低，各占世界石油消费的5%左右。仅仅过了10年，经济的发展却使中印两国的石油消费翻了一倍，分别占世界10%的消费量，且增长的趋势还在继续。照此发展下去，现有的石油储量在10多年后就有可能告竭。怪不得许多人要大声惊呼，世界能源危机已经逼近！

（张庆麟）

面对石油危机的争论

“能源危机”一词，对许多读者来说，应该不陌生。人们不时在各种传媒上看到这 4 个触目惊心的大字。其实，当前人们所述的能源危机主要是指当代使用的第一能源——石油，作为自然资源似乎已面临枯竭的危险。一些最悲观的估计，甚至认为石油的枯竭会在近 10～20 年间发生。例如美国的 W. K·汉布林在其 1975 年所著的《地球动力系统》一书中曾经估计，若按当时的消耗量，已发现的石油储量只够 31 年之用(按1975＋31 应为 2006 年)；若按不断增长的需要来计算，则已发现的石油储量只够 20 年之需；即使考虑到新油田的不断发现，以现已探明的储量 5 倍来计算，同时也考虑到经济增长对石油需求的增长，则石油也仅能满足 50 年的需要，也就是说到 2025 年，石油资源将彻底枯竭。

不过，这种悲观的论调并没有得到众多研究者的赞同。一些人甚至斥之为危言耸听，或认为悲观论者是把局部地区的能源供应短缺，夸大为全球性的石油资源不足。在乐观派看来，全球的石油资源至少还够几个世纪之用。

主张石油仍有充沛储量的乐观派中，也存在着两种不尽相同的认识：

一种是以法国石油研究所所长顾问兼首席工程师让·弗朗索瓦·贾内西尼为代表。如 2003 年时，他指出如果我们现在只是讨论已知的石油储藏量，这个数字大约是 1 万亿桶，够我们消费 36～40 年(按目前石油的消费速度计算)，但除了这 1 万亿桶之外，估计尚待发现的石油储藏也有 1 万亿桶左右，也就是说地下总共可供开采利用的石油约 2 万亿桶，够我们 80 年之用。此外，还要考虑到，人们可以通过改进开采技术，从那些已废弃的油田采得石油。原来，自然界的油田并不如人们所认为的那样是一片油海，而是一片含油的岩层。只是这片岩层富含孔隙、裂缝，石油就贮存在这些洞隙中。由于许多洞隙之间并不互相贯通，所以在开采石油时，常常只能获取油层中的一部分石油，余下的一部分仍然封存在岩层的洞隙中。据统计，当今世上各大油田的平均开采率在 35%～40%之间。贾内西尼认为，今后随着开采技术的改进，有可能使开采率提高到 55%以上。这样一来，世界石油的可采量又会增加 1 万亿桶左右。所以我们总共还可以有 3 万亿桶石油，可供我们消费 120～150 年。

另一种观点则是从石油成因来推论的。在石油是怎样形成的问题

世界石油的产区和输出

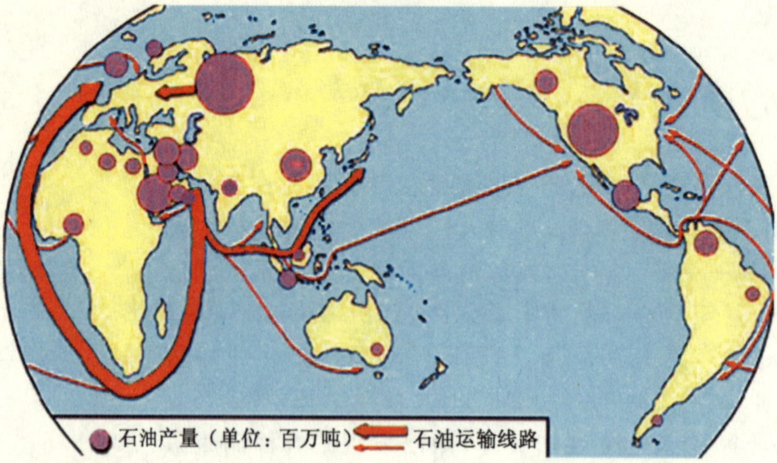

中东地区是世界石油储量、产量和输出量最大的地区，这里有世界最大的石油带，它以波斯湾为中心，向西北延伸到伊拉克、叙利亚和土耳其，向东南延至波斯湾海岸抵阿曼境内。此外，美国、俄罗斯、中国、英国、墨西哥等也是出产石油较多的国家

上，学界一直存在两大派别的争论。一派认为，石油是由古代的生物遗体分解转化而来，称“有机成因派”。支持这一论点的最重要依据是，世界上已知的油田几乎都是在沉积岩中发现的，而沉积岩中可以见到丰富的生物遗迹；实验还证明，生物体中的三大组成部分——蛋白质、脂肪和碳水化合物在一定条件下确实可以形成与石油中的碳氢化合物相类似的物质。另外，在石油中也发现有来自动物血液的血红素和来自植物的叶绿素。根据这一学说，人们预测石油在全球的蕴藏量就会少得多。尽管沉积岩在地表分布面积高达 75%，但在整个岩石圈中它却只占岩石总量的 5%，它所储藏的石油再多也是十分有限的。

对石油形成的另一派观点则认为，石油是自然界的碳和氢在一定条件下自然合成的，因此称为“无机成因派”。支持这一论点的最重要依据是，近代的宇宙探测发现宇宙中存在大量的有机物质。宇宙中已发现的有机分子多达百种，其中有一些还可构成巨大的分子云。另外，在我们太阳系里，木星和土星的大气中也发现有甲烷等碳氢化合物。这些都充分证明碳氢化合物的形成并非都要依赖生物的转化。另外无机成因论者还指出：虽然世界上 99%以上的油田都产在沉积岩里，与火成岩和变质岩有关的油气藏微乎其微，但随着近代油田勘探深度的加大，人们却发现几乎所有的大油藏都与岩浆作用有一定联系，有些是深部有隐伏的岩浆活动体，还有些是深部有隐藏的已固结的岩浆侵入体。地面油气勘探和钻井测量时还发现，在大多数油田分布区，环境中的汞蒸气含量、放射性和地热也都显示出较高的数值，这些都表明当地是一个地球内力活动比较活跃的地区。更有趣的是，人们还发现，许多油气藏还与那些一向被认为是地球内力作用形成的金属和非金属矿床关系密切。在实际工作中常有这样的例子，找金属矿的，打出了石油；钻石油的，却意外地发现了金属矿床。这种一再出现的例子使人们有理由认为，两者之间存在着一定的内在联系。也就是说，它们实际上是地球内部活动的共同结果。

总之,无机成因派认为,形成石油的有机物是在宇宙中早就存在的。在地球形成时,它们便以甲烷及少量其他碳氢化合物的形式参与地球的组成,至今它们还有相当数量包含在地球深部的地幔里。在地球内部的一定热力和压力条件下,会使它们进一步结合形成石油和天然气,并沿着地壳裂缝向浅部转移、释放。这一过程被称为“地球放气”。其中一部分在有利环境中聚集起来,便形成油气藏。因此按照这一观点,我们现在所发现的油田只是地球早期放气的产物,而且仅是其已转移到浅部的那部分,在地球深部应该可能拥有更多的尚未转移出来的油气。何况地球还会继续“放气”,还会不断有新的油气的形成,所以我们不必为石油即将枯竭而担忧。

不久前,在离越南海岸线不远的一片被称为“白虎湾”海域作业的石油公司宣布,他们在那里钻获的石油不是来自传统的沉积岩,而是来自火成的花岗岩。这似乎为“无机成因说”提供了一个新的佐证。但专家们仍警告说,即使“无机成因说”能够成立,我们对石油的前景也不应过分乐观,毕竟要开采那些理论上预期存在的深部石油并非易事。

(张庆麟)

石油危机

石油危机是指世界经济或各国经济受到石油价格的变化,所产生的经济危机。1960 年 12 月石油输出国组织(OPEC)成立,主要成员包括伊朗、伊拉克、科威特、沙特阿拉伯等国,而石油输出国组织也成为世界上控制石油价格的关键组织。石油危机对于国际经济和政治都有巨大的影响,而且危机引发了世界能源市场长远的结构性变化,迫使主要进口国积极寻找替代能源,开发节能技术。

我国的石油资源

20世纪初,在关于石油的形成问题上,人们普遍相信"有机成因说",即认为石油是由动植物的有机质沉积物转化而来。加之,当时世界上已发现的油气田均分布在由海洋沉积物演化而成的地层里,所以人们又有了"海相生油"、"陆相贫油"的观念。由于中国大陆多为由内陆沉积物演化而成的陆相沉积盆地,这就使当时许多西方学者认为在中国大陆不具有寻找油气藏的前景。果然,20年代美孚石油公司在中国寻找石油的努力宣告失败,美孚最终空手而返。于是当时的中国便被戴上了"贫油"的帽子。"海相生油,陆相贫油"之说也被一些人奉为石油地质的至理名言。

正是在这种观念的影响下,新中国成立前我国石油产业可说是微乎其微。1949年全国只有甘肃玉门老君庙、陕西延长、新疆独山子3个小油田;气田只有四川圣灯山和石油沟2处,加上辽宁省2个油页岩炼油厂,年产石油仅12.18万吨。为了满足当时还不发达的经济需要,我国每年要进口洋油200多万吨。

新中国成立后,人们迫切期望能在国内找到能满足经济发展需要的

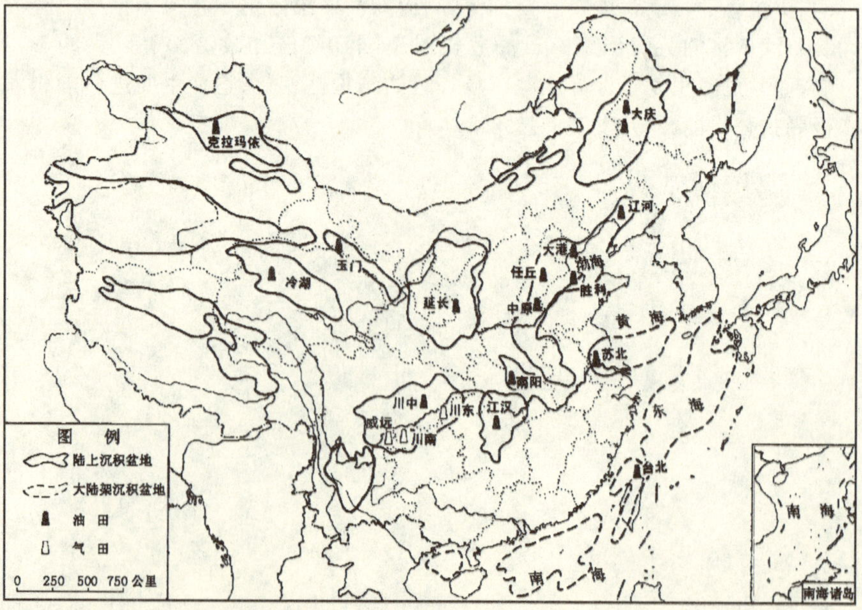

我国油气资源与远景区分布略图

油气藏。在我国大陆究竟能不能找到石油呢？其实，早在抗日战争时期，我国著名地质学家李四光、黄汲清等人就曾大胆地提出陆相也能生油的学说，并指出西北的准噶尔盆地、酒泉盆地，东部的松辽盆地、华北盆地都有形成油田的前景。1955 年在时任地质部矿产普查委员会常委、石油地质局总工程师黄汲清先生的竭力推荐下，地质部向松辽盆地派遣了一支普查小组。果然，不久那里便传来了发现油气显示的消息。1957 年，根据普查小组的建议，地质部下决心把原来配置在西北地区的石油找矿勘探力量调入松辽平原，集中力量，选择有利地段进行更深入的工作，终于在 1959 年国庆十周年前夕，查明大庆地区拥有丰富的石油储藏。于是一座新的石油城——“大庆”，在人们的欢笑声中诞生了。

大庆油田的发现，不仅彻底粉碎了“陆相贫油”的谬论，也使我国摘掉了“贫油”的帽子，还从依赖进口油到达自给有余的程度。更重要的是，它就像是报春花，预告我国石油事业春天的到来。不久，继大庆之后，人们又相继在黄河入海口发现胜利油田，在华北发现大港油田和任丘油田，以及位于鲁豫交界的中原油田等等，石油产量也直线上升。1973 年首次成为世界石油输出国之一，1978 年产量突破亿吨，近年则稳定在 1.6 亿吨左右。

迄今为止，我国已在 24 个省市自治区和海域发现了可资利用的油气，已进行过资源量估算的盆地 145 个。其中最主要的有：塔里木、准噶尔、柴达木、渤海、东海大陆架、珠江口、北部湾、琼东南等等。在这些盆地中投产开发的油矿有 365 个，投产开发的气田 109 个，共形成 38 个油气矿产地。据估算，这些地区可采储量约为 150 亿吨，其中已探明 65.1 亿吨，尚待探明 84.9 亿吨。另外根据“中新社”北京 2004 年 10 月 18 日的报道，人们还估计我国的石油地质远景资源量可能达 1 041 亿吨，是目前估算的可采储量的 7 倍。

不过我们也应该看到，我国的油气资源存在以下几个问题：

1. 已探明的储量在分布上很不均匀，其中 70％集中在北方的黑龙江、河北、山东 3 省。而且目前市场上供应的原油也主要来自这 3 省。虽然 20 世纪末以来，人们曾分别在东海大陆架、珠江口、塔里木探明一些油气藏，但这些尚不足以改变目前的供应态势。

2. 已探明的石油多属重质石油，含蜡量高，黏度大，易凝固，这给管道运输带来困难，必须增设加温站，以免堵塞管道。而且这种油在分馏提炼时程序也较复杂，可获得的汽油、煤油、柴油等机用动力油的比例也相对较低。

3. 我国的石油探明储量与产量之比是 14 年，而世界平均水平是 41

东海盆地喜获工业性油气流

年。这说明我国石油的后备资源明显不足，若不加大找矿勘探力度，很快就会面临枯竭。其中，尤其是曾是我国石油产业顶梁柱的大庆油田，经过近50年的开采，产油量已日渐萎缩，当年高峰时连续27年年产5 000万吨以上，在2003年下降到5 000万吨以下；2004年产油4 664万吨，气20多亿立方米，合计产油当量4 802万吨。预计今后还将以平均7%的速度下降，2010年可能下降到年产3 000万吨，2020年下降到2 000万吨。在这种情况下，显然有必要加大其他油田的勘探和开发，以尽快弥补大庆之后留下的空缺。

4. 改革开放以来，我国经济的高速发展致使油气资源的消费迅速猛增，但目前的油气勘探开发水平却赶不上这一增长的需求。因此从1993年开始，我国石油资源又从自给有余的石油输出国，再次变成石油进口国。2001 年进口 500 万吨，2003 年进口增至 8 000 万吨。人们估计，由于我国石油消费将以平均 5.77%的速度增长，若近期在石油勘探开发方面没有大的突破，石油的对外依存度将从目前的 33%增至 2020 年的 50%～60%。值得欣慰的是，在本稿完成前一则最新的消息说：我国在渤海湾发现了一个新的总储量可能达 205 亿吨(已证实有 90 亿吨)的特大油田。如果这一消息得到进一步证实，那么我们可以相信，我国石油又将迎来自给有余的新时期。

我国东部的四大油田

大庆油田

位于黑龙江省西南的嫩江平原中部，含油地层主要是中生代中晚期的陆相沉积岩系，并以含油层数多、厚度大为特征。1959 年国庆前夕，人们在这里首获工业油流，故名大庆油田，现已在原来安达市的基础上建立了大庆市。它曾是我国最大的油田，原油产量曾占全国石油总产量的一半以上。1975 年以来曾长期保持稳产高产。但经过近 50 年的开采，目前产量已有所萎缩。但是，在人们的艰苦努力下，大庆油田也有望重振雄风。2004 年，人们就在其近侧的松辽盆地中浅层地层中，探明新的石油储量 5 071 万吨，预测储量 5 915 万吨。此外还在松辽盆地的深层找到流量超百万立方米的高产工业气流。预测天然气储量 758.82 亿立方米，有望成为我国第五大产气区，坐上我国东部产区的第一把交椅。

华北油田

包括大港油田和任丘油田。大港油田东临渤海，背靠华北平原，1966 年开始产油。鉴于近期在渤海湾发现了新的大油田，使其规模有所扩大，有望在不久的将来超过大庆，成为我国东部的第一大油田。任丘油田位于河北中部任丘一带，于 1976 年投入开发。

胜利油田

位于黄河入海口附近的平原上，1965 年起逐步开发，曾是我国东部第二大油田，最高年产量 3 355 万吨。近年也由于历年开采而有所萎缩。但随着人们在渤海南部黄河口附近发现新的油气田，未来应有新的发展前景。

中原油田

位于鲁、豫交界的沿黄河一带。1975 年开始产油。累计探明石油地质储量 4.85亿吨，天然气地质储量 1 000 亿立方米。

（张庆麟）

应对能源危机之策

虽然对于全球来说，人类是否已面临"能源危机"这一威胁，人们还存在见仁见智的不同争论，但对于我国来说则确实是一个不容忽视的现实问题。

大量的统计资料表明，改革开放以来，随着国民经济的快速发展，我国的能源消耗量也在急剧增加，致使油、煤、电的供应均纷纷告急。其中，尤其是作为第一能源的石油，更从早年的自给有余，变为越来越需要靠进口来维持的状态。据统计，1995 年我国石油消费 7.6％来自国外，2000 年增至 31.0％，到 2020 年预计这一比值将增至 50％～60％。显然，如此高的对外依存度是不利于我国国民经济顺利发展的。倘若万一发生某种突发事件，进口的石油供应出现短缺，必将直接危害我国的经济安全。针对这一能源状态，我们必须未雨绸缪，早作打算，设计好必要的对策。

人们认为应对能源危机，无外乎抓"开源"与"节流"两手。具体地讲可以采取以下几点：

1. 以保障石油安全为核心，积极开拓石油供应基地。鉴于在现有已知的国内资源条件下，我们自己的石油产量在现阶段不会有大幅提高，而石油消费却在不断增长，所以石油进口将是一个不可回避的事实。而且人们还估计石油进口量将会从 2003 年的 8 000 万吨，升至 2020 年的 2.5 亿～4.0 亿吨，成为世界第一大石油进口国。因此，为了保障石油进口的安全，不致授人以柄，防止某些国家仿效 1973 年第四次中东战争期间的阿拉伯国家，用石油作武器对我国进行要挟，或是由于某种突发原因使某地的石油供应突然

爆炸前的法国油轮"兰堡"号

中断，我们必须广泛开拓石油供应地，不在"一棵树上吊死"，以便有"西边不亮东边亮"的应对。值得高兴的是，正是在这一思想的指导下，目前我国已开辟出北面来自俄罗斯、哈萨克斯坦，西面来自中东，西南来自非洲尼日利亚，东面来自拉美的玻利维亚等地多渠道的石油进口。

2. 加大国内能源的勘探开发力度，鼓励开发低品位能源，力求尽快扭转过度依赖进口能源的现状。据有关方面的预测，我国的石油地质远景资源量高达1 041亿吨，即使我们暂不考虑那些理论上的预期值，就只考虑已作过一定调查的可采储量也有150亿吨，而目前探明交付开采的仅为65.1亿吨，还不及可采量的一半。因此极有必要加大对那些尚未探明的可采资源的勘探开发；应该采取各种有力的措施，加大资金和技术的投入，提高勘探和开发的水平。特别是对已初具规模的西部更要加大力度，力求实现大突破、大发展、大接替。此外也要在坚决维护我国海洋权益的同时，加紧海洋能源的勘探开发。再者由于我国已探明的资源中低品位资源占有一定比例，为了不浪费这一部分资源，我们应加强研究，提高开采技术和利用技术，使其得到有效的利用。

3. 建立战略石油储备。世界诸多石油消费国的实践经验表明，建立战略石油储备是应对因战争或自然灾害等原因而出现石油来源中断问题的良好措施。人们认为储备量应该至少能满足半年以上的消费需求。除建立国家的战略储备库外，一些主要的用油部门也应该有自己的储备库。另外还应该把本国的可采油田按一定的比例留作储备，以防万一之需。

4. 厉行节能，降低油耗。与发达国家相比，我国的能源利用率很低。按产值能耗计算是世界最高的国家之一，比世界平均水平高2倍，是发达国家的3～11倍。如我国的能源消费总量是日本的1.7倍，但GDP总量仅为日本的28%。人们认为我国能源利用率低的关键原因是产业结构低度化，高耗能的产业如钢铁、电解铝、水泥等比重过高，而低能耗、高附加值的产业，如电子信息、精密制造和第三产业比重过低；加之，长期来单纯追求经济增长速度，忽视产品质量和经济效益，形成了以高投入、高消耗、低效益为特征的粗放型增长方式。所以讲节能，首先要着手的就是转变增长方式，切实落实党的"十六大"提出的走以信息化带动工业化的新型工业化道路；严格执行十六届三中全会提出的树立全面、协调、可持续的新的发展观。应该说在这方面我们已取得了可喜的进展，据上海市经委制定的《上海产业能效指南(2004版)》我国每万元GDP的能耗已从1980年的7.98吨标准煤，下降到2003年的2.6吨。显然这还不够，如同是2003年，上海已可做到每万元GDP能耗1.1吨标准煤，但与日本每万元0.18吨相比仍有很大差距。因此我们还须加紧努力。

法国油轮爆炸后，大火熊熊燃烧

5. 提高资源采收率，坚决杜绝资源浪费。改革开放以来，为了加速经济发展，我国曾允许私人个体和小企业参与资源的开发，但由于这些小企业技术落后，开采效率低下，再加上从业人员的素质较低，一味追求利润最大化，采取采富弃贫、采易弃难的掠夺式开采方式，致使资源浪费情况十分严重。据报道，在新疆，油井的采收率可达40%，而陕北竟不到20%。又如我国的许多小煤窑的回采率仅为10%。显然，如果让这种状况继续下去，我们即使有再多的资源也抵挡不住如此大的浪费。所以必须迅速采取措施，杜绝这种“犯罪”的行为。

6. 开发新能源，尤其是绿色能源和可再生能源。据报道，2003年我国能源消费总量为16.8亿吨标准煤。其中煤炭占67.1%，原油占22.7%，天然气占2.8%，其他能源仅占7.4%。众所周知，大量使用煤炭与油气作能源，会给环境带来十分不利的影响。更何况前面我们已经说到，我国的油气资源相对短缺；煤炭虽然资源丰富，但将其主要用于燃烧，实在是对资源的极大浪费。短期内为减少油气的对外依存，发展煤炭作为替代能源，虽有一定的必要性，但终究不是长远之计。其实无论是从宏观的经济可持续发展的角度，还是单纯从能源安全的角度来考虑，积极发展水力、风力、太阳能和生物质能等可再生能源和绿色能源才是能源发展的根本之策。

据国际能源机构预测，我国2005年进口原油量在1亿吨左右，其中80%将通过海运获得。世界上原油运输所使用的油轮，装载量多介于27万～30万吨之间，这样载量大、运费低。但我国则多为载量不超过10万吨的中小型油轮，这使海运的费用远高于世界水平。

（张庆麟）

一种重要的能源——油页岩

传说在很久以前，在吉林桦甸的一个夏天的傍晚，一个牧童正赶着羊群回家。突然，电闪雷鸣，风雨大作，牧童不得不和他的羊群躲在一个山洞里。少顷雨停雷歇，牧童再次上路，但这时他却惊奇地发现，不远的山坡上冒起了一股股黄黑的浓烟，浓烟中还时时闪烁着红红的火光，随风还飘来阵阵刺鼻的沥青臭味。啊！失火了。然而让牧童感到惊奇的却不是这突然而起的野火，而是燃烧的物体，它既不是草木也不是人们丢弃的可燃物，而是那裸露着的棕褐色的石头。咦！石头怎么也会着火？

回到村里，牧童向长辈们请教，但谁也说不出所以然。不过，牧童的这一发现却为村民们提供了一种新的燃料。他们把它称为“红煤”。

“红煤”是什么？原来它的正确科学名称是“油页岩”。它和煤炭、石油一样都是矿物能源家族的重要成员。更具体地讲，这是一种暗褐色、棕褐色到棕黑色的岩石。由于它常具有薄的纹层，好似一页页的纸，并富含油质，故称油页岩。其含油率一般为4%～20%，最高可达30%以上，以致若长期用纸将其包裹，油就可以浸透到纸上。油页岩除富含油质的碳氢化合物外，它的主要成分是硅酸盐质的黏土矿物和少量的铁质，此外它还常含有磷、硼及钒、铀、锗等稀有金属。因此可以说它浑身都是宝。

燃烧的“石头”

不过，油页岩的最主要用途还是它的可燃性。1千克油页岩燃烧可产生8.36～16.72千焦的热量。约3千克油页岩相当于1千克煤，5千克油页岩相当于1千克石油的发热量。另外从油页岩中提取油也一直是人们追求的目标。早在1838年，法国就有了世界第一座页岩油的提炼厂。到1850年，该厂每天的加工量已达840吨。前苏联也在1919年开始页岩油的提炼，到1937年其页岩油的产量达年产11万吨。我国的页岩油工业始于1928年。1959年的加工能力达每年 2 000 万吨，产油 79 万吨，占当年全国石油产量的 21%。据说，建国初期由于国内石油供应十分紧张，当时毛主席和周恩来总理曾专门召集地质学家开会研究，加速发展我国页岩油提炼工业。后由于地质学家们预测我国境内也有较丰富的石油资源，而页岩油的提炼成本又较高，难以与石油竞争；恰好不久就有了大庆油田等发现，致使页岩油工业的发展趋向停滞和萎缩。故近年来页岩油的产量仅维持在年 15 万～20 万吨左右。同样，在国际上页岩油也由于无法与石油竞争，在二次世界大战以后纷纷被挤出市场，仅少数国家还保留有不起眼的加工业。

20 世纪八九十年代以来，随着世界能源消费量的猛增，石油供应渐趋紧张，价格不断攀高，使人们不得不着眼于其他可再生能源或其他替代能源的开发和利用。于是一度受到人们忽视的油页岩，又重新引起了人们的注意。据有关方面的统计，全世界的油页岩储藏量在矿物能源中仅次于煤，名列第二，若将其折算成页岩油，可达 4 750 亿吨，相当于目前世界上已探明的石油可采储量的 5.4 倍。我国也有丰富的油页岩资源，虽迄今未作充分的详细调查，但根据相关资料估计，以含油 5%以上的油页岩来计算，估计储量在 4 831.7 亿吨，可提取页岩油约 142 亿吨，接近于我国到目前为止累计探明的石油储量。这些油页岩主要分布在东北、华南、华北、西北等 21 个省份。尤以吉林储量最为可观，约占全国的一半，其次为辽宁、广东、山东和内蒙。

从油页岩虽可直接提炼出页岩油，经加氢处理后即可获得汽油、煤油、柴油、石蜡等石油制品，但成本较高，且污染严重，缺乏竞争力。所以当今油页岩的利用，人们大多着眼于把其直接作为燃料，用于火力发电厂。早期的工艺是将其直接在燃烧室中燃烧，产生热量驱动蒸汽机来发电。这样虽比提炼页岩油的能源利用率要高，但由于油页岩本身含碳量低，燃烧常不稳定，必须掺杂 10%～15%的重油，否则就很难正常运行。从 20 世纪六、七十年代开始，人们发展了一种新的所谓“循环流化床燃烧技术”。我国东北电力学院还研制成功具有国际先进水平的循环流化床油页岩电站锅炉。经 10 年来的运转证明，它能为油页岩提供最佳的燃烧方式，且运行稳定，具高效、洁净、经济的优势，为油页岩的广泛利用开辟了良好的途径。

不过，油页岩毕竟是一种含碳量较低的岩石，在其燃烧后会产生大量灰分，给环境带来沉重负担，因此在开发油页岩时还必须考虑怎样综合利用的问题，即应做到“吃干榨净”。如利用它的灰分生产水泥、建筑砌块和陶粒；生产塑料、橡胶的填充料，甚至提取某些稀有金属等等。

（张庆麟）

微生物采油

1980年2月2日,美国的《华尔街日报》报道了一个叫迪安·威尔斯的人在美国得克萨斯州阿比林北部的一次试验。他在一座已开采了40年的600米深的旧油井中,灌入了价值20美元、有2升多特殊繁殖的细菌和80加仑的废糖浆后,把井口封住,过了些时候,这个原来每天只能产不到4桶石油的油井,居然变得每天能产7桶石油,使一座几乎枯竭的油井复活了。

开采石油主要依靠石油矿藏内的自然压力,把油井四周的石油压向油井。但在开采的过程中,油层的压力会下降,石油的产量便随之降低,结果往往只能采出油田里石油储量的35%～40%,其余一半以上的石油资源都白白地丢弃在地下了。

欲提高石油的产量,现在一般采用注水的方法进行“二次开采”。因为油比水轻,注入的水把油赶向油井。这样,地下石油的采收率可以提高到50%～60%,甚至更多。不过,深层原油大多吸附在岩石空隙间,有时采用注水的方法也很难压出,因此,石油开采一般都需要“三次开采”。石油的三次开采有多种方法,而用微生物进行三次开采具有采油技术简单、投资少、收效快、无污染等优点。

微生物采油是指向油藏中注入合适的菌种及营养物,使菌株在油藏中繁殖,并代谢石油。产生的气体和活性物质,可以增加石油的流动性,而且对原油中的沥青等重组分进行降解,使之降低黏度,以提高石油采收率。通过微生物活动产生的气体,主要是二氧化碳,也有氢气,这些气体增大了油层的压力,把更多的石油驱向油井,涌出地面。

该技术的局限性在于微生物在温度较高、盐度较大、重金属离子较多的油藏条件下易于遭到破坏,并且培养微生物的条件不易把握。因此,该方法的发展方向是培养耐温、耐盐、耐重金属离子的易培养菌种。

美国科学家利用基因技术创造出能适应地下深层环境的一种“超级细菌”,它们耐高温,能在低氧、高硫、酸碱环境下生存。通过这些微生物在井下的活动,产生大量二氧化碳、甲烷和有机酸,使石油黏度降低,增加井下压力,于是石油得以第三次开采。其后不久,美国俄克拉何马州的一位微生物学家在采油区内分离出4种细菌,其中2种能够产生类似洗涤剂的化学物质,可以将石油从岩石裂缝中“清洗”出来。另外两种细菌产生能降低石油黏度的溶剂,使地下石油更容易开采。经在俄克拉何马州的一口

细菌造油

油井试验,证明使用这些细菌可以使石油产量增加15%~20%。

澳大利亚科学家最近的一项工作做得更出色。他们通过促使生活在油层深处的微生物从周围岩石中“剥离”石油的方法,使原来被堵在岩石中的石油变得容易提取。这项技术在澳大利亚昆士兰州的阿尔通油田试验时,石油的产量竟提高了将近70%。

20世纪90年代以来,我国加快了微生物采油技术的研究步伐。

1999年微生物采油技术在胜利油田的77口油井中试验,累计增油11万吨,平均单井增油148吨,投入产出比为1∶9以上,取得了良好的经济效益。同时由于这项技术的应用,减轻了油井的结蜡、结垢和腐蚀,降低了生产成本。

我国稠油资源分布很广。稠油突出的特点是含沥青、胶质较高。辽河油田率先开展了将微生物处理技术应用于针对稠油中胶质、沥青等组分的研究。1996年就已进入矿场试验阶段,取得了良好的效果。

科学家们还发现,细菌不仅能帮助开采石油,细菌还能造油。比如,有一种叫分枝杆菌的微生物能够产生类似于碳氢化合物的霉菌酸,像酿酒、制酱那样,经过酶的催化作用聚合到一起,就得到了一种真正的菌造石油。

根据这个原理,建造一个人工湖,把微生物“放养”到水里,只要水里溶解有足够的二氧化碳,作为它们的“食料”,用不了多久,微生物便成千成万倍地繁殖。培养出来的微生物,可以用过滤器收集,然后送到专门的工厂里去“炼油”。

让细菌造石油,只要二氧化碳供应充足,造油速度很快,两三天就能收获一次。细菌造油的人工湖和炼油厂到处可以建造,生产持续不断,风雨无阻。据说,只要掌握天时地利,每亩水面每年就能够生产3 700桶石油。有趣的是,这种造油细菌需要二氧化碳来“喂养”,正好地球上的二氧化碳已泛滥成灾,用二氧化碳换石油,真是求之不得。

(周　戟)

泥火山和天然气

2004年10月15日上午9时许,位于台湾屏东县万丹西南约4千米的鲤鱼山,突然喷出一股夹带着泥沙和翻滚泥浆的冲天气柱,隆隆之声从很远的地方都能听到。有人向气柱投了一把火,顷刻间气柱便轰的一声着了起来,冲天的火苗显得格外壮观,引来众多民众驻足围观。

鲤鱼山是台湾地区最著名的泥火山,每年都会有1～3次的喷发。这次是继2004年4月第一次喷发以后的第二次喷发。泥火山不是真正的火山,它不会喷发岩浆,只会喷出气体和泥浆。研究表明,它的形成与淤积在泥层下面的天然气有关。当天然气的淤积量达到一定程度,内部压力超过上覆岩层的压力时,它便会突然冲破上覆岩层,形成喷发。也就是说,泥火山是天然气在地面上的显露。

"天然气"一词,本指自然作用中形成的各种气体,今天的人们常用来专指蕴藏在地层中的由碳氢化合物组成的可燃性气体。其组成多以甲烷(CH_4)为主(常占85%～95%),次有乙烷(C_2H_6)、丙烷(C_3H_8)、丁烷(C_4H_{10})及其他重质气态烃类;此外也含少量的氮、氢、二氧化碳和硫化氢等气体。在分布上,它们在生成过程中与石油往往有非常密切的联系,虽然自然界也存在有独立的天然气矿藏,但更多的则与石油密切共生。

天然气是一种可燃性气体,早在2 000多年前的秦代,我国就已有凿井取气用以煮盐的记载。东晋常璩写的《华阳国志》里曾描述秦汉时期对天然气的利用:临邛县"有火井,夜时光映上昭,民欲其火,先以家火投之。顷许如雷声,火焰出,通耀数十里。以竹筒盛其火藏之,可拽行终日不灭也……取井火煮之,一斛水得五斗盐。家火煮之,得无几也"。不过,把天然气作为重要的能源和化工原料进行大力开发和利用,则是近百年的事。尤其是20世纪五六十年代以来,天然气受到了人们越来越多的重视。这主要是因为现代科技的发展和先进的生产手段,使天然气的利用变得更加容易。作为一种气态的能源,它在开采、运输和利用上有其他能源难以比拟的优势;与其他矿物能源(煤炭、石油、核燃料)相比,它还具有相对优质、高效、清洁的长处,如它对环境的污染(不考虑二氧化碳的影响)只有煤炭的1/800,石油的1/40;另外,随着科技的进步,天然气在化工等领域也显露出越来越广阔的前景。另外,更重要的是人们发现地球上有着十分丰富的天然气储藏。截至1997年底,其在全球的探明储量已达144.76万亿立方，按热值折算相当于1 447.8亿吨石油，超过当时已探明的1 409亿吨石油储量。因此，当石油供应出现紧张，油价不断攀升时，天然气作为一种相对廉价又丰富的替代能源，自然会受到人们的格外青睐。正因为如此，天然气在世界一次性能源的消费结构中，已从1950年的9.8%，迅速上升到现在的近25%，预计到2020年将达到29%~30%。

与其他国家相比，我国的天然气利用水平还很低，在国内一次性能源的消费结构中仅占2%~3%。显然这是很不合理的。鉴于此，1997年国家发展计划委员会下属的能源研究所在《中国中长期能源战略》中建议，把天然气作为21世纪一次性能源的重点来加以发展。

我国的天然气资源相对而言还是比较丰富的。据国土资源部门的预测，我国拥有天然气资源约38万亿立方米。其中四川盆地等中部地区约占31.5%，塔里木盆地、准噶尔盆地等约占28.4%，渤海湾、东海、南海等海域约占21%。到2000年，已探明的储量为3万亿~3.5万亿立方米，预计2010年累计可探明储量4.4万~4.9万亿立方米。

不过，我国的天然气资源也存在一些不利因素。首先是已发现的天然气藏多为中小型，缺少可供长期开采的大型气田；在分布上自然地理环境相对恶劣，多属黄土源、山地和沙漠，这些地方占有60%的资源量；此外，许多气田的地质构造比较复杂，埋藏深度较深，其中埋深超过3 500米的占资源量的58.39%，大大增加了勘探开发的难度。

尽管如此，为了满足正在发展的国内天然气市场需要，我国有关部门已做出艰苦而可喜的努力，使天然气的探明储量以每年近1 000亿立方米的速度增长。2003年，天然气产量已达350亿立方米，居世界第十八位。鉴于输送管道建设是天然气开发利用的重要环节，尤其是我国天然气产地分散，产地与消费地相距较远，国家发改委正大力推动石油和天然气主干管道的建设，计划在未来20年建设10万千米的管道，以实现“西气东输、陕气进京、海气登陆”的目标；预计到2010年，西部产的天然气可一半输往东部，让1.7亿户居民使用天然气代替生活用煤。值得高兴的是，1999年上海浦东的居民已率先使用上了从东海登陆的天然气，天津居民也用上了渤海湾的天然气。2004年10月1日“西气东输”的主干管道工程的完成，又使来自塔里木和陕北长庆的天然气直接输送到了上海和长江三角洲地区。

（张庆麟）

希望与风险并存的资源——可燃冰

20世纪30年代，人们发现一些高压输气管道、气井和使用天然气的工厂设备，在天寒地冻的冬日常常发生管道堵塞现象，使生产不能正常运转。是谁在捣乱？剖开管道，可以看到管道中充塞有许多不知从何而来的冰雪状物。奇怪的是这种冰一遇明火就会燃烧。经过研究，人们恍然大悟，它就是早在1810年曾被一个叫H·戴维的英国科学家在实验室里发现的气体和水的化合物。不过，在很长一段时间里，人们并没有意识到，这是一种潜在的能源，而一直把它视为输气管道的祸害，致力于如何防止和消除它给管道造成的堵塞。直到20世纪60年代前苏联在开发麦索亚哈气田时，首次在地层中发现有这种气水化合物，人们才开始把它作为一种燃料矿产来对待。此后不久，又在西伯利亚、北斯洛普、墨西哥湾、日本海、印度洋等地相继发现了此类气水化合物。于是，人们才意识到这是一种具有全球性分布的潜在能源。从20世纪70年代开始，它便成为世人热衷研究的对象。

目前，已知这种气水化合物是在一定条件下，由气体或挥发性液体与水相互作用后形成的一种固态结晶体，一般呈白到浅灰色，外观似冰雪；又因其组成成分中大多以甲烷为主(常占其气体组分的80%以上)，故极易燃烧，所以被人们称为“可燃冰”。燃烧时产生的能量比同等条件下的煤、石油和天然气都要多得多，燃烧后几乎不产生任何残渣和废弃物，故其对环境的污染也比煤、石油和天然气小得多。因此，它被人们认为是一种不可多得的优质能源。

研究查明，可燃冰的形成要有3个基本条件：一是温度要低，它常出现在天寒地冻的时候，分布在寒冷的冻土区和海底；二是要有一定的压力，在0℃时，大于30个大气压就足以让它形成；三是地底要有气源。已知甲烷气有无机和有机两种来源。无机来源的甲烷气来自地球形成时期的原始星云，它会通过地层中的断层等构造裂隙向浅部释放。有机来源则是成千上万年来死亡的生物腐败分解的结果，在一些沉积盆地和海洋中会有丰富的甲烷气源。据此，人们估计陆地上的20.7%和大洋底的90%的地方，具有形成可燃冰的条件。已知地球表面71%是海洋，所以可以预测，洋底的可燃冰的资源量会是陆地的100倍。

据初步调查，仅美国东南海岸外的布莱克海岭，就有可燃冰资源量180亿吨，而每1立方米可燃冰就可释放出160～180立方米的天然气和

可燃烧的“冰”

0.8立方米的水。据此估算，仅该海域的可燃冰就相当于美国105年的天然气消耗。日本也发现，在日本海及其周围的可燃冰资源足以满足日本100年的需求。目前，全世界已有79个国家在其近海或高原及临近极地的冻土层里发现有可燃冰资源。据初步估算，全球的可燃冰资源比煤炭和石油的总和还要多，可满足人类1 000年的能源需要。我国自20世纪90年代以来也加强了对可燃冰资源的调查。目前，已在南海、东海及青藏高原的羌塘盆地相继发现有可燃冰的蕴藏。其中仅南海北部的可燃冰储藏量就已相当于我国陆上石油总量的一半。另外，在西沙海槽也圈出可燃冰分布区5 242平方千米，估计资源量为4.1万亿立方米。

正由于可燃冰蕴藏丰富，燃烧时能效高，又比煤、石油清洁，因此人们对这一新资源的开发利用充满了期待，认为它将是未来能源的新希望。然而专家们也警告说，可燃冰的开采不仅存在很大的难度，而且还充满了风险。

首先是开采，很可能会给生态环境带来严重的后果。可燃冰中蕴含有大量的甲烷，而它又是一种只在低温和一定压力下才稳定的物质，开采时环境的变化，有可能破坏它的稳定，使甲烷骤然释放出来。已知在导致全球气候变暖方面，甲烷所起的作用要比二氧化碳大10～20倍。

再则，人们还担心海底可燃冰的开采也许会诱发一系列地质灾害。如开采时甲烷气的骤然释放，有可能引起海水汽化和海啸，使船只沉没，近海的建筑和人们的生命安全受到威胁。另外，由于可燃冰经常作为海底沉积物的胶结物存在，对海底沉积物的强度起着关键作用。一旦可燃冰因开采受到破坏，沉积物的强度被削弱，就有可能引起海底塌陷或滑坡。这对各种海下的工程设施都将是极大的威胁。还有，水中大量甲烷等的析出，还可能给海洋生物带来一场难以预料的浩劫。

时至今日，尽管人们对可燃冰的利用充满期待，但还没能提出一个妥善成熟的开采方法。其中最关键的难点，就是怎样才能保证可燃冰的稳定，使其不会因开采时温度、压力的改变而分解；怎样才能保证甲烷气体不致泄漏出去。显然，只有解决了这些难题，可燃冰的开发利用才会成为现实。

（张庆麟）

“老”当益壮的火力发电

电能是最重要的能源之一，也是一种高品位、可以方便和高效地转换为其他形式的能源。在发电站的建设中，虽然别种类型的发电站(如水电站、核电站等)比火力发电站具有明显的优越性，但它们往往建设周期很长，技术难度较大，需要投入的资金又比火力发电站大得多，有“远水难解近渴”的感觉。因此，即使在今后较长的一段时间内，电力生产的主要途径仍然是火力发电。目前世界上火力发电量约占总电量的70%以上，我国的比例已达到80%以上。火力发电尽管已有悠久的历史，但它至今仍老当益壮，并焕发出青春的气息，扮演着电力生产中的主角。

火力发电站使用的燃料主要是煤，我国现已明确规定火力发电一般不得用石油作燃料，而要广泛利用包括劣质煤在内的煤。以煤为火力发电燃料，其生产过程可分为三个阶段：第一阶段，燃烧的化学能在锅炉中转变为热能，加热锅炉中的水使之变为蒸汽，称为燃烧系统；第二阶段锅炉产生的蒸汽进入汽轮机，推动汽轮机旋转，将热能转变为机械能，称为汽水系统；第三阶段，由汽轮机旋转的机械能带动发电机发电，把机械能转变成电能，称为电汽系统。

火力发电厂可分为：按燃料分，有燃煤发电厂、燃油发电厂、燃气发电厂、余热发电厂等。按原动机分，有凝汽式汽轮机发电厂、燃气轮机发电厂、蒸汽-燃气轮机发电厂等。按供电范围分，有区域性发电厂、孤立发电厂(不并入电网内，单独运行的发电厂)、自备发电厂等。还可以按装机容量、蒸汽压力等等来分类。

火力发电厂远眺

火力发电厂利用蒸汽的动能来发电

火力发电厂的主要组成部分是燃料、锅炉、汽轮机(燃汽轮机)、同步发电机等。

火力发电是煤的主要用途之一,约占原煤消耗的20%左右,这一比例可能还将提高。一个100万千瓦发电能力的火电厂每年要消耗三四百万吨原煤。现在许多国家都很注意建造坑口电站,即在煤矿附近兴建火力发电厂,建造坑口火电厂可以大大减轻长途运煤造成的对交通运输的压力,尤其是对于几百万千瓦的巨型火电站更要考虑建成坑口电站。而对于那些煤中占有60%~70%的劣质煤,进行长途运输更是不经济的。国外(如德国、澳大利亚、前苏联等国)几乎所有劣质煤、褐煤发电厂都建成坑口电厂。

火力发电用煤会造成环境的严重污染,因为它所排放出的是粉尘、硫氧化物等有毒的物质和气体,因此用洁净煤发电成为当务之急。

所谓洁净煤发电是指最大限度地发挥煤作为发电能源的潜能,同时实现最少的污染物排放,达到煤的高效、清洁利用和发电。

洁净煤发电涉及下列几个主要技术领域:一是煤利用前的净化技术,即选煤,目的是降低原煤中的杂质含量,一般可除去50%~70%的灰分,甚至可脱除30%~40%的硫分。另外采用水煤浆技术,具有节能和环保双重效益。二是煤燃烧过程中的洁净技术,这是实现洁净煤发电的最重要领域和核心。改进燃烧方式可以降低污染物的排放量,是既经济又易于推广的技术措施,这种燃烧方式称为低氮氧化物燃烧技术。三是烟气净化技术,亦即实现烟气脱硫降低电站锅炉二氧化硫的排放量,也是目前世界上应用最为广泛的一种控制硫氧化物排放的技术。四是煤的转化,主要有煤的气化和液化。通过煤的转化，不仅可有效提高煤热能的利用率，还可以减轻直接烧煤造成的污染，使用也很方便。煤的气化是指煤经干馏或气化等方式得到煤的气体产物，在煤气化过程中能有效和方便地脱除大部分有害物质。目前煤的气化技术发展和应用已超过煤的液化技术。它们都是在煤能源利用过程中减少环境污染、节约能源的有效途径。

火力发电厂中的锅炉和汽轮机都属主要设备。锅炉的作用是使燃料在炉膛中燃烧放热，并将热量传给水或其他媒质，以产生一定压力和温度的蒸汽，供汽轮发电机组发电，这种锅炉具有容量大、参数要求高、结构复杂、自动化程度高等特点。汽轮机是以蒸汽为媒质，将热能转变成机械能的外燃高速旋转式原动机，它为发电机的能量转换提供机械能。

在介绍了上述火力发电方式后，再来了解一下另一种新型火力发电方式——燃气轮机发电。与汽轮机发电不同，燃料与压缩空气一起进入燃烧室，进行混合燃烧后，燃烧的热量不是用来加热蒸汽，而是使其具有一定速度和方向的燃气(即燃烧后的热烟气)进入燃汽轮机，喷射到转子的叶片上，推动燃汽轮机的转子飞速旋转，从而带动发电机发电。同蒸汽轮机相比，燃气轮机是直接利用燃汽的压力和温度，减少了"转化为蒸汽的压力和高温"这样一个能量转化过程。理论上减少了转化过程，效率应有所提高，但实际上燃汽轮机发电效率并不高，为了提高其效率，德国发明了"燃气轮机—蒸汽轮机联合循环发电"的新发电方式，使一次燃烧的能量能发两次电，效率大大提高。目前这种发电方式的热利用率已可达到47%，并有继续再提高的可能。

关于火力发电，2004年召开的第四届"全国火力发电技术学术会议"上，明确了21世纪中国火力发电(特别是燃煤发电)的主题是"节能、环保、节水"。我国发电以煤电为主的基本格局，长期难以改变。因此，要加紧在煤电领域中推广高新技术的应用，如超临界压力和多次再热技术、强化传热技术和烟气净化技术等。

(吴　沅)

坑口电站与管道输煤

新中国成立后，我国先后在开滦、大同、霍县、阜新、抚顺、平庄、鸡西、淮北、淮南、徐州、鹤壁、平顶山等煤矿附近建设了一批坑口电站。这些坑口电站总装机容量约占全国发电装机容量的1/5。

考虑电能在长距离输送中也有损耗的因素，坑口电站的建设必须综合考虑其合理性和经济性。如德国的火电站以往一直燃用热值较低的褐煤等劣质煤，电站就建在坑口。20世纪70年代以后，德国的一些大型火电厂烧高热值的煤，输电成本就高于煤炭的铁路运输和水路运输了。

综观国外的经验和我国的情况，可以认定在出产热值为12.54千焦以下的低热值煤的矿坑建设坑口电站，实行远距离输电才是经济的。在12.54千焦热值以上的煤矿，同时附近又是用电负荷中心，那么建设坑口电站就近发电、就近供电是合理的。而且坑口电站建成热电站，又发电又供热，电站的热效率就可大大提高，还可减少对生态环境的污染。但是把坑口电站的电远距离输送是不够经济的。

然而，在没有热值在12.54千焦以上的煤矿的情况下，如果发电用水无保证(燃煤电厂煤水比应为1∶8)，或没有合理的供电半径，也就是说我国目前输电最高电压为50万伏，输电距离只能在300千米左右，那么就不宜建坑口电站远距离输电。

不宜建坑口电站，那就需把煤炭运送出去。煤炭运送常规方法无非是铁路和水运。这两种方式中虽然是水运经济，但是水运必须有特定的地理条件，否则就是空话。因此我国煤炭的运送主要还是靠铁路。在国外还有一种运煤方式，那就是管道输煤。

管道输煤是一种富有生命力的新颖的输煤方式，它已经在美国、俄罗斯、波兰、英国、法国、加拿大等国得到应用。管道输煤是把破碎成细小颗粒的煤和水混合，利用输送泵的压力，通过管道把煤水浆输送到目的地，然后脱水后使用。实践表明管道输煤的管道埋在地下既不占土地，又不受天气影响，能够连续可靠地输送，适合电厂连续生产需要；投资省、建设快、可节省大量钢材，敷设一条输煤管道费用只及敷设铁路费用的一半，而且损耗少，维护费用低，总运费只及铁路运费的2/3，并且输煤距离越长、输煤量越大，费用越低；管道输煤所耗电力仅是坑口电站远距离输电损耗的四分之一。

（俞君定）

跨越"过程",直接发电——磁流体发电

两个世纪以前,英国物理学家法拉第发现了电磁感应现象。在发现中,法拉第提到的导体,并不限于导电的固体,对于能流动的导体应该同样适用于电磁感应定律。由于时代的限制,当时未能实现用流动导体生成电流的愿望。20 世纪初,开始出现了磁流体发电的研究,直至 20 世纪 50 年代,在喷气技术的发展中,对高温气体的特性有了深入的研究,掌握了高温气体的游离与导电特性,为实现磁流体发电奠定了技术基础。1959 年美国阿夫柯公司埃弗雷特实验室,首次用磁流体发电方法发出了 11.5 千瓦的电功率,点燃了 228 只灯泡,从而宣告了磁流体发电获得了最初的成功。

所谓磁流体发电,简单地讲就是用导电流体(一般是导电的气体,也可以是液态金属),以一定的速度通过与流动方向相互垂直的磁场,切割磁力线而感生电动势,从而产生电能。也就是将燃烧产生的热能(或从核反应堆中释放出来的热能),跨越传统的发电"过程",直接转换成电能。

我们知道,目前传统的火力发电要经过四个能量形态的转变过程。即由化学能经燃烧转换成热能,这个过程在蒸汽锅炉或燃汽轮机的燃烧室中完成,然后通过涡轮机将热能转换成机械能,再通过发电机将机械能转换成电能。磁流体发电则是跨越这几个过程,"一步到位"直接发电。

磁流体发电示意图

但是要实现磁流体发电,对其导电流体(如气体)必须要有严格的要求:一是气体必须要有较高的电导率。实验证明气体只有达

到 6 000 ℃左右的高温，才具有适合的电导率，这显然难以实现。目前广泛采用在气体中添加少量(约占总质量的 2%左右)碱金属盐类，如钾、铯等，就能在较低温度下(如2 000 ℃左右)获得所需要的电导率。二是气体必须具有极高的流速，一般在每秒 1 000 米左右，以此来弥补气体电导率仍偏低的缺陷。但实验又证明，气体流速也不是越快越好，因为气体流速过快，会导致温度下降，而温度下降会使电导率快速降低。其最佳流速应控制在 0.8～2 马赫，即接近音速或超音速流动。三是必须要有高的磁感应强度，而超导磁体的场强远远高于普通电磁铁，因此在磁流体发电机中应采用超导磁体。

磁流体发电具有很多优点，尤其与以煤、重油、天然气等为主要原料的火力发电相比，其优越性更加凸显：一是能量转换效率高，磁流体发电中没有转动部件，因此其排气温度仍可高达 1 900 ℃左右，其中所含的热量还可以充分利用。比如将磁流体发电装置排出的烟气送入余热锅炉中产生蒸汽，作为蒸汽轮机的动力，即组成磁流体—蒸汽联合循环，这样就可使燃烧产生的热能被两次用来发电，效率将大大提高。根据计算，磁流体—蒸汽联合循环的总效率可达 52%。二是启动速度极快，若导电气体的运行速度为每秒 1 000 米，其启动时间可以达毫秒级，亦即瞬间就可产生电能。三是环境污染少，由于在磁流体发电机中要加入钾、铯等碱金属作为电离种子，为了提高磁流体发电的经济性和防止大气污染，按规定对这些电离种子全部要回收。因此在种子回收时也一并把硫化类等有害物质一起回收了，使排出物中几乎不存在污染物，有利于保护环境。同时，磁流体发电排放的二氧化碳比常规电站要少得多，亦可减少温室效应。四是节约用水，由于磁流体发电效率高，冷却水可以循环使用，电站可节约用水量三分之一左右。五是单机容量可以做得很大，容量越大效率就越高。磁流体发电机的容量能达到几十万千瓦以上。

磁流体发电机主要有三个基本部分组成：燃烧室、发电通道和磁体。燃料与高温空气被送入燃烧室中，燃料的化学能被转变成热能，生成高温导电气体，并通过喷管被加速。发电通道由绝缘壁和电极组成。高温、高速的导电气体流经发电通道，电极用来导出电流(直流电)。磁体的作用是在发电通道内产生强磁场，它由铁芯电磁铁或超导励磁线圈组成。

在大力研制磁流体发电机的同时，最初主要是为了军事目的的需要，一种称为脉冲磁流体发电机在美国和前苏联进行研制，美国还于 1965 年研制成功 32 兆瓦的脉冲磁流体发电机。之后美国和前苏联均将脉冲磁流体发电机转向民用，如用作地质勘探、地球物理研究等，将一个高功率脉冲磁流体发电机作为地震预报和地质勘探的电源,进行地球表层的电磁现象观测和研究。俄罗斯研制的脉冲磁流体发电机有两种系列:帕米尔系列和乌拉尔系列。以乌拉尔装置为例,它的脉冲时间为1.6秒,可提供40千米以内深层地壳的地电结构数据,分析这些数据可能会发现深的断层,还可用来研究地层岩石的磁化率。美国STD公司研制的脉冲磁流体电机脉冲时间为1.5秒,用于加利福尼亚州的地震预报。

与脉冲磁流体发电机虽属同种,但由于工作特点和应用领域的不同而称为爆炸磁流体的发电机,其能量的转换是在冲击波气体流条件下发生的,它是一种独立自由的电源,功率在兆瓦以上。由于保密的原因,公开的资料还比较少见,但作为军事上的特殊用途,应该是非常吸引人的。

自1959年美国首次获得磁流体发电原理实验成功至今已有近半个世纪了,美、俄、日、意等国和我国在实验室内进行了大量的研究工作,取得了重大进展。尤其美国推出比林斯磁流体发电示范工程计划,是该技术由实验室走向商业化的一个初步尝试。

我国也已制定了磁流体研究发展计划,分成三步走:第一步,进行关键部件与关键技术的研究;第二步建设一个磁流体—蒸汽联合循环试验装置,并进行长时间的综合试验;第三步建设磁流体—蒸汽联合循环试验电站,进一步推广磁流体发电技术。

磁流体发电技术,还有许多难题有待逐步解决,但可以深信,磁流体发电的前景是无比光明的。

（吴　沅）

生机勃发核电站

20 世纪的伟大科技成果之一是科学家们打开了核能利用的大门。1905 年，爱因斯坦在其狭义相对论中列出了质量和能量相互转化的公式："能量＝质量×光速^2"。这一公式表明即使是极少量的质量也能转换成无比巨大的能量。以铀-235 为例，它在裂变时产生的能量达到了相同质量石油的 200 万倍！核电站正是利用了它的"燃料"(通常为铀-235 和钚-239)核裂变时产生的惊人能量。

核电站，又称原子能发电站，是一种利用"燃料"在核反应堆中核裂变所释放的能量将冷却水加热，使水变成高压蒸汽，再用蒸汽驱动汽轮机发电的电站。

核反应堆是核电站中的"锅炉"，是一种能持续进行可控式裂变反应的装置。铀-235 在反应堆的"心脏"——堆芯里进行链式反应，释放出大量的热能来加热冷却水、使水温升高，热水从"堆芯"上部泵出，出口水温可达 332 ℃，高温水出堆芯后就进入蒸汽发生器，它将进入的高温水通过热交换再传递给另一回路水，使另一回路的水变成高温高压的蒸汽，经汽水分离后，这一路高温高压蒸汽即可驱动汽轮机发电。万一反应堆出现故障，只需在堆芯中插入足够多的控制棒，2 秒钟内可使反应堆停止工作，确保安全可靠。

世界上核电站的类型很多，已达到商用规模的有压水堆、沸水堆、重水堆、快堆等。压水堆是最成熟、最成功的动力堆堆型。

压水堆核电站与常规火力发电厂相类似。它主要由核岛和常规岛组成。在核岛中主要有压水堆本体、一回路系统以及为支持一回路系统正常运行和保证反应堆安全而设置的辅助系统。常规岛则主要包括汽轮机组及二回路系统。重水堆核电站是以重水作慢化剂的反应堆，可以直接利用天然铀作为核燃料。用重水或轻水作冷却剂。目前，已实现工业规模推广的只有加拿大的坎杜型压力管式重水堆核电站。沸水堆核电站是以沸腾轻水为慢化剂和冷却剂并在反应堆压力容器内直接产生饱和蒸汽的动力堆，具有结构紧凑、安全可靠、建造费用低等优点，它由主系

大亚湾核电站

统(包括反应堆)、蒸汽-给水系统和反应堆辅助系统等组成。快堆核电站是由中子引起链式裂变反应所释放出来的热能转换为电能的核电站,可以将铀资源的利用率提高到60%至70%。

岭澳核电站

人类首次实现核发电,可以追溯到1951年。当年8月美国原子能委员会在爱达荷州的阿科试验基地建成了一座钠冷快中子试验反应堆,同年12月20日,该反应堆进行世界上首次核能发电试验,发电功率为100千瓦,点亮了4只电灯泡。1954年6月,前苏联建成了世界上第一座试验核电站,发电功率达5 000千瓦,为约2 000户居民提供了电源。世界上第一座商用沸水堆核电站,建在美国的伊利诺斯州,功率为200兆瓦,由通用电器公司制造,于1960年起正式运行。核电的发展十分迅速,至1993年核电发电总量已占世界发电总量的17%,目前已攀升至占世界发电总量的23%。法国更是将核电的比例提升到80%,其次为瑞典达51%,然后是韩国、西班牙、日本、德国、美国和加拿大,他们中最少的也占国家发电量的19%。

随着核电事业的蓬勃发展,我国也大踏步地走着核电发展的道路:1991年,我国建成了第一座核电站——秦山核电站。1994年第二座核电站——大亚湾核电站诞生。这标志着我国发展核电的准备阶段已经结束,发展核电已正式起步。与此同时,秦山二期和秦山三期工程相继开工,并均已投入商业运行,将可以部分缓解华东地区电力紧张的局面。在美丽的大亚湾畔,目前又一座大型核电站已经崛起,名叫岭澳核电站,建设规模为4台1 000兆瓦的核电机组,首期先建2台,已于1997年5月开工,2002年5月1号机组已经提前投入运行。我国第四座在建的江苏田湾核电站也已于2000年开工,工程进展顺利。当秦山二期、秦山三期田湾和岭澳核电站于今年相继建成投产后,核能在我国能源结构中将从1%提高到4%,但与世界上的17%平均水平仍相差

秦山三期核电站

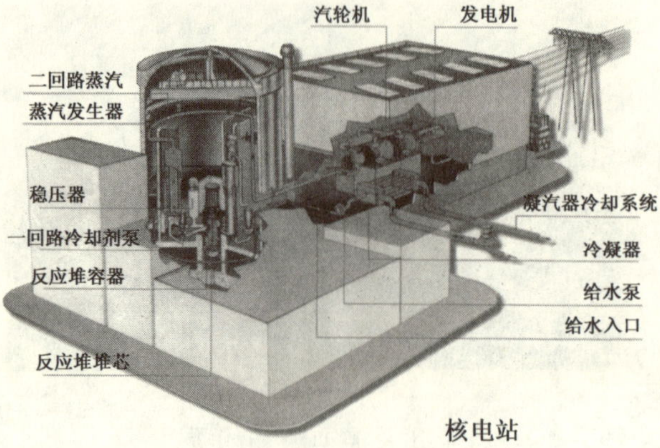

核电站

压水堆核电站剖面示意图

较大。核能必将在我国未来的能源系统中占有更重要的地位。

核能发电能量密度大，燃料用量少，发电综合成本低，正常运行时对环境的污染远比火力发电对环境的污染小。核能还是一种可持续发展的能源，目前世界上已探明的铀储量为 490 万吨，钍储量约 275 万吨，这些裂变燃料足够人类应用到聚变能时代。聚变燃料主要为氘和锂，其中氘的储量约为 40 万亿吨，锂的储量有 2 000 多亿吨(可用来制造氚)，足够人类在聚变能时代使用。按目前世界上的能源消费水平，可供人类使用上千亿年。因此，有些专家认为，一旦解决了核聚变技术，人类就从根本上解决了能源问题。这可以分三步走：第一步是建设热中子反应堆、压水堆、沸水堆、重水堆等。第二步是建立快堆，但其工艺相当复杂，投资大，估计要到 2030 年前后，快堆才能逐渐取代热堆。第三步是实现可控核聚变反应，预计到 2050 年前后，人类有可能实现原型示范的可控核聚变堆。

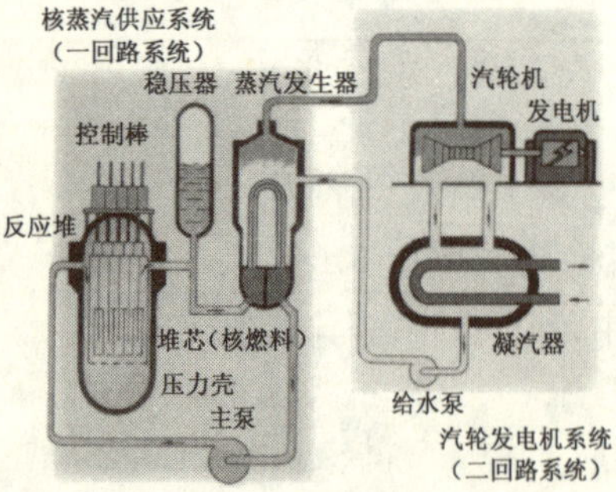

压水堆核电站示意图

核能是一种强大的新能源，是现代人类社会高度进步的象征。核能技术无疑将造福人类的子孙万代。在人类新的文明控制下将释放出更加灿烂辉煌的光彩！

（吴　沅）

核电站

核电厂战用的燃料是铀。反应堆是核电站的关键设备，链式裂变反应就在其中进行。用铀制成的核燃料在“反应堆”的设备内发生裂变而产生大量热能，再用处于高压力下的水把热能带出，在蒸汽发生器内产生蒸汽，蒸汽推动汽轮机带着发电机一起旋转，电就源源不断地产生出来，并通过电网送到四面八方。截至目前，全球共有 31 个国家共 439 座核电站正在投入运行，核电发电量已经占到总发电量的六分之一。

核能——魔鬼与天使

核能又称原子能，它是从原子核中释放出来的。原子核很小很小，然而它释放出来的能量却极其巨大。第二次世界大战后期，日本侵略者行将彻底崩溃的前夕，也就是1945年的8月6日和9日，美国分别把两颗称作“小男孩”和“胖子”的原子弹投在日本的广岛和长崎，给这两个城市带来了空前的浩劫，造成数十万人伤亡。这是核能威力的显现，也给世界留下了阴影，对核能，人们大有谈核色变之感。但是，一旦核能应用于和平事业，将千秋万代造福于人类。核能如今已成为世界能源舞台上一颗闪烁出耀眼光芒的星星，一个引人注目的角色。

核能是极其巨大的，让我们先来看一下来自科学家的对比数字：

1千克煤若完全燃烧能发3度电，1千克核燃料铀完全燃烧能发800万度电。这是具有天壤之别的两个数字！原因在于煤燃烧释放的是化学能，而铀释放的是核能。

利用核能，运输方便且适应性强。有人把核电站与火力电站作了一个形象的比较：一座20万千瓦的火力发电站一天要烧掉3 000吨煤，这些煤需用100个火车皮来运送；而一座发电能力与它相当的核电站，一天只需消耗1千克铀，而1千克铀的体积大约只有3个火柴盒摞起来那么大。这简直是不可思议的奇迹，但却是事实。

核资源储量丰富，虽然陆地上探明的铀资源有限，但是在海水中，铀的资源“不可斗量”，每1 000吨海水中大约含铀3克，世界各大洋中铀的总量可达四十多亿吨，这个数字为核能的“异军突起”构筑了坚实的物质基础，这与即将枯竭的煤、石油资源形成了鲜明的对照！

核发电成本一般比火力发电要低20%～50%，这又是个得天独厚的利好条件。

核能具有如此巨大的威力，它的能量来自何处？

这还得从原子的构造说起。

原子是由质子、中子形成的原子核和围绕原子核运动的电子组成的。原子核中的质子是带正电的，中子是不带电的，它们单个粒子的质量几乎相等。原子核的电荷数等于它的质子数，而其质量则等于质子数与中子数之和。

具有相同质子数的原子，它们原子核周围的电子数也是相同的，属于同一种元素，因而它们有着相同的化学性质。如果它们的中子数不同，质子数相同，被称为“同位素”。

原子弹“胖子”

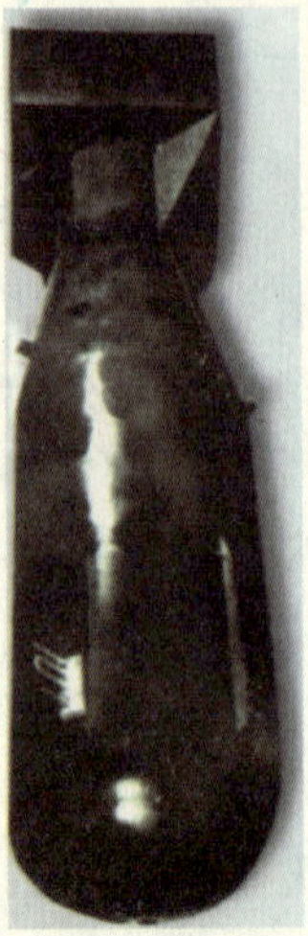

原子弹“小男孩”

利用核能进行医疗

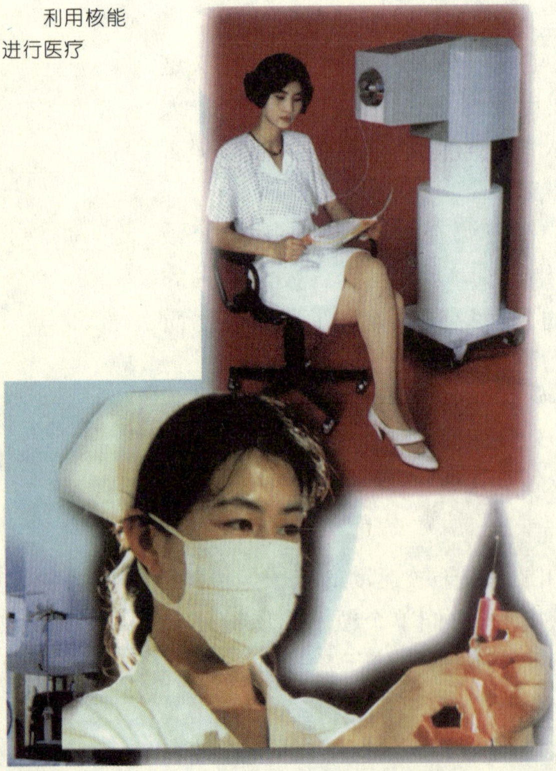

在通常情况下，原子核内的质子和中子均能“同舟共济”，相当稳定，因为原子核内存在极大的吸引力，称为“核力”，这核力足以使原子核本身保持稳定。但核力的存在有一个先决条件，即只有距离在 2×10^{-13} 厘米以内才起作用，若超出这个距离，核力便迅速降为零。质子和中子的直径大约为 2×10^{-13} 厘米，所以每一个质子和中子都只同与它相邻的质子或中子之间存在着核力。

一旦核子发生变化，它们之间存在的核力也会发生变化，同时会释放出巨大的能量，这种能量就称为“原子能”或“核能”。要使“核能”释放出来，目前主要有两种办法：一种是“核裂变”，就是将较重的原子核打碎，使其分裂成两部分，同时释放出巨大的能量，这种能量叫做裂变核能。比较

这是一座发电量 46 000 千瓦的原子能发电厂

具体的解释是这样的：当中子去撞击铀原子核时，一个铀核吸收了一个中子而分裂成两个轻原子核，并放出很大的能量，同时产生2～3个新中子。假设一个铀原子核裂变产生出2个新中子，这2个新中子又打在2个新的铀原子核上引起裂变，产生出4个新中子又打在4个新的铀原子核上引起裂变……这样一代代传下去，像链条一样环环相扣，因此又称为链式裂变反应。中子引起铀原子核裂变只需百万分之一秒，由一个中子在几十万分之一秒的瞬间就会使几亿个铀原子核分裂，强大的核能瞬间就迸发出来。若无人为加以控制，就变成破坏力惊人的原子弹；若核能被人为地控制住，就使其缓慢地释放出来而能够加以利用，能实现这一过程的设施就称为核反应堆。这里要说明的是，原子核能够发生裂变并引起链式反应，释放出巨大能量的核燃料只有铀-233、铀-235 和钚-239 三种，在自然界中存在裂变的燃料只有铀-235，其他两种是由钍-232 和铀-238 吸收中子后衰变生成的。

第二种称为核聚变，即两个或两个以上的轻原子核合成一个较重的原子核的核反应。核聚变放出的能量叫核聚变能，核聚变能甚至比裂变能更巨大。目前，一些国家正在研究聚变能的受控释放，即“受控核聚变”，一旦这一目标实现，人类就能得到一种实际上取之不尽的新能源。核聚变的首选材料为氢及其同位素氘和氚。据报道，总造价高达 46 亿美元的世界第一座核聚变试验堆于 2006 年开工，2013 年建成，在这座核聚变试验堆中或许“受控核聚变”将变成现实。

核能是魔鬼，因为它会给人类带来巨大的灾难，比如原子弹、氢弹。核能又是天使，它会给人类带来福音，比如核反应堆，利用反应堆产生的动力，可以推动舰艇，制造核航空母舰、核巡洋舰及核潜艇等，这是核能在军事应用中的一个部分。核反应堆还是和平利用核能的最主要设施，已成为人类生产、生活和科学研究活动中的一种强有力工具。

（吴　沅）

足球场看台下的秘密——核反应堆

核反应堆是可以进行核裂变链式反应输出功率,并能对其进行安全控制的装置。人们形象地把核反应堆称为“原子锅炉”。而核电站是将核反应堆内所产生的热能引到外部,并将热能转化为电能的设备。

世界上第一座核反应堆是由当时美国哥伦比亚大学教授、杰出的物理学家费米所领导的研究小组建造的。这里还有一个耐人寻味的历史故事:迫于当时的形势,这座反应堆竟建在芝加哥大学足球场看台的下面。当时正值战争时期,建造反应堆必须高度保密,为了掩人耳目,当局采取了“看似哪里最不安全就是最安全”的策略。真的,谁会想到在一个公众场合会有高科技的绝密工程?“核反应堆”这个名称也是因为保密需要的结果。原本这种用来做可控核裂变反应实验和核燃料生产的装置应该叫“核裂变反应装置”,为了保密,在电报中用“pile”一词作为“裂变装置”的代号,后来当“核裂变装置”不再是秘密时,代号“堆”却保留了下来,“核反应堆”也就沿用至今。

再生原子反应炉的构造示意图

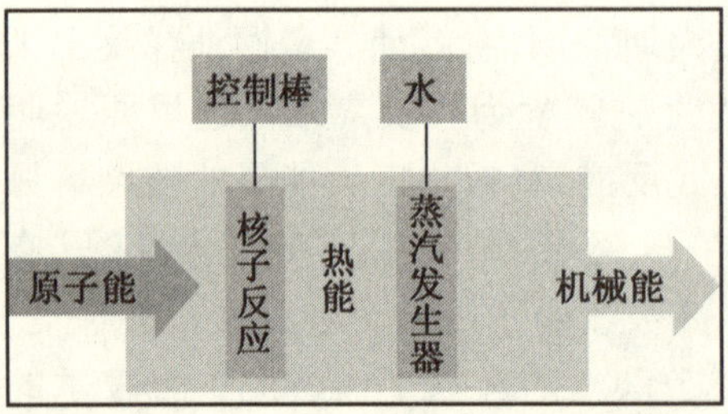

1942年12月,世界上第一座反应堆的自持式链式反应实验成功。在美国加利福尼亚大学物理教授领导下,仅用了短短2年半时间,就制造出3颗原子弹,并将其中的2颗投向了日本的广岛和长崎。

原子反应炉的能量流程示意图

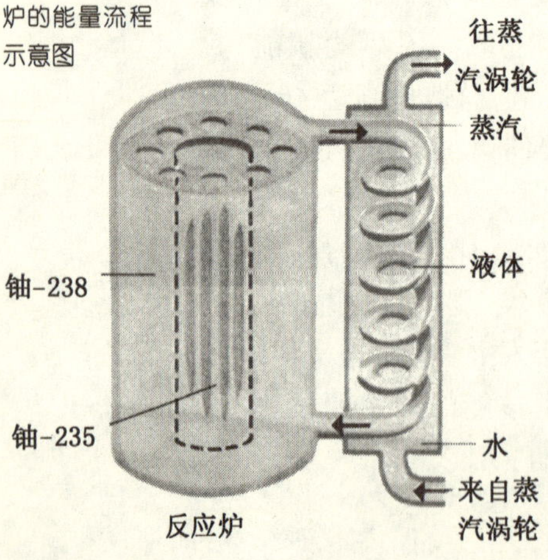

说到反应堆的种类,真是五花八门、名目繁多,例如按“中子通量”的高低,可分为高通量堆和一般通量堆;按堆内“中子能量”可分为热中子堆、中能中子堆和快中子堆;按用途分,有动力堆、生产堆和研究堆等等。但常用的是按用途分类。动力堆主要是利用核裂变释放的能量来产生动力;生产堆主要是利用核裂变放出的中子来生产裂变材料等;研究堆主要是利用堆内中子来进行基础科学和应用科学的研究。

不管堆形如何变化，但万变不离其宗，都是由核燃料元件、慢化层、反射层、控制棒、冷却剂、屏蔽层等6个基本部分构成。核燃料为铀-233、铀-235和钚-239，都可适用。燃料元件主要由核燃料芯块和包壳组成，通常做成圆棒、薄片、圆管或六角套管等形式。芯块亦有3种类型：金属型、弥散型和陶瓷型，尤以陶瓷型芯块具有更好的辐射稳定性和化学稳定性，能耐更高的温度。包壳是芯块的密封外壳，要求具有耐辐照性能和化学稳定性，且热导率高，易于加工。常用的包壳材料有纯铝、不锈钢、锆合金和石墨等。反应堆的燃料元件称作堆芯。慢化剂必须具有很快地将中子的速度降下来的功能，又不能太多地吸收中子，并且在具有良好的热稳定性和热辐照稳定性的同时，具有良好的传热性。慢化剂主要有水、重水、石墨等；控制棒的作用是保证反应堆的安全，开、停反应堆和调节反应堆。控制棒可以做成棒状、板状和圆筒状。但2002年，在西班牙召开的先进核电站国际会议上，法国科学家米切尔提出液态金属控制棒的新方案，该方案的最大优点是将大大提升反应堆的经济效益和社会效益，且动力反应堆的体积将大幅度减小。但此方案目前尚处于实验室研究阶段，距实际应用还有相当长的路要走。屏蔽层又叫生物屏蔽层，为了防止周围工作人员受到中子和γ射线的辐射危害，在反应堆四周要构筑屏蔽层。屏蔽层为钢筋比例很高的厚混凝土，也可选用铁、铅以及水、石墨等。

中国第一座核反应堆——重水型研究堆

屏蔽试验反应堆

关于动力反应堆，世界上最早的动力反应堆是用来推动潜艇而不是用来发电和供热的。1946年美国就开始研发潜艇用动力堆，据报道世界上迄今已建造了700座用于潜艇动力的反应堆，美国还相继建成世界上第一艘核动力巡洋舰“长滩号”(1957

核动力研究设计院建成的高通量工程实验堆堆芯

年),世界上第一艘核动力航空母舰“企业号”(1958 年 2 月),世界上第一艘核动力商船“萨凡娜”号(1959 年 7 月)。德国于 1968 年建成了“奥托·哈恩”号核动力商船。日本于 1973 年建成了“陆奥”号核动力考察船。据报道,至今世界上建成的核动力商船就这几艘。

关于生产反应堆,一般采用金属型的天然铀做燃料,以石墨或重水做慢化剂,因此有石墨堆和重水堆两种。

20 世纪 50 年代,英国和法国最初的石墨生产堆采用空气冷却,每座热功率为 200 兆瓦(1 兆瓦等于 1 000 千瓦)。在同一时期,美国和前苏联则采用石墨水冷技术,每座热功率可达 600 兆瓦至 1 800 兆瓦。美国在 1963 年建成生产、发电两用堆,热功率为4 000 兆瓦,电功率达 850 兆瓦。中国的天然铀石墨水冷堆建成于 1966 年,地点在酒泉,1975 年第二座天然铀石墨水冷堆也建成并投入运行。重水堆建造价格昂贵,对反应堆密封性能要求高,运行费用也很高。美国在 1953 年至 1955 年期间曾先后建成 5 座重水生产堆,热功率为 500 兆瓦至 800 兆瓦。

建成的铀-氢化锆脉冲反应堆

关于研究性反应堆,据国际原子能机构统计,从 1955 年至 2002 年,全世界共有 61 个国家建成 651 座研究堆,其中功率超过 10 万千瓦的有 9 座(美国、前苏联、加拿大、中国、法国、日本、印度等国均有)。类型分为:重水型、轻水型、游泳池式、高通量堆、水罐式、零功率堆、均匀型等。中国曾先后建成重水型、游泳池式、零功率堆、高通量工程试验堆、微型研究堆等研究性反应堆,为核技术的应用奠定了坚实的基础。

(吴　沅)

谈“核”何需色变

现代工业的发展给人们带来利益的同时也会有风险降临，核技术的发展正是如此。令人“谈核色变”的事故主要有两起，即1979年发生的美国三哩岛核事故和1986年前苏联的切尔诺贝利核事件，使人们对核能的安全产生怀疑，给核电的发展带来沉重的打击。

事实上，三哩岛核事件的发生源于设计本身存在缺陷，如主控室的人机接口不完善，相关仪表指示不能真实反映实际情况等，而切尔诺贝利核事故的造成则是错误设计的结果（还有运行操作人员及管理上的失误等）。这些人为的失策全部推到核能身上，是不懂技术、夸大宣传所造成的后果。科学家们认为核能是安全的，其安全程度甚至可以排在煤、石油和天然气之前，煤中含有的八十多种化学元素在燃烧和加工中，对大气、水源等都会造成严重的污染！

核能是安全的，但确确实实存在着潜在的风险，如运行中的反应堆存在着放射性物质的释放可能等，因此在反应堆、核电厂的设计、建造和运行过程中，必须坚持和确保安全第一的原则，必须设置反应堆控制系统、反应堆保护系统和专设安全设施，确保在任何情况下都能充分实施有效控制反应堆，确保堆芯冷却和包容放射性产物等功能。

对反应堆的安全设有三道防线：第一道防线是预防事故，包括在设计上使各种“参数”能留有充分的安全度，亦即要具有相当大的安全系数。对一些关键设施如供电、链式裂变反应的控制系统等都配有相同功能的两个或两个以上的不同系统，即使一个系统“出事”，其备份系统可立即顶替“上岗”。

原子能发电厂利用原子能来发电

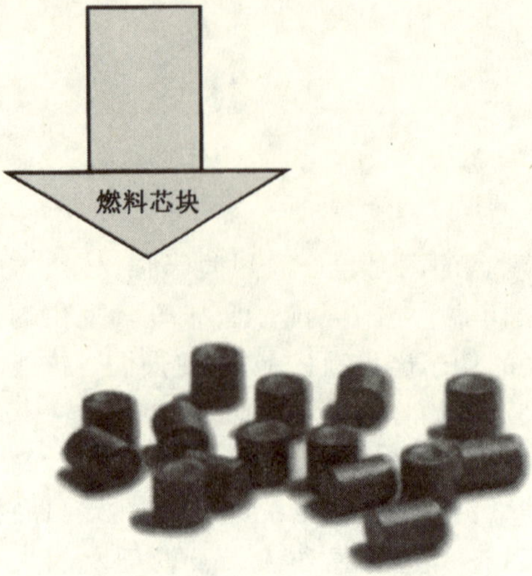

第一道安全屏障——燃料芯块

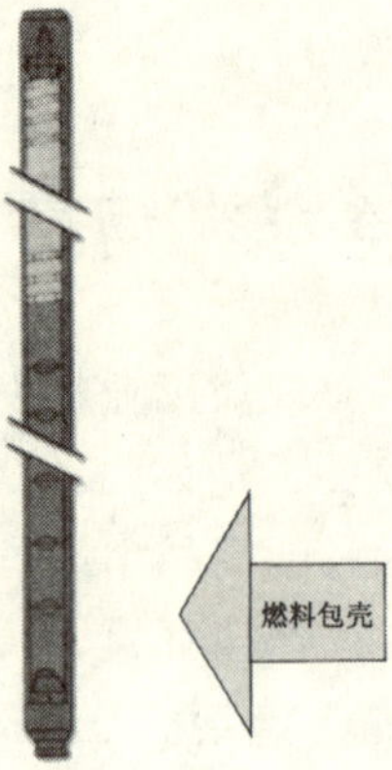

第二道安全屏障——燃料包壳

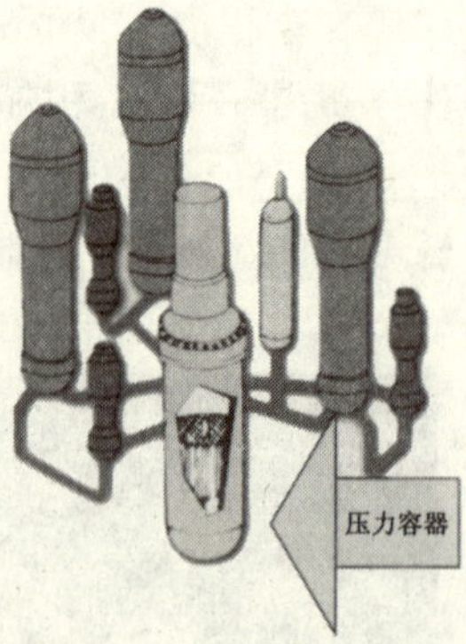

第三道安全屏障——压力容器（反应堆冷却剂压力边界）

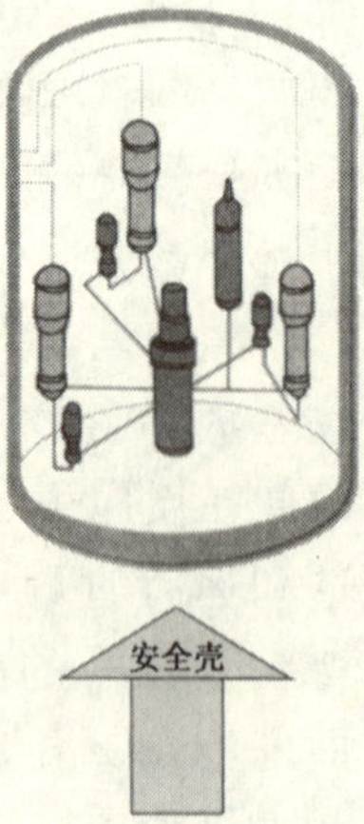

第四道安全屏障——安全壳

核电站有四道安全屏障：燃料芯块、燃料包壳、压力容器、安全壳

第二道防线是控制事故，主要是防止裂变产物进入环境，保护运行人员和大众的安全。裂变产物包括 300 多种放射性核素，具有很强的放射性，且核反应堆内积累的放射性总量很大，如一座1 000 兆瓦的反应堆运行 3 个月后，反应堆内总量可达数千吨镭。目前反应堆堆芯采用陶瓷燃料，占放射性总量的 98％以上都会裂变成固体，极少量放射性核素也被元件包壳封闭起来，不会逃逸出去。为以防万一，目前常用的压水反应堆或沸水反应堆还有 3 道屏障进行阻断，裂变产物几乎无逃逸的可能。

第三道防线是缓解事故。万一发生事故，当所有预防措施全部失效时，一方面应尽量维持可能已严重损坏的堆芯的冷却；另一方面紧急启动反应堆“专设安全设施”，该设施主要包括堆芯冷却系统、安全壳喷淋系统、安全壳隔离系统、应急给水系统等，用以减低堆芯和安全壳的压力和降低高温。

在设置安全防线的同时，还应推行以核反应堆为主的全范围、全过程的质量保证体系，确保设计、施工、调试运行的质量和安全，实施国家环境法中规定的“三同时”，即建立项目中的污染防治工程必须与主体工程同时设计、同时施工和同时投产使用。

核安全还体现在核事故的应急管理上，中国的核事故应急管理实行“常备不懈，积极兼容，统一指挥，大力协同，保护公众，保护环境”的方针。核事故应急组织实施三级制，即国家级应急组织、省(自治区、直辖市)级应急组织和核电事故应急组织。并于1991年8月正式成立了国家核事故应急委员会，充分表明中国对核安全的高度重视。

为了统一全世界各国发生的核事故(事件)的判断标准，国际原子能机构(IAEA)和经济合作与发展组织核能机构(NEA/OECD)于1990年发表了国际核事故分级表，共分8级(0～7级)，级别越高越严重，现已被世界各国普遍采用。其中0级为安全，1～3级称为事件，4～7级称为事故。核事故包括反应堆发生的事故和核燃料工厂发生的事故。

核事件(事故)的发生对核能技术的发展，特别是核电事业产生了负面影响，甚至导致核能技术处于停滞状态。但事物总是有两个方面的，它也会带来积极影响，那就是加速了反应堆向下一代更先进堆型的转化，这对核能的长远发展来说倒是一个促进！促使有核电的国家重新审查其安全性，制定新的设计目标，使核电站在安全性和经济性上都得到了提高。如美国电力研究所和美国核管会(NRC)组织编写的《用户要求文件》，以及德国和法国核工业界制定的《欧洲用户要求文件》。这些文件中将反应堆堆芯的熔化率由10^{-3}～10^{-4}/(堆·年)提高到10^{-5}/(堆·年)，反应堆寿命由40年提高到60年等等。国际原子能机构还正式颁布了新制定的《核电站的安全设计》。这些法规、标准和规范对提高核能的安全性起到了积极作用，这是毋庸置疑的。

与此同时，核事故还激发了对先进反应堆的研发，研发的思路分为改进型、革新型和革命型3类。改进型是在原有设计的基础上，利用国际上已成熟的技术进行改进。革新型是在成熟技术的基础上，在确保安全的前提下简化系统、减少设备、改善经济性。革命型是在设计中引入新概念，从根本上排除产生事故的可能性。目前已设计出的改进型的反应堆有“系统80^{+}”、“改进沸水堆”、“欧洲压水堆”等，属于革新型的有AP-600等，这些核能系统可称为第三代或第三$^{+}$代核能系统。美国能源部还提出了第四代核能计划，并要求到2030年实现实用化目标。

(吴　沅)

发展核能的难题——核废料处理

在新西兰东北方的克马德克—汤加海沟附近的海域，发生了一次并不十分强烈的地震。除了在海中捕鱼的一艘渔船遇难沉没外，地震没有造成其他危害。然而，十几天之后，一桩奇怪的事情发生了。在南赤道海流区作业的船只，突然被一片黑色的水所包围，到处是漂浮着的难以胜数的死鱼。这是怎么回事？调查发现，这些死鱼都受到了放射性的污染。造成这次污染的放射源又是从哪里来的呢？

经过调查，终于发现海底卧躺着一些奇怪的金属罐。捞上来一看，原来是储存核废料的容器。这时，大家才明白，原来，为了不让这些长期具有放射性的核废料危害人类的健康，一些人认为可以把它扔到深达几千米的深海底，那里水流缓慢，很少有生物生存，因此可以把核废料的可能危害降低到最低程度。但却没有想到，这次偶然发生的地震，使贮存罐中的放射性废物泄漏了出来，并被水流扩散，造成了这次海洋灾难。

核废料是核能利用后的废弃物，由于它仍具有很强的长效的放射性，会给环境和生命带来严重的威胁，因此，怎样妥善处置这种危险品一直是核能利用的一个主要障碍。

大家知道，核能利用之所以长期来受到绿色和平组织的抵制，是因为人们担心它的安全性。核能的安全问题主要有两个：一是如何保证核反应堆的安全运行，不发生事故。另一安全问题，就是反应堆运行过程中产生的废气、废液和固体废弃物，统称核废料。由于它们大多仍具有很强的放射性，有的甚至几千几万年也不会完全衰减掉。而且它们又是核反应堆运行的必然产物，迄今无法避免。据统计，目前世界上的核电站每发出100万千瓦的电力，就会产生365克固体废弃物。以此算

核废料污染海洋

来，全世界每年光这种固体核废料就会有上百吨。所以若不能加以妥善的处理，势必给地球环境带来严重的后患。而这也正是绿色和平组织反对核能的主要原因。

怎样处理这些危险的核废料呢？迄今为止，人们提出的处理方法主要有海洋处理、地质处理和太空处理三种。

海洋处理是最简便的方法，只要把核废料装入密封容器内，扔进深邃的海沟就可以了。据说至1990年，大洋底已有被人们抛弃的此类危险物达2 400多吨。本来人们以为洋底风平浪静，远离人们的生存环境，可使这些危险品无害于人们的健康。但克马德克-汤加海沟的这次事故表明深海并非是个安全场所。

太空处理，即“天葬法”被认为是最佳的方法。即用火箭把核废料送出地球环境之外，以彻底免除后患。但这一方法需要花费很高的成本，也需要损耗大量的用以推动火箭上升的能源，而且万一火箭发生事故，其后果更是不堪设想。天葬法至今也只是停留在人们的议论之中。

地质处理是目前最主要的处理核废料的方法，分为废矿山处置、洞穴处置、地下工程处置、埋藏处置和岩石熔化处置等方法。为了防止核废料中的放射性核素迁移扩散到地表，一般在堆置点要设置四重安全屏蔽系统。从内向外是：核废料固化体（有玻璃固化体、水泥固化体、塑料固化体、沥青固化体等，一般以玻璃固化体为好），包装容器（多为合金制造），回填材料（无机吸收剂，通常由黏土矿物组成）和围岩或土层。人们认为有了这四重安全保障，加上让其深藏于地下，应当不会造成大的危害。但事实上这样做仍不能完全杜绝安全隐患。地下水的活动，在历经几十年或几百年之后，难免不会对这些屏蔽层产生侵蚀，致使放射性物质泄漏出来，更何况它还可能遭受地震等地质活动的破坏。1957～1958年前苏联马拉尔地区克什特姆附近的一个核废料堆放地所发生的爆炸事故，就是一个可怕的教训。据说这次爆炸的能量相当于抗战胜利前夕投在日本广岛的原子弹的一百多倍，致使该地及其毗邻地区在几十年之后，仍因具强放射性而被列为危险的禁区。而造成这次事故的原因，一是核废料堆放过多，二是地下水浸透了富钚的土壤，致使钚发生链式反应而最终导致爆炸。

综上所述，迄今还没有一个绝对可靠的核废料处置方法，它已成为人们在发展核能时一个挥之不去的阴影。

（张庆麟）

被争夺的铀资源

据不久前的一则报道，世界上几家矿业巨头，包括我国的“五矿集团”都有意收购澳大利亚的“西部矿业资源公司”的股票。是什么原因使澳大利亚西部矿业资源公司变得如此吃香，成为人们竞相追逐的目标呢？原来，该公司在 1 月前刚刚宣布，它在澳大利亚南部发现了全球最大的铀矿床，其铀矿资源有可能占世界已发现铀矿资源的 1/3。

大家知道，铀是当今世界核能利用的主要原料。在自然界中，铀有三种同位素——铀-238、铀-235 和铀-234。其中铀-238 在地球上数量最多，约占全部铀元素的 99.28%。它比较稳定，不容易裂变，但在中子轰击下可以转变为可裂变的钚-239。铀-235 在铀元素中约占 0.71%，它很容易发生裂变，并同时释放出巨大的能量。据测定，1 克铀-235 完全裂变时释放出来的能量相当于 2.5 吨优质煤完全燃烧时释放出来的能量。铀-234 在地球上含量最低，仅占铀元素的 0.005%，而且它在核能与工业利用方面也不占重要地位。

据报道，由于当今世界石油价格不断攀升，以及利用石油和煤炭给环境带来的负面影响，核能的利用受到许多国家的重视。世界上已有 30 多个国家和地区建设了核电站。核电站总数已超过 400 座，发电能力也增加很快，在世界能源总量中占 6%。其中法国核发电能力已占全国总发电量的 70%。为保证这些核电站的正常运转，每年大约需要 6～7 万吨铀。若核电继续发展，必然会对铀矿资源提出更高的需求，以致有人估计到 2020 年，铀矿产量仅能满足市场 58%的需求。因此，加快铀矿资源的勘探和开发，已成为核能开发能否顺利进行的关键。尤其是在我国，已知的铀矿资源并不丰富。据近年我国政府向国际原子能机构提供的一批铀矿田的储量来计算，我国的铀矿探明储量排名居世界第十位以后。如果不能改变这一状况，这必将成为我国发展核电的瓶颈。为此，澳大利亚西部矿业资源公司发现大铀矿后，各国纷纷加入追逐行列。

核能发电的主要“燃料”——铀

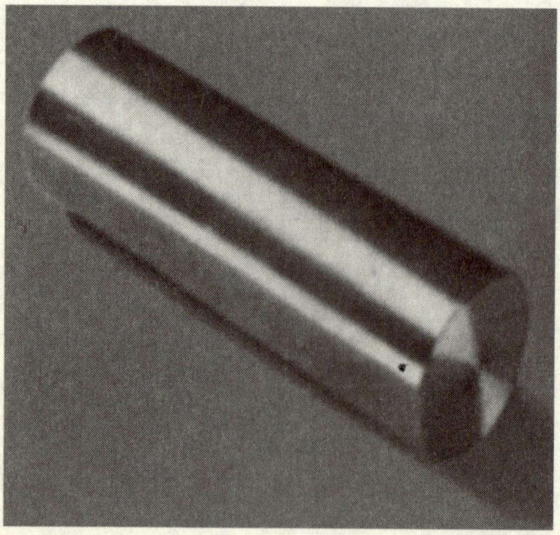

已知铀在地壳中的平均含量是

$1.7\times10^{-4}\%$，与钨、锡、钽等金属元素的含量差不多，比银要高38倍，比汞高34倍，可见铀在地球上并不是十分稀缺的元素。只是铀具有很强的化学活性。它在自然界不会以自然金属的状态存在，而是以化合物的形式存在，而且它的天然化合物的最显著特征是永远有氧的加入。至今在自然界还未发现有不含氧的铀矿物。自然界已知有铀矿物大约170种，主要是铀的氧化物、硅酸盐、磷酸盐和砷酸盐。其中最重要的是沥青铀矿，含铀42%～76%；晶质铀矿，含铀55%～64%；铜铀云母，含铀42%左右。除独立矿物外，铀也以类质同象或吸附状态成为某些其他矿物中的杂质。

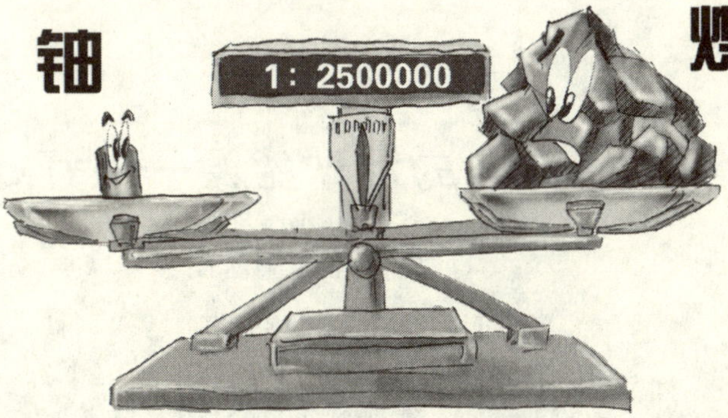

发出相同的能量铀比煤轻得多

形成铀矿床的地质作用大致可分为两类。一类与地球内部的岩浆作用有关。一些富硅的岩浆（如花岗岩浆）在冷却结晶过程中，会逐渐形成富集有较多气水挥发物的残余岩浆溶液。溶液中时常会含有较多的铀等金属物质。当这种溶液在适宜的环境下沉积凝固下来后，会形成铀等金属矿床。世界上早期发现的铀矿床大多属此。其特点是品位大多较高，但规模相对较小。如1915年在今民主刚果发现的铀矿床，其平均品位可以达到3%。另一类是在近地表环境下形成的，那些本来分散分布在普通岩石中的铀，在富氧的近地面环境里受到氧化成为六价铀的化合物，然后又被水从岩石中溶滤出来，或向下渗透或被水流搬运到一个适宜的环境里，再重新凝结沉淀下来形成矿床。世界上许多大型的铀矿床大多属此。但它们大多品位较低，一般在0.1%～0.5%。

据报道，目前全球已探明的铀矿资源大约是400万吨。若按目前的消耗水平，够50～60年的需要。但随着核电的较大发展，恐怕二三十年就用完了。不过人们估计，地球上铀矿资源的远景储量可能达1 500万吨，为了满足更长远的需求，我们必须加紧新的铀矿资源的寻找和开发。值得高兴的是，当澳大利亚发现新的丰富铀矿藏时，我国的铀矿勘探也传来了好消息：在新疆吐鲁番盆地发现了两条储量可能达万吨以上的大型铀矿带。相信这一发现会为我国核能源的利用奠定更好的物质基础。

（张庆麟）

诱人的月球能源——氦-3

月球曾经是太阳系中最引人注目的星球，30 多年前人类的脚步已经踏上月球。进入 21 世纪，人类重返月球的呼声越发高涨，并且打算改变从前那种突击式的“访问”，要做长期驻留的准备！究其根由，开发利用月球资源是主要目的之一，而月球上最让人动心的资源当首推一种叫氦-3 的物质。

氦是地球大气中的一种稀有气体，在干燥空气中约占空气体积的 0.000 5%，其原子是由 2 个质子、2 个中子和 2 个电子组成。作为氦的同位素氦-3，由 2 个质子、3 个中子和 2 个电子组成原子。氦-3 在地球上的含量更是少得可怜，用“凤毛麟角”来形容毫不为过。据测算，全世界总储量不超过 100 千克，而且大部分是由核弹头中的氚衰变产生，即使加上深海气井和火山气中从氚衰变的氦-3，全世界一年也仅能获得 10～20 千克，区区小数目即使用作科学研究实验，也是捉襟见肘，更谈不上应用于工业生产。

科学家们发现，用氢作燃料进行核聚变反应比用铀进行核裂变反应要安全得多，而采用氦-3 为原料的核聚变反应比氢更清洁、更安全、效率更高，且易于控制，产生的放射性物质微乎其微，即使将氦-3 核电站建在闹市区也是安全的。建设一座 500 兆瓦级核聚变发电站，每年仅需消耗氦-3 50 千克，以 1987 年美国的发电总量也只需消耗 25 吨氦-3，按 1992 年中国的发电量计算用 8 吨氦-3 就足够了，与消耗煤相比有天壤之别！

太阳风成分实验

如此理想的能源至今在地球上仍不见应用，根源在于氦-3 实在太稀少，若用作工业发电，其全部储藏量全世界使用 1～2

年就会消耗殆尽。

“山重水复疑无路，柳暗花明又一村”，科学家们从登月航天员带回的月尘中发现，当把月尘加热，温度达到 1 662 ℃时，有氦等元素的放射性质点显现，经过进一步分析鉴定，得出了令人振奋的结论：月球上存在大量的氦-3！虽然还没有实践开采方案，但美国科学家们却已在规划开采蓝图。1998 年 12 月 31 日，在“月球勘探者”号探测器的帮助下，美国科学家已绘制氦-3 等矿藏的分布图，以杰弗里·约翰森为首的美国地质调查局地质学家小组在《地质研究通讯》上发表了他们绘制的月球的氦-3 分布图，并认为月球上最容易找到氦-3 的地方是静海，以及位于月球另一面的风暴洋、奇奥尔科夫斯基陨石坑和东海。这表明，人类在月球上进行工业性开采氦-3 有了基础。

月壤结构实验

据科学家们分析，月球上所以存在大量氦-3 原因在于月球形成至今已有 40 亿年，从月球诞生的那一刻开始，它便作为太阳风粒子的收集器在收藏氦-3，所谓太阳风是从太阳向外喷射出的高速带电粒子流，其中氦含量为每秒每平方米 60 亿个原子。再从月球的年龄和它的表面积，不难估算出有 2 亿～5 亿吨氦-3 粒子打在 5～10 米深的月球表层土壤内，月球自身没有磁场，才使氦-3 粒子能在月壤内“安营扎寨”。相比之下，地球上的氦-3 粒子就没有这种“福气”了。在地球磁场的作用下，氦-3 会沿着地球磁力线慢慢扩散，最终被大气层“俘获”而消失。科学家们估计月球表层土壤中已堆积起约 260×10^{6} 吨存在氦-3 的月壤，其中约有 100 万吨氦-3 很疏松地嵌附在月壤中，只要月壤被加热到指定的温度，嵌附在月壤中 90％以上的氦-3 均会被释放出来。

月球是处在高真空环境中，真空度达 10^{-10} Pa，因此制造真空条件的设备可以一概免去，月球上的引力只有地球的 1/6，挖掘开采月球土会很容易，月球的环境温度也是“冶炼”氦-3 的最佳场地：白天月球上温度高达 130 ℃，可将月球土壤加热，月球夜间的温度又降到－183 ℃，正好实

月球上的岩石

施氦-3 和氦-4 低温同位素分离。此外，从月球土壤中提取 1 吨氦-3 还可以得到 6 300 吨氢、70 吨氮和 1 600吨碳，这些副产品正好可以维持月球基地的正常需要，这是一举两得的好事。与地球环境相比，既方便又可大大节约能源和财力。

根据月球上氦-3 的含量，可以计算出它能提供的电能超过美国目前全国需要量的 50 万倍。开采、加工和运回氦-3 所消耗的能量与用氦-3 发电得到的能量之比为 1∶250，相应之下，煤和铀这两种能量之比仅为1∶16 和 1∶20。因此，从月球上运回氦-3 在地球上进行发电效益是很高的，是值得实施的办法，虽然路程遥远，只要它具有良好的经济效益（当然，若将氦-3 直接在月球上发电再输送回地球，就可省去运输费用，这个方案将在另外一个题目中介绍），何况飞船一次就可运回 20 吨液化氦-3，几乎可为美国提供一年所需电力的燃料！

航天员走下月球车采取岩石样品

那么月球上的氦-3 可供人类使用多久呢？目前世界能源消耗为 1 万千兆瓦，联合国估计到 2050 年世界能源消耗将增加到 3 万千兆瓦，以此计算，人类每年只要在月球上开采 1 500 吨氦-3，就可以满足全世界的能源需求了。若按照现在月球上已估计的氦-3 储量，足可供人类使用 700 年，这是一个多么诱人的数字呵！

（吴　沅）

氦-3 是无色，无味，无臭稳定的氦气同位素气体，是一种目前已被世界公认的高效、清洁、安全、廉价的核聚变发电燃料。但氦-3 在地球上的蕴藏量很少，目前人类已知的容易取用的氦-3 全球仅有 500 千克左右。而根据人类已得出的初步探测结果表明，月球地壳的浅层内竟含有上百万吨氦-3。1996 年，戴维·李、道格拉斯·奥谢罗夫和罗伯特·理查森因发现了氦-3 中的超流动性，共同分享了 1996 年度的诺贝尔物理学奖。

能量无限的核聚变发电

在探索新能源的道路上，人们从太阳能那里受到了启示。很早以前，人们就注意到，太阳能够千秋万代连续不断地放出那么巨大的能量，它究竟烧的是什么燃料呢？科学家们经过长期的研究和探索，终于揭开了这个谜。原来，太阳那用之不竭的能量，是由氢的同位素——氘或者氚所进行的核聚变反应得来的。所谓核聚变反应，是指原子量较轻的原子核聚合在一起，变成原子量较重的原子核的过程。这种核聚变反应过程能够释放出巨大的能量。其实，宇宙中恒星发展的主要能源都是核聚变能。

人类所拥有的威力最大的炸弹——氢弹，也是引发核聚变产生的能量。由于“氢弹爆炸”这种热核聚变的反应速度无法控制，所以不能作为能源来利用，也不能用来发电。从20世纪40年代开始，人们就试图控制核聚变反应，目的是直接广泛地应用聚变能。正因为受控热核聚变有可能成为最终解决人类能源问题的主要途径之一，为此，很多国家都投入了相当大的人力、物力。

经过多年的努力，科学家们终于找到了控制热核聚变的途径。如果把核聚变燃料加热到极高的温度，同时用一种强大的外力，把这些粒子压缩到极高的密度，原子核之间就会因互相碰撞而发生核聚变，并且可以将这一反应过程不断继续下去。

核聚变的燃料主要是氢、氘和氚。氘和氚都是氢的同位素，其原子结构与氢相同，都是一个电子围绕着一个原子核转，只是原子核的组成不同。氢的原子核中只有一个质子，氘的原子核里多了一个中子，而氚的原子核里有两个中子。氢与氧化合成水，氘与氧化合成重水，而氚与氧化合成超重水。自然界里的水几乎是用之不竭的，因此，氢的数量也是难以计算的。氘和氚的数量虽然没有氢多，但在浩瀚的大海里，足够人类使用

核聚变发电

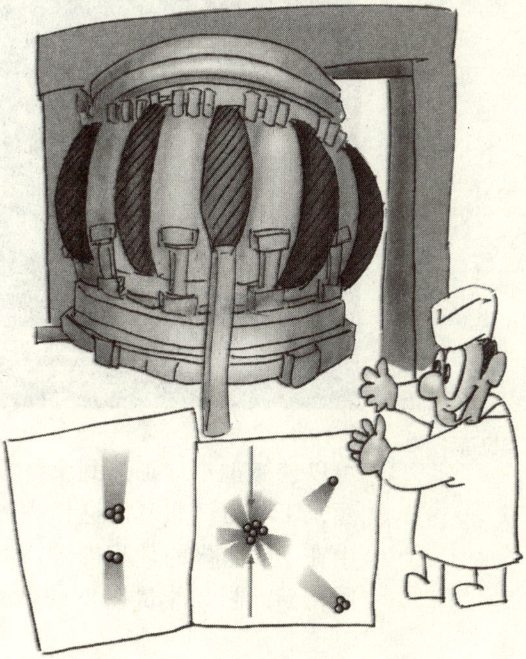

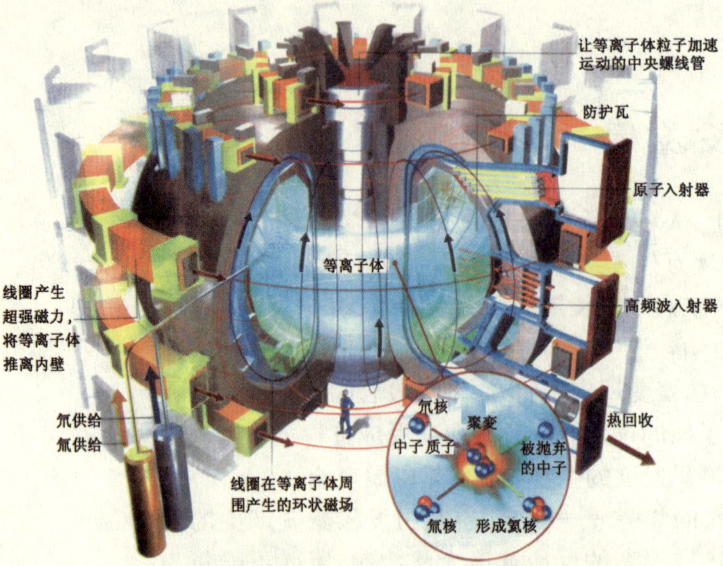

核聚变发电设备示意图

几十亿年。

另外，这种核聚变反应，同铀原子核裂变反应相比，有许多优点。比如，它不会产生大量的放射性污染物，所以它是一种“干净”的能源。再有，这种核燃料只要烧上一点点，就可以得到巨大的能量，大大减轻了燃料运输的负担，节约了运输费用。

核聚变发电设备

欲实现核聚变发电，首先遇到的难题是如何达到点火温度的问题。大家知道，普通的木柴、煤炭等燃料的点火温度只有几百度，而核燃料的点火温度要达到上亿度。怎样才能达到上亿度的高温？激光技术开阔了人们的眼界，很快被设想为核燃料的“点火器”。目前的激光技术，已经发展到这样的程度：一束强激光比太阳光还要亮一亿亿倍以上。如果把核燃料氘和氚做成固体微型小球，这种小球的直径只有百分之一厘米，比芝麻粒还要小得多。然后用激光去照射它，就可以使微型小球加热到上亿度的高温，它所产生的能量密度高达每立方厘米1千万亿焦耳。这样高的能量密度，相当于几十万吨梯恩梯炸药集中在1立方米的体积内爆炸时所产生的能量密度，达到了原子弹爆炸时所得到的超高能量密度的数量级，也就是说，已经有可能达到热核点火温度。

但是,要使核燃料充分"燃烧",需要一定的时间,在这段时间里,小球又会因超高温加热而迅速膨胀起来,结果使氘或氚的密度很快变稀,核反应速度大大下降。因此,要使核燃烧在上亿度高温下充分燃烧,就必须保持氘、氚原子足够高的密度和在上亿度高温下维持这种密度所需的时间。这就需要对核燃料加上一千亿到一万亿个大气压的超高压力。这样的超高压最终还得靠激光器来完成。

科学家们预言,人类将在21世纪30年代完成受控核聚变的研究工作,建成核聚变发电站,并将其投入商业经营。到了那一天,能源结构将发生革命性的根本变化,能源枯竭的危险最终将被抛到九霄云外,这对人类社会及人类文明将产生深远的影响。

(俞君定　周　戟)

核聚变的优点

核聚变较之核裂变有两个重大优点。一是地球上蕴藏的核聚变能远比核裂变能丰富得多。利用激光核聚变原理建造的发电站称为可控聚变能电站,这种电站的主要燃料是氘。氘大量存在于海水的重水之中,特别是海洋表层3米左右的海水里。据测算,每升海水中含有0.03克氘,所以地球上仅在海水中就有45万亿吨氘。另外,从地壳中开采的氢也可以为聚变反应堆提供大量的燃料。第二个优点是核聚变既干净又安全。因为它不会产生污染环境的放射性物质,所以是干净的。同时受控核聚变反应可在稀薄的气体中持续稳定地进行,所以是安全的。目前核电站主要是利用铀核裂变反应释放出的能量来发电的,而铀核裂变会产生放射性裂变产物,如果处置不当,就可能污染环境和威胁人类健康。而聚变能电站由于聚变反应本身不会产生放射性污染,而诱发聚变反应的又是不产生污染的激光,因此,聚变能是一种没有污染的干净能源。

太空核电——"普罗米修斯"计划一瞥

普罗米修斯是古希腊神话中的一位天神,他盗窃天上的火种送到人间,使人类得以跨进文明时代。今天的"普罗米修斯"则又把人类创造的新能源——核能,从地球扩展到天堂。美国有一项发展太空核能源的计划,原名"核系统倡议",现已改为"普罗米修斯"计划。该计划主要是开发太空核推进系统和太空核电源系统。

太空核推进系统是利用核裂变产生的能量转换成推力,推动航天器飞行。

太空核电源系统则是利用核裂变或衰变产生的能量转换成电力,供航天器装载的仪器设备使用。

太空核能源是深空探测的必备条件。目前,运行在地球轨道上的航天器,一般均应用太阳能作为电能的来源。即使在太阳系内,但如果对远离太阳的星体进行探测,就不宜或无法应用太阳能。除了距离因素外,太阳能还会受到阴影、姿态等方面的限制。对比太阳能,核能源的应用不受太阳光照等诸多条件的约束,也基本上不受辐射、磁场、热等恶劣环境的影响,工作寿命又长,可提高航天器的生存能力与防御能力。此外,对于长期工作的月球探测器与行星探测器,核能源更应成为选择对象。

太空核电站

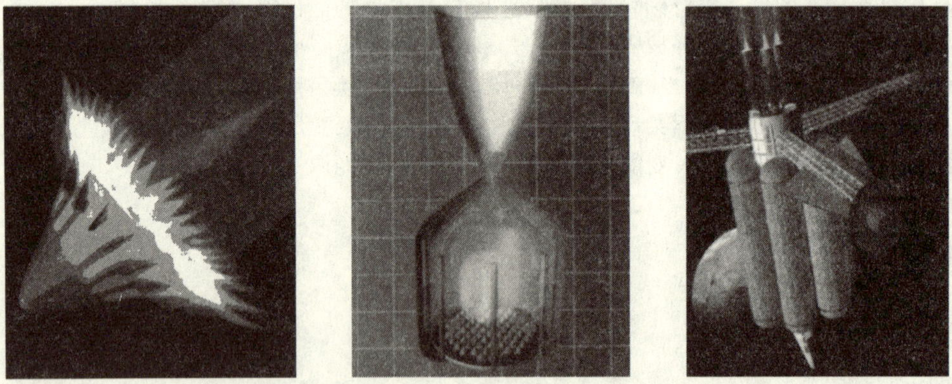

在实现太空核推进中,最先提出方案设想的是美国科学家乌拉姆和埃弗雷特。他们认为采用外部核脉冲推进(即在飞船的外部制造连续的原子弹爆炸),使飞船推进的速度达到每秒 12 千米。但这种推进方式是由不可控的原子弹爆炸形成的,对飞船的抗冲击、抗辐射等要求太高,当时的技术根本无法达到。另一方面,每秒 12 千米的宇宙速度,还是不能满足宇宙航行的需要。

随着人类对原子能利用的日趋成熟，在1957～1965年间，一个看似能真正实现宇宙航行的“猎户座”计划问世，从而将太空核动力推进的研究推到一个新高度。科学家戴森甚至提出了用核聚变推进的设想。它比核裂变能释放出更多的能量。理论上，在核聚变推进系统中，每千克燃料能够产生100万亿焦耳能量。

太空核推进系统由核反应堆系统、热电转换系统和电-推力转换系统组成。核反应堆包括反应堆活性区、反应堆控制系统、冷却系统、辐射防护屏蔽系统和辅助系统等；热电转换系统的功能是将反应堆产生的热量转换为电能，有静态热电转换系统和动态热电转换系统两类，后者比前者转换效率高，但结构复杂、重量大、技术要求高；电-推力转换系统，也称电推系统，在“普罗米修斯”计划中要求开发新型电推进系统，提高输入功率和增大推力，使用寿命应在10年以上。

太空核电源分为反应堆电源和放射性同位素电源两种，它们在转换成电能的方式上有静态和动态两种。核电源的最大特点是：功率大，所产生的能量是化学燃料的数万至百万倍，可提供千瓦至数兆瓦电力；寿命长，可满足长期远程的航天飞行需求，能工作10年至数十年；体积小，结构紧凑，易于携带与安装，使用方便；环境适应性强，在高低温、真空、辐射、冲击和震动等环境下都能正常工作。目前只有美国和俄罗斯开发并使用了太空核电源，比如美国2003年发射的“勇气”号和“机遇”号火星探测车上都使用了以钚-238为热源的放射性同位素加热器，以便在火星表面酷寒的条件下，维持火星车的温度。前苏联研制成功“托柏兹”反应堆热离子发电器，由于性能优良，美国还向前苏联购买这种核电源。目前，美国和俄罗斯都在研制功率为数十至100千瓦，寿命为5～7年的核电源，并朝着大功率(数百至数千千瓦)、长寿命(10～15年)的太空核电源方向发展。

太空核电源的安全性是至关重要的。20世纪70～80年代发生的卫星宇宙-984、1402在轨道上先后失控，放射性残骸散落在加拿大境内，宇宙-1402坠落到大气层烧毁，这两起事故引起全球震惊！对于太空核电源的安全保障，应遵照在《外层空间使用核动力源的原则》的有关规定加以具体化执行。特别在设计、建造和操作时都要把安全放在十分重要的地位，要有冗余配备、能实际分离、功能隔离和适当独立的措施。

还须提到的是，在太空核推进中，科学家们发现了一种高效核燃料镅-242，这是一种最理想的核燃料，这种罕见的同位素只需达到产生裂变反应临界状态的铀或钚质量的1%，就能开始持续的裂变。如果将镅-242制成厚度小于1微米的金属薄膜，它依然可以维持连续的核裂变反应，产

核能飞船在太空飞行设想图

生高温、高能的推进剂。因此可以将锔-242 的裂变反应产物本身作为推进剂产生动力，也可用它来加热某种用作推进剂的气体，或作为一种能产生电能的特殊发电机的燃料。这样最直接的好处是航天器要携带的燃料可以大大减少。目前，美国正在研制这种核子推进器，预计 2020 年可以投入使用，它具有极大的推力，但燃料消耗却很少。到那时，我们去火星旅行的时间只需两个星期（使用目前的化学燃料火箭最少得 8～10 个月），而飞抵比邻星座所需的时间也只要 40 年！我们的下一代或许能尝到飞出太阳系的别样滋味。

（吴　沅）

滔滔江河能量无穷

2004年9月3日,四川的东北和重庆市突遭百年未遇的暴雨袭击,至5日,累计降水超过300毫米。滂沱大雨使该地山洪暴发,洪水泛滥。在一条属于华蓥山区的小河谷中,人们看到洪水夹带着泥沙,从上游迅猛奔腾而下。那隆隆的响声,透过淅淅沥沥的雨声,就像是火车在轰鸣,震撼着山谷。洪水还猛烈地冲刷着河谷两岸,将两岸山脚的泥沙、石块掏刷一空,引起两侧山坡上的碎石、泥沙大量崩坠。有的山坡还大片大片地垮塌下来,激起了更加凶恶的浪涛,其势赛过奔腾的千军万马。一处人们用于拦截水流的土石坝,在这洪流的冲击下,仅1分钟便被摧毁,少顷就变得无影无踪……

上述的事例仅是水流冲击能力的一个微小缩影。众所周知,水流的冲击能力是非常巨大的。据计算,若水流流速为每秒12～15米,流量在每秒500～800立方米时,其冲击力可高达每平方米60吨。若流速增大,冲击力更会以平方倍数来增长,这就使得在洪水泛滥期间,我们经常看到一些道路、桥梁、坚固的大坝被河水冲得七零八落,毁于顷刻;也常看到一些重达几十吨、几百吨的巨石,在汹涌洪流的挟裹下轰然滚动。

其实水流的能量早为人们所熟知。还在人类的蒙昧期,就已领教过它的威力。我国古代广为流传的大禹治水的故事,就是人类与水流的威力进行搏斗的最早记载。至于水能的利用则大概始于2 000多年前的汉朝。一种用水驱动作舂,以去除谷壳、麦壳或捣纸浆、碎矿石的水碓,可能就是最早的水力机械。这种水碓,到

瀑布中蕴
藏着大量水能

魏晋时已广为推广。后汉建武七年(公元31年),南阳太守杜诗制作了另一种水力机械——水排。它利用水流的冲力来带动圆轮运转,并通过连杆带动鼓风机,向炼铁的冶炼炉鼓风。以后又有水磨、水碾、水转纺车等的发明。这表明与欧洲相比,我国先民至少早100多年应用水能。不过,现代化的水电建设则起步较晚,直到1912年才在云南螳螂洲建造了第一座水电站——石龙坝水电站。其装机仅为472千瓦。至1949年全国解放前夕,全国水电站装机容量也仅16.3万千瓦,居世界第二十位。新中国成立后,我国的水电站建设有了持续快速的增长。尤其是1993年以后,已连续多年投产强度超过300万千瓦/年。1999年更创历史新高,达790万千瓦。其发展速度之快,在世界上可说是绝无仅有的。截至2000年年底,全国水电站总装机容量已达7 935万千瓦,跃居世界第二位。

应该看到,我国水电建设虽已取得如此骄人的发展,但其在全国能源消费结构中所占比例却依然有限。截至2002年年底,水电能消费仅占全国能源消费总量的7.8%。这与世界上一些国家相比显然是偏低的。如巴西和挪威的电力90%以上来自水电。

我国是否还有继续开发利用水能的条件呢?答案是肯定的。

我国国土辽阔,江河众多,蕴藏有丰富的水力资源。在20世纪曾先后进行过5次调查(包括新中国成立前2次),其中最详细的一次,是1977～1980年,由水利电力部组织的全国大勘查,共调查了水能在1万千瓦以上的大小河流3 019条,估算全国拥有水能6.76亿千瓦,可年发电6.02万亿度,约占世界总河流水能的1/6,位居世界第一。而目前已开发的仅占其5%左右,而当前世界的平均开发程度为18%左右,故还有很大的发展余地。但我们也应该看到,我国水能资源存在以下三大不足:

一是资源量虽然十分丰富,但由于我国人口众多,人均资源量却不富裕,仅相当于世界人均资源量的0.81%。

二是水电资源在分布上甚不均衡,与经济发展的现状也极不匹配。众所周知,我国的经济重心主要在东部,而水力资源却主要分布在西部,尤其是西南部。从行政区来考察,西南占68%,中南占15%,西北占10%,华东占4%,东北占2%,华北仅占1%。

三是江河来水量在年内和年际均有较大的变化。这是由于我国是世界上季风最显著的国家之一。冬季受来自北部西伯利亚和蒙古高原的干旱气流所控制,干旱少水。夏季则又受来自东南太平洋和印度洋的暖湿气流的控制,高温多雨,因此,降水时间和降水量在年内高度集中,此时的降水量常可占全年的60%～80%,以致许多河流的年径流量的最大值与最小值常有几倍的差值,如长江、珠江、松花江为2～3倍,淮河达15倍,海河更达20倍。径流量的这种变化,显然对保障电站的正常运转是十分不利的,需要建设相应规模的水库予以调节。

我国水力分布概况

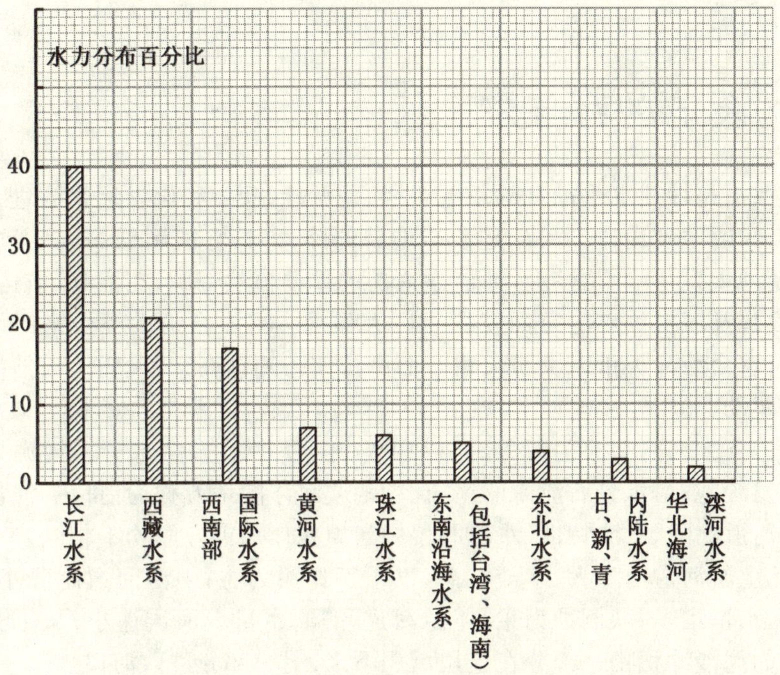

在开发利用时，我们不能不对上述三因素予以充分考虑，进行必要的平衡调节。

鉴于水能是一种可再生能源，是相对洁净的能源，而我国有丰富的待开发的水能，所以国家发改委已把优先发展水电作为今后能源发展的重要方针。有关负责同志还指出：凡事都有两面性，发展水电虽要截断河流、淹没土地、迁移人口和产生其他一些环境问题，但与当前已利用的其他能源相比，它符合可持续发展的战略要求，是一种值得加以推广的优质能源。

（张庆麟）

水能的利用

水能是一种可再生能源，水能或称为水力发电，是运用水的势能和动能转换成电能来发电的方式。水能主要用于水力发电，其优点是成本低、可连续再生、无污染。缺点是分布受水文、气候、地貌等自然条件的限制大。早在2000多年前，在埃及、中国和印度已出现水车、水磨和水碓等利用水能于农业生产。18世纪30年代开始有新型水力站。随着工业发展，18世纪末这种水力站发展成为大型工业的动力，用于面粉厂、棉纺厂和矿石开采。但从水力站发展到水电站，是在19世纪末远距离输电技术发明后才蓬勃兴起。

水力发电的利与弊

河流是地球上水循环的重要路径，是泥沙、盐类和化学元素等进入湖泊、海洋的主要通道。河流是塑造地貌的外营力，它能削低高山、淤填海湾，使地表发生沧桑之变。河流是人类的重要自然资源，在灌溉、航运、发电、养鱼及城市供水等方面发挥着巨大作用。河流在给人类带来滋润的同时，也会给人类带来洪涝灾害。而洪涝灾害的存在，又说明大自然的脉搏在跳动。

一条大河可划分为河源、河口和上、中、下游等五个部分。河源是河流的发源地；河水最后流入的干流、湖泊或海洋的地方称为河口。河流各段的河道比降、水流特性、水量和侵蚀与堆积作用等方面均不相同。一般来说，上游河道比降大，水流湍急，以下切作用为主；中游河道比降小，流速缓，水量增多，以侧蚀为主；下游河道开阔，水量大而流速小，从上游搬运来的泥沙冲积物一部分在这里沉积下来，另一部分进入河口。

利用大河蕴藏丰富的水力资源，在大河的上游筑坝建闸，拦水成库，抬高水位，安装水轮发电机组，利用水位落差的湍急水流推动水轮机发电，获得廉价而巨量的电能，早已成为世界各国的共识，并早已付诸实践和应用。

水力发电站利用流水的动能来发电

我国的河流数量多且源远流长。流域面积在100平方千米以上的河流有5万多条；1 000平方千米以上的河流约有1 580条；一万平方千米以上的河流有79条。我国的水力资源十分丰富，总量约为6.76亿千瓦，居世界各国之首。我国第一座水电站——云南石龙坝水电站，建于1912年。直至1949年，全国仅建成石龙坝、丰满、水丰、镜泊湖、龙溪河等屈指可数的几座水电站，年发电量仅7.1亿千瓦时。新中国成立后，国家采取大、中、小型水电站同时发展的方针，如今全国已建成的大、中、小型水电站达88 000座，年发电量达1 000亿千瓦时。水电事业的大发展为我国的工农业生产和国民经济发展起到了巨大的作用。

水力发电机中，水轮机转动电磁铁，产生电流

人们在享受水力发电带来巨大实惠的同时，也正在承受着河流自然生态变异带来的巨大苦涩。埃及的阿斯旺水坝建成后，尼罗河来沙减少，水流趋缓，河口海滨两岸逐年内坍，尼罗河的航行和渔业资源遭受重创。因此，有人建议炸毁阿斯旺水坝，恢复尼罗河的生态。加纳的伏塔水坝于1964年建成，随着库区水位的抬升，将周围大片肥沃农田淹入水中，库水营养过剩，库区生态严重恶化。我国的黄河三门峡水库建成不到两年，水库就回淤了二分之一。为治理黄河的洪涝和泥沙灾害，在黄河干流上建起刘家峡、盐锅峡、青铜峡、龙羊峡等大、中、小型水库和水电站已达3 158座。总库容水量达500多亿立方米，将黄河流域全年径流量全部收入"库"中，导致下游河库断水，河床逐年抬高，现今黄河下游的河床已高出大堤外的农田5～10米，黄河成了名符其实的"地上河"。水利部长汪恕诚感慨地说："对于一条河流而言，该来洪水时就应来洪水，长期不来洪水，泥沙淤积、河床抬高、河道萎缩等许多问题就会随之而来。"

河流是地球生态链的重要组成部分，其功能繁多，水力发电仅为其中之一。在建水电站之前，必须认真审视对河流生态环境的影响程度。一要考虑改土问题、库区绿化问题、上游水土流失防治问题。二要考虑对中、下游生态的影响问题，包括水生动植物的生存问题。三要考虑对中、下游流域水文、泥沙条件的改变问题，从而带来河口港地、航道的回淤及沿河城市的供水问题等。大河上建水电站，乃是牵一发动全身的大科学，理应组织多学科的专家共同来论证，决不可只听水电专家的一家之言。

2004年10月27日,联合国水电与可持续发展国际研讨会在北京召开。云南省香格里拉县金江镇吾竹村农民葛全孝的一篇论文《水坝建设与原住民的参与权》,被收到大会论文集中。葛全孝自费赴京在大会上发言,以科学发展观和原住民的利益,反对建造虎跳峡水电站,引起与会代表和新闻媒体的极大关注。葛全孝说:"虎跳峡要筑坝建水电站,工程将淹没长江第一湾——虎跳峡流域大量农田,需要移民近10万人。我认为我们当地居民应该参与到决策中来,因为我们是最大的利益相关者。"从农民葛全孝身上,我们看到一种希望。一个普通农民,用合法、有效的办法,积极地与政府沟通,希望能够影响决策,而不是像过去那样,等到问题发生才找政府解决。在河流上游筑坝建水电站,必定会影响整条河流流域的自然生态,因此要倾听各学科领域专家的意见,还应该听听当地百姓的呼声,以免水电站所获得的利,远远不够偿还河流生态变异造成的损失。

兴建水电站还有一个令人意想不到的问题,就是对环境的污染。以1987年在巴西建成的巴尔比纳水电站为例。巴尔比纳水库的坝高仅50米,但却淹没了3 100平方千米的库区。而该水库有三分之一的地方水深不到四米,因此到处可以看到露出水面的垂死的树木和浸泡的腐烂物质。

由于水库建造时没有清除库区的树木和灌木丛,有约一亿吨以上的草本植物被淹没。近年来,巴西国家亚马逊河区研究所的生态学家发现,在巴尔比纳水库区有大量的二氧化碳和甲烷释放到大气中。研究证明,二氧化碳是由一米左右水深的水体内腐烂的植物产生的,因为在一米的水深之内,氧气相对比较充足,而在缺氧的深水中,腐烂的植物则产生甲烷。

巴西原来有一个在亚马逊河再建一个巨型水库的计划,这可使巴西的水库面积增加20倍。巴西国立亚马逊地区研究所的生态学家认为,如果这个水库建成,每年从巴西水库增加的温室气体就相当于2亿吨以上的二氧化碳,这个数字是巴西现在每年燃烧石化燃料排出的温室气体的3倍。

因此生态学家提醒说,今后在设计大型水库时,必须考虑库区淹没的森林或沼泽地的面积,在陆地被淹没前,应尽可能清除掉森林草木等有机物。因为,水库已经是再也不能被忽视的重要温室气体排放源了。

(甘德福)

水电之最——三峡工程

1994年12月14日10时40分，中国政府向全世界宣告：长江三峡工程正式开工！当第一罐混凝土稳稳地浇灌在大坝江心的岩石上时，一项伟大的跨世纪工程便从这里起步，它将载入中华民族腾飞的史册。

整个工程包括一座混凝土重力式大坝，泄水闸，一座堤后式水电站，一座永久性通航船闸和一架升船机。三峡工程建筑由大坝、水电站厂房和通航建筑物三大部分组成。工程的最终投资总额预计在2 000亿元左右。

三峡工程电站将是世界最大的水电站，总装机容量1 820万千瓦，年发电量为846亿千瓦时，年发电量比目前世界上最大的水电站——巴西和巴拉圭两国合建的伊泰普电站还要多出130多亿千瓦时。从发电能力来说，三峡电站相当于一座年产5 000万吨的原煤矿，同时又没有烧煤带来的污染，这对保护我国的大气环境具有重要的意义。它将为经济发达但能源不足的华东、华中和华南地区提供可靠、廉价、清洁的可再生能源，对我国的经济发展起到重大的作用。

三峡工程的土石方开挖量、混凝土浇筑量、金属结构安装量、水电站装机容量、永久船闸工作水头和边坡开挖高度等等一系列世界之最，使它跻身于世界超级工程之列。国外报道甚至形容："这是中国继万里长城之后最伟大的一项工程。"1994年6月，在巴塞罗那举行的"全球超级工程会议"上，三峡工程当之无愧地入选。外电报道，"三峡工程的出现，为会议陡增光彩"，"三峡工程属于全人类"。

三峡工程的巨大效益除了发电之外主要就是防洪。三峡水利枢纽是长江中下游防洪体系中的关键性骨干工程。其地理位置优越，可有效地控制长江上游洪水。经三峡水库调蓄，可使荆江河段防洪标准由现在的10年一遇提高到100年一遇。三峡工程的效益还体现在航运上。三峡水库将显著改善宜昌至重庆600千米的长江航道，万吨级船队可直达重庆港。航道单向年通过能力可由现在的约1 000万吨提高到5 000万吨，运输成本可降低35%～37%。

三峡工程是全中国乃至全世界的超级工程。为了确保技术安全，在施工阶段曾召开了多次技术研讨会。2000年"海峡两岸三峡工程技术研讨会"针对三峡工程建设已经取得的经验和教训，以及面临的新情况、新问题，主要提出了4个专题进行研讨。

三峡工程模型

1. 水利水电及土木工程项目管理

有关大型工程项目的管理理论、方法和策略,一直受到世界各国的高度重视。这次会议为进一步提高中国大型工程的管理水平,起到了积极的作用。

2. 大坝及厂房混凝土施工及质量控制

三峡二期大坝及厂房工程混凝土施工是三峡工程建设中最重要的施工项目之一,也是施工质量控制的关键性项目。大坝及厂房工程结构复杂,施工强度高,工期紧,质量要求高,是最艰巨最富挑战性的施工项目。

3. 永久船闸及高边坡稳定研究

工程边坡岩体稳定性评价是工程领域极为重要的研究课题。三峡工程高边坡问题涉及的工程部位多、范围广,其中最突出的是永久船闸高边坡的稳定问题。

4. 地震对邻近地区水电站的影响及评估

我国是一个多地震国家,而且我国西部正是高强度地震的频发地区。因而抗震的设计和研究,以及地震对临近建筑物,尤其是对水库大坝和水电站的影响,一直是水利工作者十分关注的技术问题。本次研讨会对该问题同样作为重点来研讨。

任何事物有得必有失。三峡工程的投入也是巨大的。三峡水库将淹没陆地面积 632 平方千米,涉及重庆市、湖北省的 20 个县(市)。三峡水库的淹没涉及城市 2 座、县城 11 座、集镇 116 个;受淹没或淹没影响的工矿企业 1 599 家,水库淹没线以下共有耕地(含柑橘地)2.45 万公顷;淹没区房屋面积为 3 459.6 万平方米,淹没区居住的总人口为 84.41 万人。考虑到建设期间内的人口增长和二次搬迁等其他因素,三峡水库移民安置的动态人口将达到 113 万人。

一个宏伟壮丽的三峡工程已屹立在中国大地上,三峡工程功在当代,利在千秋。

(俞君定　周　戟)

用电又发电的抽水蓄能"水电站"

自从世界上以电力作为二次能源以来,由于电是不能储蓄的,所以夜晚电多的时候用不光,而白天电少的时候又不够用。搞得发电机白天超负荷运转,而深夜却空转,白白浪费电力。

于是,能不能把夜间富余的电力储存起来以弥补白天的不足,就成了一大难关。为解决此难题,专门用于调节电能余缺的"抽水蓄能水电站"出现了。抽水蓄能电站的雏形诞生于100多年前的瑞士。当时,有关部门建造了一座专门的水电站,该水电站把洪水期河流多余的水用抽水机抽送到一个地势较高的湖泊里贮存着,而在河流枯水期再把贮存的水放出,以用于发电。这座水电站启迪人们想到了在晚上用电低谷时,用多余的电开动抽水机把水抽到高位的湖泊中储存起来,在白天用电高峰电量不够时,再把湖泊中的水放出来发电。

抽水蓄能电站的发电原理和水力发电原理完全一样。水力发电要有两个基本条件,一是有水从高处往低处流,二是要有一定的水流量。因此,水力发电站都建造在天然河流上。而抽水蓄能电站则不一定建在天然河流上,只要有水的地方都可以建造抽水蓄能电站,但还需要在地势比较高的地方建造人工"上水池"(上面的水库),在地势较低的地方建造人工"下水池"(下面的水库)。当电力富余时,用水泵和多余的电力把下水池中的水抽到上水池中储存起来,而需要发电时,让上水池中的水通过水轮发电机流到下水池中,这便是水力发电了。当然,水池越大,蓄能的能力就越强。

由于抽水蓄能电站不受天然河道的限制,这样,就能将蓄能电站建于用电中心区域附近,从而大大缩短输电线路,减少电力输送损失。蓄能电站不像普通水电站那样,发电量单纯依靠水库的蓄水量,因而库容比一般水力发电

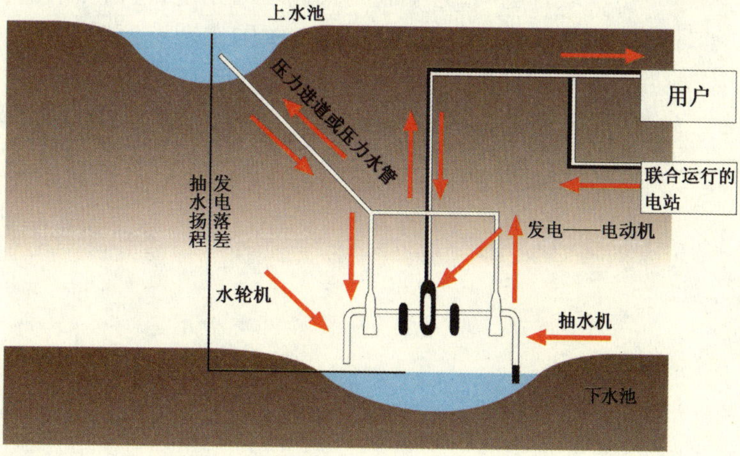

抽水蓄能电站示意图

的水库要小，水库的淹没损失也小。为了降低抽水蓄能电站的造价和运行费用，工程建设上抽水电站的水头(水的位能)有越来越高的发展趋势。因为在同样的发电能力下，水头越高，水的落差就大，可使用的水流量就越小。这样，不仅水泵水轮机等机器设备的尺寸可以缩小，而且发电厂房和上下水库及引水道的规模都可以相应缩小，使总体造价降低。

抽水蓄能电站不仅可发挥“电能银行”的作用，而且能量存取的速度还很快。当需要发电时，全部投入运行只需几分钟时间。因此，全世界抽水蓄能电站的发展极为迅速。早在1892年，欧洲就建立了第一座抽水蓄能发电站。到1989年，全球至少有200多座这种电站分布在60多个国家和地区。以前世界上最大的抽水蓄能电站是美国的巴斯康蒂抽水蓄能电站，它的装机容量为210万千瓦。

我国建造抽水蓄能电站起步较晚，开始于20世纪60年代。当时仅在河北岗南水电厂和北京密云水库安装了几台试验机组，以后又利用北京十三陵水库，建设总容量为80万千瓦的抽水蓄能电站，积累和取得了不少经验和资料。改革开放以来，先后在华东地区和广东地区建造了两座大型抽水蓄能电站。一座处于华东电网负荷中心的上海、南京、杭州这一三角地带，装有6台单机容量为30万千瓦机组，总容量为180万千瓦的天荒坪抽水蓄能电站。另一座是位于广州市附近流溪河上游的广州抽水蓄能电站。这座电站有8台30万千瓦机组，总容量高达240万千瓦，为广东、香港两地及大亚湾和将要投产的岭澳核电站的安全、经济运行提供可靠的服务。广州抽水蓄能电站是目前世界上最大的抽水蓄能电站。

人们把抽水蓄能电站比喻为“电能银行”，但它毕竟不是银行。向银行中存款会有利息，而把电能储蓄到抽水蓄能站反而有电能的损耗。这样贮存电能合算吗？发生在瑞士的故事可以回答这个问题。西欧的跨国联合电网，为了鼓励人们夜间用电，把白天的电价定为夜间电价的两到三倍。瑞士人知道后，凭着本国水利资源利用充分的优势，买下了他国夜间的廉价电力，用来抽水蓄能。到了白天，用电多、电价高时，再将抽水电站所发的电出口，赚取差价，据说还赚了不少钱。

（俞君定　周　戟）

借得碧海万顷潮

如果你看过著名的海宁潮，你一定会被那波澜壮阔、惊天动地、藏着巨大能量的大潮所震撼。潮汐是由月球和太阳的引力使海水每天产生的有规律涨落的自然现象，其间蕴藏的力量早就引起人们的注意。近几十年来，由于能源危机，人们越来越重视潮汐这种不会枯竭的再生能源的进一步开发利用，于是潮汐发电应运而生。

潮汐发电本质上属于水力发电。所不同的仅在于水能的来源不是靠拦河筑坝，形成水库以发电，而是靠潮汐涨落对水库的充水和放水，利用水库充水和放水时的能量来发电。常用的成熟的潮汐发电方法主要有单库单向式，就是选择有利的海湾或河口筑坝，建造水库。涨潮时让海水充满水库，退潮时放出水库中的水，在放水时推动水轮发电机发电。另一种叫单库双向式，这是目前比较先进的方式。它是在涨潮海水进入水库时和退潮水库放水时都能推动水轮发电机发电。这样就缩短了发电间断的时间，并充分利用了潮力。另外还有一种能连续发电的双库双向式的方法，但由于投资过大，技术经济上并非合理，目前仅停留在理论上的研究。

我国开发潮汐资源的工作开始于 20 世纪 50 年代，当时在华东的沿海地区建造了几十处规模从几十千瓦到一百千瓦的小型潮汐发电站。这批小电站虽然以土法上马，效率比较低，但初步显示了潮汐发电站的优点。20 世纪 70 年代初，这些地区再兴建了一批潮汐电站，其中以山东白沙口电站为最大，容量达 960 千瓦。尔后，江苏浏河潮汐电站又实现了全厂自动控制操作。这些电站的建造表明我国潮汐发电走上了正轨。而江厦电站的建设成功，毋庸置疑地标志着我国潮汐能的开发利用技术已进入成熟阶段。

江厦实验电站是我国最大的潮汐发电站。该电站位于浙江境内乐清湾温岭县江厦港上。乐清湾进口狭窄，潮流涌急，最大潮差达 8.29 米，而且泥沙细少，不易淤积，十分适宜建设潮汐发电站。而且这里还可以利用原围海造田的堤坝。电站原设计额定容量为 3 000 千瓦。江厦实验电站是目前仅次于法国朗斯电站和加拿大安娜波立斯电站的世界第三大潮汐发电站，每年发电量可达 1 000 万千瓦时以上。

世界上现有的潮汐发电站，尽管能利用潮汐能，但普遍存在一个缺

潮汐发电示意图

点,即必须选择有港湾的地方修建造价昂贵的潮汐蓄水坝,而且损害自然环境。为了克服这个缺点,西班牙的一位叫阿尔瓦的电子工程师发明了一种既能利用潮汐发电又不需要修建费用昂贵的蓄水坝的发电系统。而且在任何有潮汐的浅海地带都能发电,而不需要选择是否有港湾的特殊地形。

阿尔瓦发明的新式潮汐发电系统中的一个关键设备是固定在海底地基上的一个中空容器,这个中空容器中装有活塞,有点像一个抽水机的泵。在活塞上有一根很长的连杆和浮在海面上的一块大平板相连。悬浮的平板随潮汐的涨落上下运动,并带动中空容器中的活塞上下运动。这样,潮水涨落的能量通过平板,传递给中空容器中的活塞。由于活塞的上下往复运动,推动容器中的海水流入和流出。海水有规律的流动时,便可通过涡轮发电机发出电来。

这个装置的实验样机可以产生1兆瓦(1 000千瓦)的电力,用6个月的时间就可以建成并投产,它的维护费用低,因此发电成本也低,而且因不需修建昂贵的潮汐蓄水坝,不仅节约了大量的基建费用,对自然景观和环境也不会有大的影响。

新式潮汐发电站的中空容器固定在沿海的海底地基上,地基是水泥和耐蚀金属制成的混凝土复合材料。一座1兆瓦的潮汐发电站约占5 000平方米的海面,发出的电力将通过海底电缆输送到岸上。目前,这种新式潮汐发电装置尚处于试验阶段。

(俞君定　周　戟)

波涛滚滚电力来

1944 年 12 月 18 日，美国海军第三舰队集结在西太平洋上，准备参加对日军作战的吕宋岛战役。这时正遇台风的袭击，狂风掀起的一个又一个巨浪向舰队扑来，最高的浪头竟达 18 米，有 6 层楼那么高。尽管美国人采取了各种防护措施，但仍损失惨重，有 3 艘驱逐舰沉没，100 多架飞机被毁，近 800 名官兵丧生。

大海上的洪波巨浪“力气”大得惊人，可以把万吨轮船掀翻淹没，全世界已有 100 多万艘船只葬身于巨浪之中；它也可以把大型的石油钻井平台推翻。“喜怒无常”的海浪，一旦发起怒来，就像千万匹桀骜不驯的野马狂奔疾驰，在大洋中由于狂风恶浪引起的海难，至今仍占全世界海难总数的 60％以上。

但是，一旦人类征服了海浪，就可以化害为利，让巨大的波浪能量为人类服务。21 世纪是海洋世纪，人类向大海索取资源已成为必然趋势。远离大陆开发海洋，人们最需要的是拥有足够的电能和淡水。利用海洋波浪能发电可为深入开发海洋资源、改善驻海岛官兵的生活开辟新途径。

波浪能发电技术是通过波浪能装置，将波浪能首先转换成机械能，再转换成电能。波浪的能量蕴藏在波浪的起伏之中，只要设法使波浪起伏的能量转换成机械的往复运动，再通过齿轮齿条等机构（或是利用压缩空气）转换成机械的旋转运动，旋转的涡轮机便可带动发电机发电了。其发电的原理很简单，即利用波浪带动涡轮发电机运转发电，但实现起来的技术问题却很复杂。因为海洋波浪属于低品位能源，在

海洋波浪发电

海洋波浪动能提供了侵蚀沿岸岩石的机械能。在这方面，大部分动能都转成了机械能，其他的则全化为热能和声能

自然状态下，海浪的能量密度很低，又由于大部分波浪运动没有周期性，故开发利用的难度较大。目前海浪能发电尚处于研究试验阶段。

利用波浪能发电的装置多种多样，但归纳起来可分为漂浮式波浪能装置、固定式波浪能装置和半漂浮半固定波能装置。

漂浮式波浪能装置：1985年日本研制了名为“海明号”的漂浮式波能装置，该装置在长80米、宽12米、由13个“振荡水柱气室”组成的漂浮结构上进行海浪发电试验。其工作原理是，漂浮在海面上的振荡水柱气室中的活塞，随着波浪上下浮动，气室中的空气反复地经历压缩和膨胀，被压缩的空气驱动空气涡轮机运转并带动发电机发电。试验首次实现了波浪能向电能的转换，但系统的发电总效率不高，发电成本令人失望。不久，日本又设计试验了另一个装机容量为110千瓦的船形波力发电装置。经海况试验，这个装置运转正常，最大总发电效率为12%，但从能源利用角度来说，其造价仍过于昂贵。

固定式波浪能装置：这种装置又分为岸式、收缩波道式、摆式、沉箱式等多种形式。这种装置不用浮标，而是将空气室固定地建在海边，利用海浪使空气活塞室内的空气反复压缩、膨胀，从而推动涡轮机发电。1984年以来，英国、葡萄牙、挪威、印度、印尼等国相继进行试验，但成功的运行装置并不多。1984年，挪威投资120万美元，在卑尔根市建造了一个500千瓦的波力电站，正常工作两年后，在一次强台风中，该电站钢结构被破坏，发电机组没入海中。比较成功的是英国于2000年11月在苏格兰建成的500千瓦岸式波能装置，目前已上网发电，可以为当地400户居民供电。

半漂浮半固定波能装置：“十五”期间，我国中科院广州能源研究所根据目前国内外波能现有技术基础以及优缺点，提出了一种半漂浮、半固定的波能装置——振荡浮子式波能装置。它具有漂浮式的浮子、固定式的浮子滑槽。其优点是在建造时，难度和成本比其他固定式波能装置低，而抗台风能力又比其他漂浮式和固定式波能装置高。目前我国已将这种波能装置发展成为独立的发电与制淡水的先进系统。其主要优势在于能完全脱离大陆电网而独立发挥效益；可以有效地采用蓄能手段，将波浪能转换的电能储存起来，供用户随时使用；并可根据用户需要，将海水变成淡水；该系统在浪大时可持续稳定发电，在浪小时能间歇稳定发电，其独立性、稳定性以及建设的简便性使之极具实用价值。该技术目前已通过实验室实验证实了该系统的可行性，有关技术已申报发明专利。

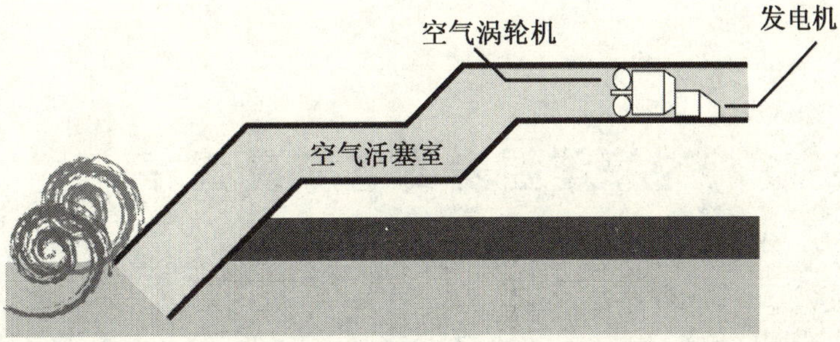

岸式波能装置示意图

波浪发电是目前海洋动力资源中开发得较为成功的一种，不少人设想把它与消波（消除波浪）结合起来，研制消波发电装置，以改善海洋环境。这样，既可发电，又可使海面平静，这对发展海水养殖业、改善港口船舶的停泊条件等都有许多好处。这种综合利用的波力发电装置，将会有极其光明的前景。

（周　戟）

海洋温差发电前景看好

海洋是世界上最大的太阳能接收器。6 000 万平方千米的热带海洋平均每天吸收的太阳能相当于 2 500 亿桶石油所含的热量。现在一个有发展前途的计划可设法将海洋中储存的热能开发出来,这就是海洋温差发电。

1999 年,有一艘海洋温差发电试验船在印度洋上游弋。这是由日本佐贺大学海洋能源研究中心提供技术合作、印度政府斥资 7 亿日元(1 美元约合 106 日元)建造的试验船。试验船上海洋温差发电设备的输出功率是 1 000 千瓦,这是当时世界上规模最大的海洋温差发电设备,也是印度政府在为将来建设 1 000 台 50 万千瓦的海洋温差发电设备作准备。如果这一宏伟构想得以实现,其发电容量与现在日本的原子能发电规模相当。

海洋温差发电示意图

海洋温差发电的原理是利用热带洋面温度较高的海水和几百米深处的冷海水之间的温度差来发电。在赤道地区,海水的表面温度在太阳照射下高达近 30 ℃,而深海水温则保持在 5～10 ℃。利用这种温度差,可以发出电来。据日本专家介绍,位于北纬 40 度～南纬 40 度的约 100 个国家和地区都可以进行海洋温差发电,而印度由于具备表面海水温度高的有利条件,故很适宜采用这一先进技术。

海洋温差发电的基本原理是:把海洋中表层的温水送入一个真空室,温海水在真空室内就会沸腾产生水蒸气。不足 30 ℃的温水能产生水蒸气吗？这个道理很简单，因为水的沸腾温度和水周围的气压有关，压力越低，沸腾温度就越低。当气压接近真空时，即使水温接近零度也可以沸腾产生蒸汽（水在低压状态下产生蒸汽称为“闪蒸”）。因此，30 ℃的海水在真空下闪蒸产生的蒸汽压力足以用来推动涡轮发电机发电。不过在用海水的温差发电时，只有 0.5%左右的温海水变成蒸汽，为此，发电厂必须抽取大量的海水才能产生足够的蒸汽来推动涡轮机发电。

蒸汽推动涡轮机发电后需要使之冷凝。只有使蒸汽冷凝成蒸馏水后才能腾出空间，让后继的热蒸汽源源不断地流向涡轮机，方可持续发电。冷凝蒸汽的办法是把使用后的蒸汽导入一个冷凝器，用从 500 米以下的深海处抽上来的冷海水冷却蒸汽，因为海洋深处的水温一般只有 5 ℃左右。蒸汽冷却后成为蒸馏水，这是相当有用的副产品，也就是海水淡化厂的产品——淡水。而大部分未蒸发的温海水则从真空室的出口端排出。

海洋温差发电主要采用开式和闭式两种循环系统。在开式循环中，表层温海水在闪蒸蒸发器中由于闪蒸（在真空中快速蒸发）产生蒸汽，蒸汽进入汽轮机做功后流入凝汽器，由来自海洋深层的冷海水将其冷却。由于水蒸气是在负压下工作，必须配置真空泵。这种系统结构比较简单，但因真空室所产生的蒸汽密度低，必须使用相当大的涡轮机，使设备和管道体积庞大，真空泵及抽水水泵耗功较多，影响发电效率。

闭式循环系统与开式的区别是：来自表层的温海水先在热交换器内将热量传给低沸点工质——丙烷、氨等，使之蒸发，产生的氨蒸气再推动汽轮机做功。这里是利用温海水的热量而不是直接利用温海水的蒸汽。与水的沸点 100 ℃相比，氨水的沸点是 33 ℃，容易沸腾。深层的冷海水仍作为凝汽器的冷却介质。冷凝后的氨蒸气再进入热交换器，以便重复使用。由于工作介质是在封闭系统中循环使用，故称为闭式循环系统。这种系统因不需要真空泵，是目前海洋温差发电中常采用的循环。

日本在海洋能开发利用方面十分活跃，专门成立了海洋温差发电研究所，并在海洋热能发电系统和热交换器技术领域领先于美国。日本与印度联合进行的 1 000 千瓦海洋温差发电实验的成功，推动了该技术的实用化。现在，海水温差发电技术已经引起各国关注，海洋温差发电有可能成为解决全球变暖和缺水等 21 世纪最大环境问题的途径之一。联合国决定从 2004 年起研究进行海水温差发电的普及问题。尽管面临高成本等许多问题，海洋温差发电作为下一代新能源依然引人注目。

（周　戟）

太阳能——能源之母

光芒四射的太阳是地球上主要的能量源泉，是万物生长之源。太阳自身是一团巨大而炽热的气体火球，直径达140万千米，是地球的110倍。如果把太阳比作一个篮球，那么地球只不过相当于一粒小小的芝麻。

太阳表面的温度约为6 000 ℃，越往里面温度越高。中心的温度可高达4 000万℃，压力有2 000亿个大气压。在这样极高的温度和压力下，太阳物质的原子已经失去了全部或大部分核外电子，赤裸裸地只剩下它们的原子核。组成太阳的主要物质是氢，由于热运动，氢原子核获得了极大的速度，彼此剧烈地碰撞，发生了类似氢弹爆炸那样的核聚变反应，由4个氢原子核聚变成1个氦原子核，同时放出巨大的能量。这就是太阳能。

太阳这颗“氢弹”每秒钟放出的能量相当于910亿颗百万吨级氢弹爆炸放出的能量。太阳能以光和热的方式，通过辐射到达地球。从太阳到地球要经过漫长的1.5亿千米的旅途。即使如此，据测算，太阳送到地球表面的能量，每秒钟相当于550万吨煤燃烧时放出的能量。地球上每年接收的太阳能，相当于目前地球上每年燃烧的固、液、气体燃料的3.5万倍。

太阳是在距今大约50亿年前形成的。如果太阳以目前的功率发射能量，至少还可以维持60亿年，故不必担心太阳能会用完。

在新疆农师北塔牧场建成全国最大的150千瓦太阳能光伏电站

太阳能本质上是光能，而光是一定波长范围内的电磁辐射。光既具有波动性，也具有粒子性。从本质上讲，光和无线电波没有多大差别，只是波长和频率不同。在电磁波的家族中，是按波长和频率排序的。交流电和长电振荡，波长可达数千千米。最小的是宇宙射线，波长只有百亿分之一微米。而太阳辐射的波长在 0.15～4 微米之间，其中包括 8.7%的紫外线、43%的可见光和 48.3%的红外线。

地球表面被一层厚厚的大气层包围着，当阳光通过大气层时，紫外线、可见光和红外线被大气层吸收的情况是不同的，紫外线和红外线被大气吸收得比较多，因此，在地面上接收到的太阳能主要是可见光，波长在 0.29～2.5 微米之间。

太阳辐射中不同波长的光线对捕捉太阳能的各种装置的作用是不同的。例如，制作太阳电池的材料有硅、砷化镓、硫化镉等。每种太阳电池对不同波长的光的灵敏度不同，因而它的光电转换能力也不同。又如，植物的叶子就是一个阳光捕捉器，只有可见光才能引起它发生光合作用。紫外线对植物有害，红外线只能提高植物的温度并加速水的蒸发，而不能引起光合作用。

人类对太阳能的利用经过了三个阶段。第一阶段是对太阳能的自然利用。太阳照射着大地，阳光雨露滋润着万物欣欣向荣地生长，太阳还温暖着地球。可以说，一切生物都在自然利用着太阳能，才得以生存和繁衍。

第二阶段是对太阳能的间接利用。树木、柴草等生物质能的燃烧，和对煤炭、石油等化石燃料的利用，都是对太阳能的间接利用。因为这些生物质能和化石能源都是由太阳能转化而来的。另外，风能和水能的开发也是对太阳能的间接利用，因为正是由于太阳能的作用才形成了风和水的位能。可以说，现代所利用的能源，除了核能外，都是太阳能的自然利用（农、林、牧、渔）和太阳能的间接利用。但是太阳能的间接利用不仅数量有限，而且有些还会造成对环境的污染。因此，人们开始思考如何才能更有效地、更直接地利用太阳能。

第三阶段是太阳能的直接利用。对太阳能的直接利用是指把太阳光能转化成热能或电能。太阳能的直接利用与太阳能的间接利用相比，具有无比的优越性。首先它是用之不尽取之不竭的能源。只要把地球上沙漠面积的 4%铺上太阳能电池，就能满足全世界各国对电力的需求；太阳能的另一个重要的优点是它是清洁能源，与化石能源相比，太阳能不会造成对环境的污染。

太阳能的直接利用是人类发展史上的一次巨大的飞跃，但直接利用太阳能有很大的难度，主要是它照在地球上的能量密度太小，过于分散。虽然太阳照射到地球上的总量不小，但是由于地球的面积也不小，太阳能均匀地分布在地球各处，每平方米的面积上最多不过 1 000 瓦，而且易受

太阳能建筑

多云、阴雨等气象变化的影响而时断时续。因此，直接利用太阳能的关键就在于如何才能把太阳能聚集起来，以利用其热能或使之发电。

（周　戟）

太阳电池

太阳能的直接利用，最有效的办法是用太阳能发电。1876 年英国有两位科学家发现，硒这种半导体经太阳一晒，竟能像伏打电池一样产生电流，"光伏效应"由此而得名。只是硒产生的光伏效应很弱，光电转换率(即将光能转化为电能的比率)很低，只有 1%。1954 年美国贝尔实验室的科学家们用半导体材料硅，制造出了光电转换率可以达到 10%的光电池。1958 年美国第一颗人造地球卫星上天之时，就采用了太阳能电池做电源。

为什么太阳光照射到半导体材料上能产生电流呢？因为电流是电荷的流动，而光子具有能量，如果使光子的能量推动电荷流动便能产生电流。这就需要用半导体材料来制作。有一种 N 型半导体，它的原子结构经太阳光照射能产生多余的电子；另一种 P 型半导体，它的原子结构经太阳光照射可产生多余的"空穴"(缺少电子的结点)。把两种半导体结合在一起，就形成了一个所谓的 P-N 结。当光子打在半导体上的时候，在 P-N 结中所产生的电子和空穴受内部电场的影响，电子被驱往负极，空穴被驱往正极。如果把两极连接起来，就产生了电流。

常用的太阳电池是硅太阳电池。硅是地壳里最丰富的元素之一。不过制造太阳电池的硅材料要求纯度很高，需要用硅的单晶体来制作。制作过程是先"拉"出硅的单晶体(P 型半导体)，然后把单晶棒切成薄片，厚度为 0.3～0.5 毫米，经过抛光和清洗，获得一个平整光亮的表面。然后，采用高温扩散的方法，掺进 N 型半导体，在表面不到 0.5 微米处形成一个 P-N 结。最后在两面引出电极，就成了一个硅太阳电池。

硅太阳电池的面积一般只有几平方厘米到几十平方厘米。在实际使用的时候，往往是很多小电池串联、并联起来，以获得较高的电压和较大的电流，我们称它为"太阳电池板"。很多太阳电池板又可以连接成"太阳电池方阵"，成为太阳能光电站。

硅太阳电池在制作技术上已基本过关，现在尚未大规模投产使用的主要原因是生产成本太高。为推动太阳电池产业化大生产，科技人员从两方面着手，一是提高太阳电池的光电转换率，一是降低太阳电池的造价。

经过科学家们多年的努力，在提高光电转换率方面，单晶硅太阳能电池的效率可提高到 24%。当今世界上光电转换率最高的当属砷化镓多结太阳能电池，它在聚光 265 倍的阳光条件下，光电转换率已高达 35%。

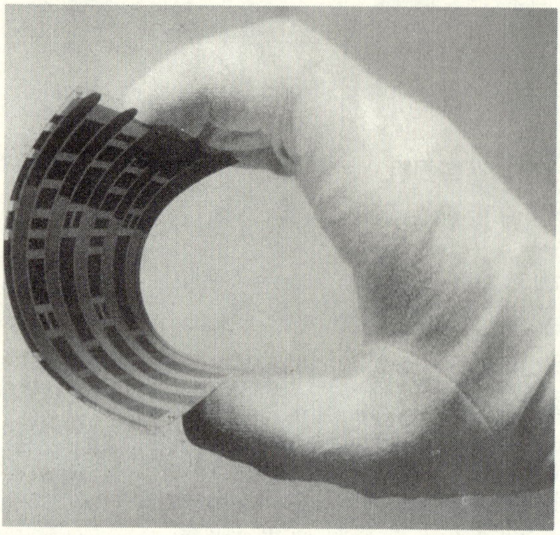

柔性太阳能电池

为降低太阳电池的成本，未来的光伏技术将以“薄膜”技术为基础。在薄膜技术中，光伏活性材料是沉积在作为支持的基层上的。这不仅大大减少了最终产品中的半导体量，而且便于大批量商业化生产。由于要求的半导体厚度仅为1微米，因此几乎使用任何半导体作电池都是很廉价的。很多半导体材料都在研究之中，其中有5种薄膜电池正在商业开发之中。

为了提高光电转换率和降低造价，太阳电池的种类将越来越多。除了单晶硅太阳电池、多晶硅太阳电池外，还有非晶硅太阳电池、多元化合物太阳电池和聚光太阳电池等。

非晶硅太阳电池是1976年就已出现的新型薄膜式太阳电池，它与单晶硅和多晶硅太阳电池的制作方法完全不同，硅材料消耗很少，电耗更低，非常吸引人。

多元化合物太阳电池指不是用单一元素半导体材料制成的太阳电池。现在各国研究的品种繁多，虽然大多数尚未工业化生产，但预示着光电转换技术的满园春色。多元化合物太阳电池的品种主要有硫化镉太阳电池、砷化镓太阳电池、铜铟硒太阳电池等多种。

聚光太阳电池是降低太阳电池利用总成本的一种措施。它通过聚光器而使较大面积的阳光会聚在一个较小的范围内，形成“焦斑”或“焦带”。将太阳电池置于这种“焦斑”或“焦带”上，以增加光强，克服太阳能流密度低的缺陷，从而获得更多的电能输出。

太阳电池的产业化开发是世界各国都在努力的方向，我国也不甘落后。总投资近2亿元的双结非晶硅太阳电池产业化项目，于2004年5月在天津实施，并建成年产5兆瓦柔性衬底非晶硅薄膜太阳电池示范生产线，投产后可实现年销售收入1.25亿元。

太阳电池的产业化生产，目前大都得到政府的补助，否则将无法参与市场化竞争。据统计，20多年来，太阳电池累积生产量每增加一倍，成本降低80%。如果今后10年内，目前的市场增长率能够维持，这就意味着光伏技术的成本将低到在无补助的情况下维持其增长。那时我们就可以期望，光伏技术将成为大型发电的理想方式。

（周　戟）

太阳能发电站

太阳能发电一般分为利用太阳电池发电和太阳能热发电两种。太阳能热发电是直接利用太阳的热能发电。与太阳电池(光伏技术)相比,太阳能热发电可不受制造太阳电池的半导体材料的制约,因此建设电站的费用相对较为节省。但由于阳光的能流密度太小,直接利用太阳的热能发电,就必须把太阳能聚集起来,然后用聚集起来的热能将工质(工作介质,常用水或其他化学物质)加热到一定的温度,驱动热机带动发电机发电。

太阳能热发电系统一般由聚光系统、集热系统、热传输系统、蓄热贮能系统、热机系统等组成。

目前,太阳能热发电系统主要有 3 种类型:槽式系统、塔式系统和碟式系统。槽式系统是利用槽式的抛物柱面为反射镜,将阳光聚集到管状的接收器上,并将管内的传热工质加热,产生蒸汽后推动常规汽轮机发电;塔式系统是利用多面独立跟踪太阳的反射镜,将阳光聚焦到一个固定在塔顶部的接收器上,以产生很高的温度;碟式系统是由镜子组成的抛物面反射镜,接收器在抛物面的焦点上,接收器内的传热工质被加热后,驱动发电机进行发电。

太阳能热发电系统中,聚光器是关键部件。根据聚光器的组合方式的不同,通常有集中式和分散式热发电系统之别。

一个 10 兆瓦的太阳能热电站,它的反射镜需要有数万平方米的面积。我们无法制造出如此大的反射镜,只好把它先做成一块块的平面镜,分别把阳光反射到一个高高的塔顶上。在塔顶设置集能器,产生过热蒸汽,带动汽轮机发电。我们称这种太阳能电站为“集中式”。

塔式太阳能发电站

1982 年,美国建成了一座集中式的太阳能热电站——太阳一号。它由 1 818 块大型平面镜组成,每块面积约 40 平方米。平面镜能自动跟踪太阳,把太阳光精

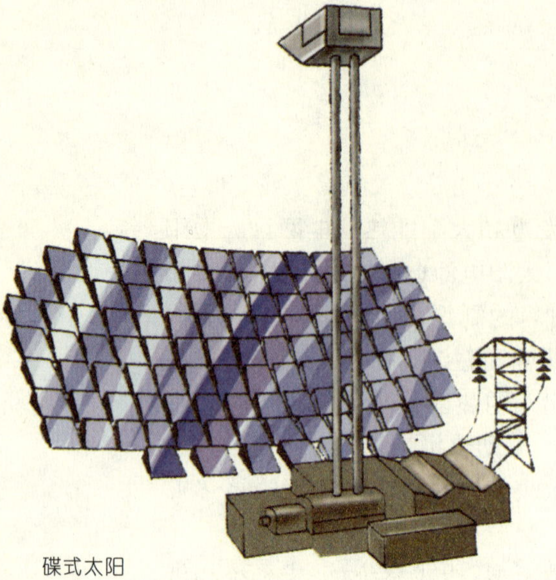

碟式太阳能发电站

确地反射到一个高达 90 米的塔顶上。塔顶有用合金钢管组成的集热器，它把镜面反射过来的阳光变成热能。

分散式系统是太阳能热发电的另一个发展方向。也是当前太阳能发电并入电网、进行商业化供电的比较成功的发电方式。分散式系统采用了槽形太阳能聚光器。这种聚光器把阳光聚集成一条线，而不是一个点，因而可以水平放置，在结构上和跟踪太阳能的方式上相对比较简单。

分散式系统的太阳能集热装置十分壮观。一个 80 兆瓦的太阳能电站占地近 50 万平方米。场地上一排排抛物面槽形聚光镜望不到尽头。每面聚光镜长 1.71 米，宽 1.44 米，28 面镜子组成一个单元，8 个单元连成一体，像是一队威武的战士。抛物面槽的前面则是捕捉太阳能的大型真空集热管。抛物面槽镜把阳光反射聚集到真空集热管上，将集热管内的工作介质加热到近 400 ℃左右，然后泵入换热器，产生过热蒸汽，再按常规的办法发电。

太阳能热发电系统中塔式系统和槽式系统一般都用于大型和中型的太阳能发电站；而碟式系统常用于小型发电。目前，碟式发电装置的容量范围一般在 5～50 千瓦之间。聚光镜的直径常用的在 10～20 米之间。

碟式聚光太阳热发电系统由于其具有投资省、建设周期短、容量可大可小(大容量发电可以组合成“碟群”)、可以独立运行也可以并网运行的优点，故不仅适合发达国家，更适合于发展中国家使用。

20 世纪 70 年代末，我国湘潭电机厂和美国合作，建成了碟式太阳热发电实验装置。聚光镜直径为 7.5 米，用铝合金制造，分块成形，组合而成。表面贴铝膜，附有电脑控制的双轴跟踪系统，用导热油吸热，然后传热给有机工质，驱动汽轮发电机组发电。该实验装置的发电量为 3 千瓦。

我国西部地区很适合于建立碟式太阳热发电系统。一方面是西部大部分地区的太阳辐射强度大，适合采用太阳热发电技术；另一方面，我国西部地区农(牧)民居住分散，建立大规模、大容量、集中式的太阳热电站，是既不经济又不切合实际的。因而，碟式聚光太阳热发电技术可以填补居民分散地区用电的空白，是值得重点发展的项目。

另一种太阳能电站为利用光伏电池建造的发电站。由于光伏电池的造价过高，因此大型电站少有建设。目前最大的光伏发电站要数德国莱比锡附近的太阳能发电站。该发电站于 2004 年 1 月投产。这个造价2 000 万欧元的太阳能发电站由 3.35 万块太阳能电池板组成，发电功率为 5 000 千瓦(5 兆瓦)，可供 1 800 户家庭用电。

光伏电池
太阳能发电站

（周　戟）

太阳炉和太阳灶

太阳炉和太阳灶的工作原理与碟式太阳热发电系统是相同的，区别的只是碟式太阳热发电系统集热后用于发电，而太阳炉和太阳灶经集热后，直接利用热能加热物料。习惯上，人们把大型和中型、用于工业上的集热器称为太阳炉，而把用于家庭烹饪小型的、结构简单的集热器称作太阳灶。

目前，最大的太阳炉要算法国比利牛斯山坡上的太阳能高温炉，它的抛物面反射镜有 9 层楼高，面积有 1 830 平方米，是由 9 500 块小镜片拼接而成的。反射镜把安装在对面山坡上的 63 块巨型平面镜反射过来的阳光聚集起来。

太阳东出西落，反射镜只有跟踪太阳转动，才能将阳光反射到固定的位置。对于一些小型聚光装置，可以让反射镜自动跟踪太阳。而这面 9 层楼高的大型反射镜转动起来就困难了，为此，采取了将反射镜、炉子固定而转动平面镜的办法，把阳光反射过来。

法国比利牛斯山坡上的太阳能高温炉

反射镜把阳光聚集到前面约 18 米处，在焦点处安装了高温熔炉。该高温熔炉的功率达到 1 000 千瓦，炉温可达 3 500 ℃。这座太阳炉主要是用来熔炼锆金属的，每天可以生产 2.5 吨金属锆，其纯度比在一般电炉中熔炼的还高。

太阳能高温炉用于获取洁净的高温。它没有电炉、煤炉等带来的污染，温度调节既快又方便。因此，主要用于材料研究和一些工程热物理方面的研究，比如火箭头、防热罩材料和高纯度半导体材料等。

看似不起眼的、结构简单价格便宜的太阳灶，在我国西部地区所发挥的作用却不能低估。近年来，使用太阳灶在宁夏山区的农村中已很普遍。走进宁夏西吉县上堡村，家家户户院子里的太阳灶成了一道独特的风景。如今使用节能又干净的太阳灶已成为宁夏固原地区不少农民生活中的新时尚。据统计，目前全地区使用太阳灶的农户已达 2.8 万户，1 年可节省秸秆 4 万吨，保护自然植被 360 平方千米。

宁南山区太阳能资源丰富，发展太阳灶有得天独厚的自然条件和广阔的市场前景。同时，由于煤、电、油等常规能源短缺，这里农村中 82%的畜粪、秸秆等被当作燃料烧掉，既污染了环境，又浪费了资源。为把太阳能这一资源优势转化为生态优势和经济优势，1998 年起，国家计委把在贫困地区推广太阳灶列入国家生态环境建设项目，并拨专项资金予以扶持。西吉县和固原县还分别建成了年生产能力为 1 万台的太阳灶生产基地。农户只需出 50 元左右就能买到一台市面上售价在 170 元左右的太阳灶。每台太阳灶 1 年可节约秸秆 1 400 千克或 700 千克标准煤，折合人民币 2 100 元。随着高效节能、使用方便的太阳灶被越来越多的山区农民所认识，不少农民在未享受补助的情况下，自己购买太阳灶。

现在已有一些中小企业在推动着太阳灶向产业化发展。世界上研制和生产的太阳灶种类繁多。从原理上分类，大致上只有三种类型，即闷晒式(箱式)、聚光式和热管传导式。

箱式太阳灶是一个“热箱”。工作方式是把它置于太阳下长时间地闷晒，缓慢地积蓄热量。箱内温度一般可达 120～150 ℃，适合于闷蒸食品或作为保温器和医疗器具的消毒用。箱式太阳灶的构造主要是一个保温的箱体。箱体大小按需要设计。保温材料可选用棉花或其他无异味、对食物不产生毒性的保温材料。保温层朝向箱内的表面涂以黑色，以便吸收太阳的辐射热。箱盖装有双层玻璃。箱式太阳灶结构简单，一般在农村中都可以自己制作。

聚光式太阳灶是将较大面积的阳光聚焦到锅底，使温度达到炊事要求。这种太阳灶的关键部件是聚光镜，最普通的聚光镜为镀银或镀铝玻璃镜，也有铝抛光镜和涤纶薄膜镀铝材料等。聚光式太阳灶的镜面设计，大都采用旋转抛物面的聚光原理。设计一个 500～700 瓦功率的聚光式太阳灶，通常采光面积为 1.5～2.0 平方米。一个直径为 1.5 米的太阳灶，可以在焦点上得到 400～500 ℃的高温，足以烧水、做饭。我国农村推广的一些聚光式太阳灶，大部分为水泥壳体加玻璃镜面，造价低，便于就地制造。

坐落在法国南部的这座太阳炉聚集的太阳能足以使金属熔化

热管式太阳灶分为两个部分，在室外的部分是太阳能的集热器，也就是聚光式太阳灶；在室内的部分是热管。热管式太阳灶是将热管的受热端即沸腾段置于聚光太阳灶的焦点处，而把释热端即凝结段置于蓄热器中。于是，太阳能就从户外被引入室内，使用较为方便。

（周　戟）

漂浮在太空的卫星太阳能电站

1876年,两位英国科学工作者亚当斯和戴首先发现用硒半导体可以把太阳光能直接转变成电能。尽管转变的效率只有百分之一,即用100瓦的太阳光能只能得到1瓦的电能,但这是一个历史性的发现!太阳光能转变效率至今仍停留在20%的水平,预计不久可普遍提高到30%。即使转换效率能进一步提高,在地面上,太阳能发电只能“一班作业”,因为一天中只有白天有阳光,遇到阴雨天连“一班作业”也实现不了。就是这“一班作业”也只能利用太阳光很小一部分能量。1968年,现任美国利特尔咨询公司太空业务主管的彼德·格拉泽提出在太空建立太阳能发电厂的计划。因为,在大气层外的空间,没有云雾,没有尘埃,无气候影响之忧,也没有大气的吸收和散射,接收到的太阳能比地面上强7～15倍,更重要的是太阳能电站进入大气层外的轨道,能始终“跟踪”太阳,做到“日不落”,一天24小时都能发电。格拉泽博士计划建造的太空太阳能电站距地面35 800千米,太阳能帆板的空间面积要达5千米×10千米,重5万吨。太阳能电站的电力用微波输送到地面,发电功率500万千瓦。这样的庞然大物发射到太空是非常困难的,相当于向太空发射一座城市,谈何容易!因此只有采取“化整为零”的办法,每次发射一部分零部件,然后到太空中再“集零成整”,组装成发电站。以每次发射能力50吨计算,要发射上千次。这50吨的发射能力已超过目前最大型的空间运输工具航天飞机的运输能力,航天飞机只能把30吨重的货物发送到500千米的高空。也就是说,必须在太阳能电站之前,研制出更大型的运输工具。另一个大问题是时间长、造价昂贵,美国科学院1981年时估计,要建造这样规模的空间电站,需50年时间,花费3万亿美元。

太阳能空间发电站的诱惑力引起世界的关注。

日本从1987年就开始研究太空太阳能发电,并于1990年成立了“Sps2000”宇宙太阳发电系统实用化研究小组。所谓Sps2000最初是指到2000年在围绕地球的轨道上组建输出10 000千瓦的太阳能发电卫星,发射轨道为赤道上空1 100千米处。该卫星为一个正三棱柱体,边长336米,柱长303米,总重量240吨,采用分部发射,然后由机器人和自动组装机进行组装,建成后也由机器人维修保养。由于Sps2000未列入国家计划,因此拖了下来,但研制工作一直没有中断过,这也是世界上惟

——个连续工作的系统。该研究小组考虑于2010年开始发射太阳能电站部件直至2040年,预计将建成100万千瓦和500万千瓦级的巨大太阳能空间发电站。将太阳能转化为微波,通过1千米长的天线将微波能发射到地球上。预计太空太阳能发电成本为每千瓦小时23日元。

美国在20世纪70年代初就已经发射了一颗装有147 840个太阳能电池的动力卫星,可发电11.5千瓦。还计划在21世纪初建造60个太阳能发电卫星,每颗卫星的发电能力为5 000兆瓦,这些卫星发电站的总发电量能够满足美国的电能需要。

而美国航空航天局的新构想是,在太空建造两种大型太阳能发电站,称为“太阳塔”和“太阳碟”。“太阳塔”由一组人造卫星构成,每颗卫星提供200～400兆瓦功率。它们在赤道上空12 000千米的低地球轨道运行,可以同时向几个不同的地面位置提供能量,供应全球所需的电力。“太阳碟”卫星外形与太阳塔相似,但发电量可达2 000兆瓦,最大的差异是,“太阳碟”是发射到距地球表面3.6万千米的地球同步轨道上,可以24小时不间断地将太阳能输送到地面上的一个指定地点。

这两种太空太阳能发电站将由大量的标准、统一组件构成,可以在太空中自动装配,不需太空航天员做任何帮助。计划20年内投入运行。

太阳能太空发电站已经有了比较明确的实施计划和完成时间要求,但要真正实现太空发电,归结起来还有三大难点需要解决:一是如何把庞大的太空电站系统发射到太空。估计若需获得50亿瓦电力,发电站总重将达4 000多吨。只能采用“化整为零”“集零成整”的办法。二是如何把微波能量传回地球,现在有几种方案,一种是将电能通过微波由一架小飞机运回地面,这是日本和加拿大的打算;而法国则准备在同步轨道上装一面直径为1千米的镜子,将呈微波状态的电能反射传输到所需要的地方。三是如何保证地面安全及保护地球环境。人们质疑,万一强大的微波发生失控,高能量的微波会不会对人类的健康造成影响?会不会干扰地球的通信联系?科学家们认为只要通过地面信号控制微波发射装置,使它始终对准地面接收站,并控制微波泄漏量在国际安全标准之内,就不会影响人类的健康和自然界的生态平衡。同时,美国科学家还设计了失效保险装置,万一微波能量失控,让其在太空中立即自行消散。

太阳能太空发电站是个极其复杂的特大型系统工程。它主要由发电系统(太阳电池阵),微波功率传输系统,能源分配和控制系统,结构和机构系统,信息管理和控制系统及地面接收站等组成。今天的航天技术和成就已为空间电站的建造奠定了技术基础和实现的途径。

（吴　沅）

月球太阳能发电站畅想

月球如同一块硕大的磁石,吸引着地球上的人类。1979 年 6 月,美国航空航天局召开的有 30 多位专家学者参加的讨论会上,有人提出在月球上建造太阳能电站的设想,与会专家学者详细讨论了这一全新的想法,还一致认为这种设想不仅可能实现,而且前景广阔。这次会议也由于提出了“月球发电站”而闻名。

提出在月球上建造太阳能发电站是科学家巧妙地利用了月球得天独厚的特点,从理论上讲完全行得通。

利用月球的哪些特点呢?

一是月球的旋转轴基本上垂直于黄道平面(即地球环绕太阳公转的轨道平面),若在月球的南极或北极建造发电站,那么太阳光时刻都会照到发电站的建筑物上,有趣的是,这座建筑物时刻有一半阳,一半背阴,阳面的温度可高达 121 ℃,背阴面的温度会低至 −157 ℃,这是最理想不过的天然热源和天然冷源,两面温差达数百摄氏度,这巨大的温度差别将引发电站中的一种介质出现高速流动,这种介质流经涡轮发电机,即可驱动涡轮发出电能,并能终年昼夜不停地发电,全天时全天候地发电。

电站发出的电力除供给月球上未来的矿井、冶炼厂、交通运输和生活照明外,主要是输送给地球。月球和地球相距 38.44 万千米,不可能有导线输送,这就需要在月球上建造功率巨大的激光发生器或微波发生器,把电能以激光束或微波束的形式发射到地球。这种激光发生器或微波发生器将直接安装在月球表面上,尺寸可以做得大一些,由于是就地取材、就地建站,尺寸允许做得大(通常比空间太阳能电站用的激光发生器和微波发生器要大 10 倍),显然,其发射功率和传输功率也要大得多。

二是月球的自转周期与绕地球的公转周期相同,也就是说,月球绕自身旋转轴转动一圈,同时也绕着地球转过一周,因此月球始终以它的一面对着地球,激光发生器或微波发生器就可装置在这一面,对着地球发射激光光束和微波光束,把波束传送到地球上,在地球上则设置地面接收站,接收来自月球的激光束或微波束,并把它转变成电能,再输入电网,即可供用户使用。

月球发电站等设施设想图

这种通过月球上的太阳能基地向地球提供低成本、高效率且安全性好的电能的办法在地球上往往难以实现，因为要进行太阳能发电需要有大片光照充足的土地，才能进行光电转换产生电能，土地不足是许多国家无法解决的一大矛盾。但在月球上，可以将太阳能基地成对地建造在月球的正面和反面，靠近月球赤道附近，在每个太阳能基地中都装有成千上万个大型光电电池阵，由光电电池阵把太阳能转化为电能，通过激光束或微波束传输到地球。

这种太阳能电站的设想，戴维·克里斯威尔博士曾在《工业物理学家》杂志上撰文介绍过。文章说，月球太阳能电站可由20～40个月球太阳能基地组成，一般设置在月球的东西部边缘区域，每个太阳能基地中都装有一系列聚集太阳能量的电池，太阳能经地下电缆传送至微波发电机，将太阳能转化为微波，微波则通过天线向地球发送，地球上装有接收机，可将接收到的微波转化成电能再传送出去。

克里斯威尔博士的这种设想已经和科学原理非常吻合了。他还估计，到2050年，生活在地球上的100亿人口需要20×10^{12}瓦的电能，而月球可从太阳那里获取高达$13\,000\times10^{12}$瓦的电能，只要对其中1%的太阳能加以利用，并将其传送回地球，就可以取代地球上一切发电厂。

在月球上建设氦-3核电站，当然是一个绝妙的主意，但首先必须获

得足够的能源进行加工准备，为氦-3电站的建立创造条件，因此还得从太阳能入手：用一面抛物线形的凹镜使太阳光汇聚到一个蒸发器上，让蒸发器内的流体加热，气体膨胀带动发电机的涡轮转动，就可产生电能。这种装置要求不高，但效率却不低，可达25%。这样既解决了月球基地和加工厂的电力问题，氦-3电站也有了最基本的动力，才能建成月球大型核电站。月球核电站运转后将实现操作和控制自动化，由机器人在月面上监管，无需人工维护，因而也不必为核泄漏担惊受怕。氦-3电站是最安全可靠和无污染的电站，更不存在核泄漏等常规核电站可能发生的意外。

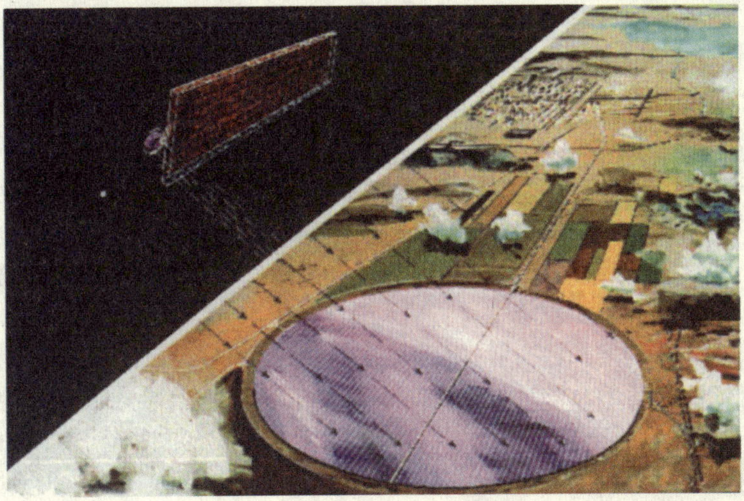

太阳能电站向地球供电示意图

（吴　沅）

太阳帆飞船扬帆太空

太阳帆技术的研究起始于400多年前，著名天文学家开普顿就设想过不携带任何能源，依靠太阳光就能驰骋太空的宇宙飞船。直到20世纪20年代，太阳帆的概念才更清晰地显现出来，俄国航天事业的先驱者齐奥尔科夫斯基与同事灿德尔认为：“用照到很薄的巨大反射镜上的阳光所产生的推力可以获得宇宙速度。”这反射镜正是灿德尔最早提出的太阳帆：一种包在硬质塑料上的超薄金属帆，成为今天太阳帆的雏形。至20世纪90年代，俄罗斯把能照亮大地的“巨型太空伞”送上了地球轨道。这虽不是太阳帆船，但为未来的太阳帆飞船飞行打下了基础。欧洲空间局还曾在1999年试验20米×20米的太阳帆在地面展开技能。太阳帆飞船的设计方案有多种，就其帆的展开方式就有旋转式、机械拉伸式……

太阳帆飞船“宇宙1号”

目前，美国、日本、法国和俄罗斯等国正致力于将太阳帆发展成一种星际航天器的研究设计。据介绍，一种仅重150千克的太阳帆船，需配置2 000平方米的太阳帆作为动力，由地球飞向月球的时间可从半年逐渐缩短至一个月以内，这艘太阳帆船有可能在21世纪初投入使用。另据报道，美国航空航天局计划在2010年发射一艘经得起太空恶劣环境考验的太阳帆船，历时15年，飞行37亿千米路程，直至太阳系的边缘。

研究人员正在测试太阳帆

“宇宙1号”利用潜艇上的火箭发射升空

我们知道，光是由光子构成的。当光子撞击到光滑的太阳帆上时(太阳帆是一张悬挂在飞船上的超薄铝箔或是聚酰亚胺薄膜制成的巨帆，其厚度约为12.5微米或更薄，有异常光滑平整的面和容易展开的结构组成)，就会像从墙上反弹回来的乒乓球一样改变运动方向，并给撞击物一个作用力。俄国物理学家彼德·莱贝德夫就曾在真空实验室里做

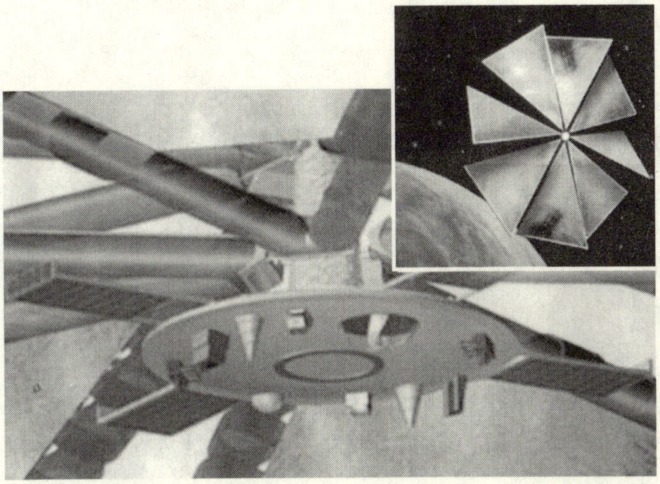

太阳帆飞行想像图

“宇宙1号”太阳帆航天器中心部分结构

过这种实验。他将一束强光照射在真空实验室内的金属盘上，果然，光子能推动金属盘，并计算出推力的大小，如果太阳帆的直径为300米，面积可达70 680平方米，由光压获得的推力为0.034吨，这一推力可使重0.5吨的飞船在200多天时间内飞抵火星。若太阳帆的直径增至2 000米，将能获得1.5吨的推力，可以把重5吨的航天器送出太阳系。

太阳帆飞船飞行时就像帆船在大海中航行，只需改变帆的倾角，就可达到调整飞行方向的目的。并且当帆与太阳光形成的角度所产生的推力与太阳帆的运动方向一致时，飞船将被逐渐加速，反之将被逐渐减速。根据计算，太阳帆与太阳光之间的夹角为55度时，太阳帆会进入逐渐加速的航道中。要改变太阳帆与太阳光之间的夹角，只需移动固定在飞船上的两块滑块，使飞船的重心发生变化，导致太阳帆转动，夹角也随之发生变化。

研制太阳帆飞船，会碰到许多技术难关需要去解决，主要的难关表现在：“帆”材料的选用和研制。以日本研制的太阳帆为例，他们使用的帆材料，不仅能耐高温，还能抗紫外线和其他宇宙射线，既轻又薄(仅12.5微米)。将这种太阳帆的一面涂上一层很薄的铝以提高反射率，在帆的另一面则不涂任何东西，可以将聚集的热量散出去，避免因过热发生危险。结构问题也极为重要，必须达到方便控制，轻松灵活，操作准确无误，结构上一旦出现闪失，就将前功尽弃。宇宙尘的威胁也是个突出问题，当然在长达数年的宇宙航行中，不受宇宙尘的袭击是不可能的。根据估算，如果宇宙尘的侵袭不超过200万个小孔，还不会置太阳帆于死地，一旦大大超过这根红线，太阳帆将变成千疮百孔的破网。对此，研制人员该如何应对？

太阳帆飞船尚在研制之中，科学家已经将研制的目光瞄向更高的微波帆飞船、激光帆飞船和粒子束帆飞船……

(吴　沅)

太阳能建筑——建筑新理念

太阳能建筑是一个新理念,因为它不是简单地把太阳能和建筑相结合。中国太阳能学会的专家说:太阳能建筑是综合考虑社会进步、技术发展和经济能力等因素,在建筑物的策划、建造、设计、使用、维护以及改造等活动中,主动与被动地利用太阳能的建筑。在此基础上,进一步考虑将太阳能利用与地热能、风能、生物质能以及自然界中的低温热能等复合能源的利用结合起来,并进行系统的优化配置,是太阳能建筑发展的长远目标。

在半个多世纪的太阳能与建筑相结合的实践中,太阳能建筑的理念逐步得以提升。早在1941年,美国麻省理工学院就建立了第一批太阳能建筑,并取得了专利。1996年美国亚特兰大奥运会上,东道主将太阳能电池发电与场馆建设结合起来。2000年澳大利亚悉尼奥运会上,迎接世界各国运动员的是665套永久性太阳能住宅和500座太阳能活动房。此外,在悉尼奥运村中的宴会厅和自助餐厅的屋顶上也安装了太阳能电池,开创了绿色奥运的先例。

太阳能大楼

与其他建筑相比,太阳能建筑从技术上看,增加了三大系统。它们是太阳能热利用系统、太阳能储热系统和太阳能发电系统。

太阳能热利用系统最初级的就是太阳能热水器。

太阳能建筑的屋顶

太阳能热水器不仅在发达国家已得到普遍应用，我国从 20 世纪 90 年代起也已有了产业化的大发展。目前我国家庭普遍采用的是分散式太阳能供热水系统，即一家一个热水器。这种方式虽然有可节约用水、便于管理等优点，但也有总体造价高、与建筑结合比较困难等缺点。因此在宾馆、学校、办公楼等公共建筑中普遍应用的是集中式的供热水系统。这样，水箱可放在室内，具有保温性能好、造价低、便于维修等优点。

太阳能热利用的进一步发展就是太阳能采暖。太阳能采暖包括主动式和被动式两种形式。主动式是通过太阳集热器、管道、风机或泵、散热器及储热装置等组成采暖系统；被动式是完全通过建筑朝向和内部空间的合理布置、外部空间的巧妙处理，材料、结构的恰当选择来收集、储存、分配太阳热量。

近几年发展了一种新型太阳能采暖技术——太阳墙。太阳墙由集热和气流输送两部分组成。钢制或铝制的深色太阳墙板材覆于向阳的外墙上，板面开有小孔。太阳墙板与墙体有 20 厘米左右的间距，形成的空腔与建筑内部通风系统的管道相连。管道中设置风机，用于抽取空腔内的空气。冬季，太阳墙空腔中被外墙太阳能加热的空气，以及由小孔进入空腔的热空气，由通风系统送入室内；夏季，风扇停止工作，空腔中的热空气可以从太阳墙的孔洞中流出，空腔起了隔热的作用。

大家知道，太阳能只能在白天利用，晚上的供热只能靠白天的蓄热来解决。常用的蓄热材料不过是些水、石子和砂粒等。若是要储存够三五天使用的热量，就要修建一个专门的蓄热池。一般蓄热池都建在地下室内。蓄热池里可以装水，也可以装石子。在晴天时，把多余的太阳能转换成热水或热风，送进蓄热池，使水或石子的温度升高，积蓄热量。待到夜间和阴雨天，再用水泵或鼓风机把积蓄的热量输送到室内。

利用水和石子储热，材料易得，价格便宜，但是储存的能量密度低，温度波动大。比较好的办法是利用物质的“相变潜热”储存热量。所谓“相

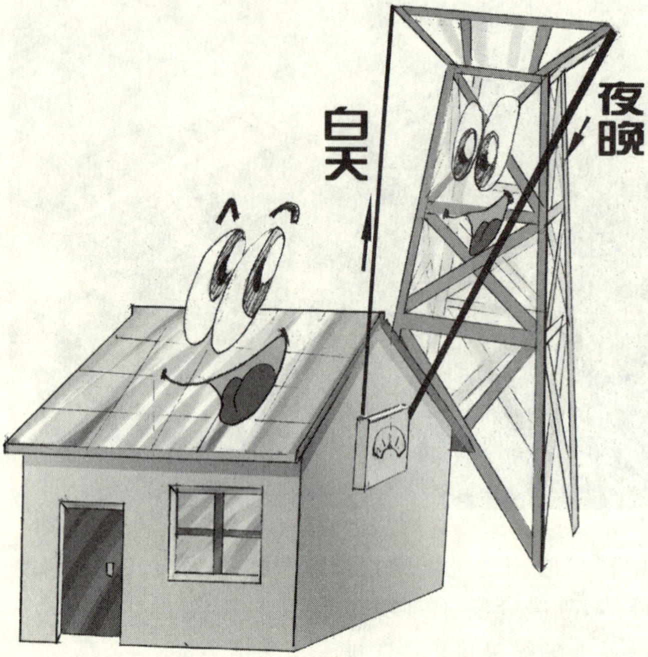

变潜热”是指物质由固态变液态时会吸热，而由液态变固态时会放热。常用的相变材料有十水硫酸钠、六水氯化钙等。所需的相变材料在储存相同热量的情况下，体积只有水的1/4～1/5，或岩石的1/10～1/15。而且储热和取热时温度的波动只有2～3℃。

太阳能建筑的主要系统之一是太阳能发电系统，这是利用光伏电池来发电的。目前最常见的形式是将太阳能电池铺放在倾斜的屋顶上，下雨时雨水可对太阳能电池进行冲洗。现在人们已制作出了能够直接用来做屋顶和幕墙的彩色太阳能电池、半透光太阳能电池，这种屋顶看起来好看，同时也节省了建筑材料。现在又出现了太阳能瓦，即将太阳能电池做成瓦片的形状。

太阳能发电的电能也需要储存，以备夜晚和阴雨天使用。最简单的方法就是利用蓄电池。但蓄电池储电量有限，改进的办法是将太阳能建筑的发电系统与外电网并网。当白天处于大规模工业用电高峰时，太阳能建筑产生的电能除了自用和用来充满蓄电池之外，多余的电能还可以向工业电网输送，此时屋内的电表倒转；到夜晚一旦蓄电池的电能被耗尽时，可以从外电网中补充所需的能量，电表正转。到了月底，住太阳能房的住户和电力公司进行结算，只需要缴纳“净电费”。当太阳能建筑输出的电能大于外电网输入的电能时，住户还可以从电力公司得到“创收”的电费。

（周　戟）

太阳能交通工具

1980年8月的一天，一架样子奇特的飞机停在美国一个机场上。它除了有一对大大、长长的翅膀外，机身上方还架有一个天棚，翅膀上和天棚上都装有太阳能电池。这是世界上第一架太阳能飞机。这架飞机只有22.7千克重，在一位只有45千克体重的女驾驶员布朗的操纵下，成功地飞上了天，飞行了14分32秒，飞行距离为3.2千米。

不久，美国又研制了“挑战者号”太阳能飞机。在飞机14.3米长的机翼上，贴着16 128块太阳电池片，能产生3千瓦的电力。1981年7月，“挑战者号”从法国巴黎起飞，历时5小时22分，越过英吉利海峡，到达英国的伦敦，从而完成了太阳能飞机载人长途飞行。但由于“挑战者号”的功率太小，不仅平均时速只有54千米，比汽车还慢，而且由于要求机身自重轻的关系，无法携带各种飞行仪器，因此实用性不大。于是，科学家们提出了研制无人驾驶的高空低速太阳能飞机的方案。

1996年取名为“开拓者号”的无人驾驶太阳能飞机试飞了。这架飞机的机翼有30米长，上面铺满了太阳电池，翼板前方安有8个电动机，用来驱动8个螺旋桨，以产生牵引力，并能控制飞行的方向。这架飞机没有方向舵、没有尾翼，甚至没有机身。它不是一架“概念飞机”，它的实用意义是用于气象观察和执行特殊的侦察任务。这种飞机在白天飞行时可以利用取得的太阳能尽量爬高，或者将太阳能贮存在蓄电池内，夜间利用高度作滑翔飞行或由蓄电池供电进行飞行。这样，就可以依靠太阳能维持长时间的飞行了。

最近，美国研制的太阳能飞行器机翼有74米长，比波音747飞机的机翼还长，机翼上装有6.5万块太阳能电池。这架飞行器首次试飞就成功地上升到海拔24.7千米的高度。

正在研制的“太阳能平流层平台”实际上是一架长240米、直径80米的巨型飞艇。飞艇内充满氦气，由浮力克服重力，使飞艇被锁定在20千米的高空。飞艇的动力大部分来自贴满飞艇表面的太阳能电池。该飞艇上安放着一个微波通信发射和接收平台，可以代替全球卫星定位系统。与通信卫星相比，这种太阳能平流层平台造价低廉、信号强、通信质量高、容易维修，并可以重复使用。

人们致力于研制太阳能飞行器的同时，也没有忽略研制太阳能汽车。

太阳能汽车

虽然太阳能汽车还处于研究开发阶段，性急的人们已经在世界各地举行了各种各样的太阳能汽车比赛。美国、瑞士、德国、日本、澳大利亚等都设计制作了许多外观奇特、性能良好的太阳能汽车。

和传统的汽车不同，太阳能汽车已经没有发动机、底盘、驱动变速箱等构件，而是由电池板、储电器和电机组成。车的行驶只要控制流入电机的电流就可以解决。全车主要有三个技术环节，一是将太阳光转化为电能，二是将电能储存起来，三是将电能最大限度地发挥到动力上。

太阳能汽车由于其零污染、能源用之不竭，故代表了汽车发展的新水平，被人们称之为“未来汽车”。但因其造价昂贵、动力受太阳照射时间的限制及承载能力低等缺点暂时还无法普及。

太阳能汽车的形状大都很古怪。这是因为，太阳能汽车首先要解决的是把太阳能转化为电能。这就需要电池板和太阳光有一个大的接触面，而且太阳光越是直射转化率越是高。所以，一般太阳能汽车大都做成扁平状。另外，世界各地每年都要举行规模很大的太阳能汽车赛，而且每一项赛事对汽车都有不同要求，大多数太阳能汽车力图做得车体轻、风阻小。这就形成了各种古怪的样子。

人们对太阳能交通工具的兴趣在不断扩展。最近，日本一家公司推出了太阳能自行车，车身上贴有许多太阳能电池，在行驶时也可用脚踏，以补充太阳能电力的不足。

1996 年，日本人肯尼兹·霍维也诰驾驶了一只用回收废罐头制成的光电动船，从厄瓜多尔到日本共航行了 16 000 千米，历时 120 天。此举向世人展示并证明了太阳能的广泛应用前景。

（周　戟）

会储能的盐水湖

大约在19世纪末，罗马尼亚特兰西瓦亚地区的一个医生发现了一个奇异的、令人迷惑不解的小湖。这个小湖一到冬天，湖面就结成冰，但在冰下的湖水深处，湖水的温度却高达60℃。咦！为什么会有这样明显的温度差？难道湖底有来自地下的热源？但调查后结论却是否定的。于是，这奇异的湖水温度之谜便成为一件悬案遗留给世人。

20世纪初，匈牙利物理学家凯莱辛斯基在作资源考察时，发现该小湖湖水的温差之谜并不是绝无仅有的，在另一些天然湖泊中也可以看到，其中位于匈牙利的迈达尔湖更加明显。在夏季，该湖水下1.32米处的水温竟达70℃。

为什么这些地下并无额外热源的小湖，其深部的湖水会出现如此的高温呢？这引起了许多科学家的兴趣。经过反复研究，人们注意到这些怪湖都不是淡水湖，而是盐水湖，且湖泊中不同深度的水的含盐量也不同。湖水愈深，含盐量也愈高；近湖面处则因有降水补给，就使盐分浓度降低，几近淡水。大家知道，淡水湖之所以上下水温相近，是因为湖水会不断发生上下的对流，而这种盐水湖却因深部湖水含盐高，密度也较大，就不会和浅部密度小的淡水发生对流。这样被太阳晒热了的湖水，表面虽会因夜晚或季节等环境温度下降而散热降温，但深部的湖水却因密度大不会对流，并受到浅部水层的保护而不会散热，日积月累就使深部的水温越来越高。换句话说，盐水湖的深部湖水具有储蓄太阳能的作用。

1948年，一位以色列科学家鲁道夫布洛赫率先意识到，盐水湖的这一特点可以作为能源来开发，建议利用它来发电。在他的倡导下，不久，以色列便在死海的海岸旁建造了一个面积为625平方米的人工小湖，并模仿天然盐水湖的含盐量来盐化人工湖的湖水。果然，在亚热带太阳的曝晒下，一段时间以后，该湖水面下80厘米深处的湖水的水温就高达90℃。20世纪70年代末，以色列又建造了另一个面积为7 000平方米，深2.5米的人工盐水湖。同样在太阳的热力作

盐水湖发电示意图

用下,深部的湖水也很快升高到 90 ℃。为了让这些已被加热了的湖水能用来发电,人们向湖中布设了许多 U 形管,然后在 U 形管一端灌入一种低沸点的液态氯化烷。在 90 ℃的高温下,氯化烷迅速气化,从 U 形管另一端上升逸出,冲击连接着的汽轮发电机,使其发电。1979 年 12 月 19 日这个盐水湖太阳能发电站正式发电,功率达到 150 千瓦。

以色列科学家的成功,使意大利、日本、美国等国科学家也纷纷加入对这种能储蓄太阳能的盐水湖的研究。日本科学家更形象地称其为“热量银行”。他们也建造了一个面积为 1 500 平方米,深 3 米的人工盐水湖。尽管处于较高纬度区,他们也成功地使水深 1.5 米处的水温上升到 80 ℃。而意大利一位叫赞格拉多的女物理学家,更创造了一项世界纪录。她建造的一个小型盐水湖,竟使深部水温高达 105 ℃。

储热盐水湖当然不仅仅可以用来发电,也可以用于其他需要热源的项目,如还可以在水下布设一些管道,然后注入冷水,经湖水加热以后,就可将管道中的水用于取暖、供热、温室栽培等领域(湖水因含盐,具有腐蚀性,不宜直接抽取使用)。

应该指出,我国迄今尚未开展盐水湖的储能和利用工作。但值得引起注意的是,我国境内却有着众多的天然盐水湖,据不完全的统计,其数量在 1 500 个以上。其中最大的青海湖,湖面面积达 4 583 平方千米,深 32.8 米。还有位于西藏的纳木错湖,面积 1 920 平方千米,是我国的第二大盐水湖。这些湖虽然都处于高原气候较冷的地区,但日照时间长,因此完全可以预见到,在它们深部的水体里一定也积蓄有大量的热能,正等待着我们去开发。

盐水湖储能的研究,还启发着人们去寻找其他更佳的储能方式。于是一种新型的硝酸盐太阳能储存罐诞生了。所使用的硝酸盐,是一种熔点很高,达到 232 ℃的多孔的固体盐。当它熔化后便形成一种黄色的浆状物。它能保存比水或油高得多的热量,在 500 ℃以上时仍保持液态而不气化。所以利用聚焦的阳光可以把存放在接收器内的这种硝酸盐一直加热到 556 ℃。然后把这种仍保持液态的高温硝酸盐,抽放到绝热良好的储存罐内保存起来。据称这种储存罐足以长时间地把热量保存下来,一旦在夜晚,或多云和阴天下雨没有阳光时,便可以打开储存罐,让储存在罐中的热量释放出来。待罐中的硝酸盐温度下降到 288 ℃时,就将其再转移到早先用于接收太阳能的容器里,让其再次吸收太阳的热量。如此周而复始,可使太阳能的利用不会因昼夜或气候的变化而中断。

除了这种硝酸盐以外,是否还有其他更好的储能物质呢?人们正在继续探索中。

(张庆麟)

“神舟”飞船动力源

“神舟”号飞船配置电源供电系统。电源供电系统是产生、储存、变换、调节和分配电能的飞船分系统，简称电源系统。它是飞船的重要组成部分，要完成飞船复杂的飞行任务，必须以电源系统能安全、持续、可靠地供电为前提。

“神舟”号电源系统由主电源、留轨电源、返回-着陆电源、火工品电源和应急电源组成。主电源由两个完全相同的太阳电池阵-蓄电池光伏系统并网构成，安装于推进舱，在待发段、发射段、自主飞行段向整船供电。留轨电源也是太阳电池阵-蓄电池光伏系统。进入自主飞行时，留轨电源在太阳电池阵锁定下与主电源并网，以提高整船的供电能力。当轨道舱与返回舱分离后，轨道舱还在轨道上飞行的一段时间内，留轨电源向轨道舱内有效载荷供电。返回-着陆电源、火工品电源和应急电源均为银锌蓄电池。返回-着陆电源是当返回舱和推进舱分离后，在等待返回、着陆时向返回舱供电。火工品电源是返回舱的专用火工品电源。应急电源是主电源的备用电源，一旦主电源全部或部分失效时，应急电源将与主电源存活部分并网发电，提供几圈飞行所需的电源，以确保能安全返回地面。

应该特别提到的是：“神舟”号电源系统首次攻克了太阳能电池、镉镍电池和银锌电池这 3 种不同类型的电源和 3 个光伏系统发电机组的并网供电技术，是迄今为止系统构成最复杂、功能最完善的中国飞船电源系统。

所谓太阳电池阵-蓄电池光伏系统，是由太阳电池阵（有称太阳阵）作发电装置，化学蓄电池作储能装置联合而成。当飞船在空间飞行时，在光照期由太阳阵发电，在星蚀期（地影期）则由蓄电池向飞船各系统供电，在光照期若出现大功率负载，蓄电池组亦须补充供电，组成飞船不间断电源。

“神舟”号电源系统中太阳电池阵的组成是这样的：主电源和留轨电源各有一对太阳电池翼，主电源每翼有 4 块电池板，两翼的面积为 24.5 平方米，留轨电源每翼有 2 块电池板，两翼面积为 12.2 平方米，采用硅背场电池片，光电转换效率为 14.8%。为减少因局部遮挡对发电能力的影响，电池片沿太阳电池阵展开方向串联。电池电路串联呈 S 状，太阳电池片采用抗原子氧腐蚀的涂层。

太阳电池阵的结构是铝蜂窝刚性基板及梯形连接架。发射时，太阳电池板应折叠、收拢，用 6 个压紧杆压紧在舱体上。要展开，由火工品推动

“神舟”号飞船

切割刀切割压紧杆，平面蜗卷弹簧提升展开动力，太阳电池阵展开到位后，定位件会进入凹槽锁定。通常，在空间的高低温条件下，展开力矩必须大于可能出现的总阻力2倍以上，电池阵的展开才可靠。当然总阻力应扣除地面实验时空气阻力的影响。

电池板上还装有太阳敏感器，用以维持或修正电池阵的转动速度。梯形连接架上装有分流调节器，起到稳定电池阵输出电压的作用，由于其工作环境极为恶劣，需要具有绝对的可靠性。

对“神舟”号电源系统的安全性和可靠性还表现在：对危及航天员生命的负载应始终保持可靠供电，对这些负载必须备有飞行2圈以上的能力，还必须能有效地防止过热着火、蓄电池组漏液和易燃有害气体的泄出。

为此，对关键功能处必须有冗余设计，特别对电池阵展开力矩、驱动力矩、供电和充电能力都要留有合适的余量。当电源系统出现局部故障，应能有系统重构的功能，以满足在最低功率条件下，维持尽量长的供电时间。特别在压力舱中使用的蓄电池等设施必须以安全可靠为第一位。

美国“阿波罗”飞船的电源供电系统和前苏联“联盟”号电源供电系统的情况如下：“阿波罗”飞船的电源供电系统由3部分组成：燃料电池系统、蓄电池系统以及配电系统。燃料电池是完成飞行使命的基本电能源，以燃料电池代替太阳能电池阵可以简化发射准备，减少姿态控制机动能耗等优点，又比较轻巧。蓄电池可以在燃料电池失效的情况下，由其中的辅助蓄电池提供电能。同时还设置登月舱主蓄电池，指挥舱和登月舱中的引爆蓄电池，共计有A、B、C三组蓄电池对应完成赋予它的不同使命，蓄电池采用银锌电池。配电系统分成直流配电系统和交流配电系统。直流配电系统主要是将燃料电池的电能传送给指挥舱，而交流配电是将直流电转换成三相400 Hz的交流电。

“联盟”号飞船的电源系统采用太阳电池阵，由两个太阳电池翼组成，从推进舱的两侧伸展出来，发射时同样折叠后贴紧飞船的舱体，一进入轨道后即伸展开来，通信遥测系统的长天线从太阳翼端伸出，太阳敏感与姿态控制系统使太阳电池翼能始终保持对着太阳，其太阳电池翼不足3米长，面积约10平方米，比我国的“神舟”号还小。

（吴　沅）

欲与化学火箭试比高——离子推进机

2004年11月,格林尼治时间15日17点45分,在经过漫长的约13个月的飞行后,欧洲第一个月球探测器“智慧-1号”终于顺利地进入了环月球轨道。预计2005年年初开始将向地球传送月球表面的各种观测数据……

月球探测器发射已有相当数量,但“智慧-1号”在推进系统中首次采用了全新的太阳能氙离子发动机作为火箭推进的动力。所谓太阳能氙离子发动机,它是利用太阳能帆板产生的电能把惰性气体氙原子电离,然后向后喷射出高速离子,把推进剂的化学能转变为热能,经喷管加速转化为喷射燃气流的动能,产生巨大的推力。完全有别于以前的火箭发动机。若两者相比较,氙离子发动机的效率要比普通化学能发动机高出10倍,这样它只需携带很少的能量就能发射升空,可以让出更多的空间来装载探测仪器,据介绍,这种离子发动机所携带的燃料只占探测器总重量的20%,而使用其他类型的发动机,费用至少要高出3倍。

目前的离子推进器推力都比较小,包括美国航空航天局和休斯公司制造的“深空1号”探测器中的推进器,要将它们用于星际航行是难以实现的。为此,美国航空航天局正在研制大功率长寿命的离子推进器,其中一个是由格伦研究中心牵头,波音等公司电动力学部参加的高功率离子推进研制组,目标是研制栅极式离子推力器,具有高功率大推力。另一个是核电氙离子推进研制组,由喷气推进实验室牵头,波音等公司电动力学部参加的采用先进的碳-碳栅极和储存式空心阴极等新技术,目标也是研制出高功率大推力的离子推进器。

离子推进器局部

等离子体推进器,是利用带电粒子的运动来产生推力的航天器用发动机。其中有霍尔效应推进器、磁等离子体推进器和脉冲等离子体推进器。

技术人员在为"深空1号"探测器所用的离子推进器进行检查

在明白什么是霍尔效应推进器之前,先介绍一下什么是霍尔效应。如果在两块金属板之间加上电场(即一块和电池的正极相连,另一块和电池的负极相连),并让带电粒子在金属板之间流过,同时再加一个与金属板相垂直的磁场,这样带电粒子就会一面前进一面围绕前进方向做圆周运动,而不会很快被吸引到金属板上去。如此,等离子体中的带电粒子就会与其中未电离的原子发生碰撞而导致电离,从而大大提高了等离子体的电离度(即被电离原子的比例),若用电场将这种电离度比较高的等离子体加速,就会得到比离子推进器更大的推力,这也就是霍尔效应推进器的基本特点。

俄罗斯科学家已经将霍尔效应推进器应用于卫星轨道控制上。1994年以来,又有8颗地球静止轨道卫星上装备了霍尔效应推进器,累计在卫星上使用霍尔效应推进器已达64台,而在"快讯-11"卫星上单台推进器的工作时间已超过1 500小时。美国的科学家们正在致力于高性能霍尔推进器、高电压霍尔加速器的研究,如格伦研究中心等公司已完成"霍尔加速器(高电压)"中以氙为工质的NASA-457M霍尔推进器的初步试验,Busek公司正在研制以铋为工质的高性能霍尔推进器,以期待将这种技术应用到行星际探测中去。

所谓磁等离子体推进器是将等离子体的能量提高,使其以较高的速度运动,这样,等离子体中运动电子将产生很强的磁场。这时,等离子体本身就会在电子产生磁场的作用下被加速到很高的速度,这种高速离子流可以产生很大的推力。利用这个原理设计的推进器就称为磁等离子推进器。从理论上讲,磁等离子体推进器的性能应优于上述推进器,而且能将等离子体加速到每秒40千米以上的速度。若用安装了

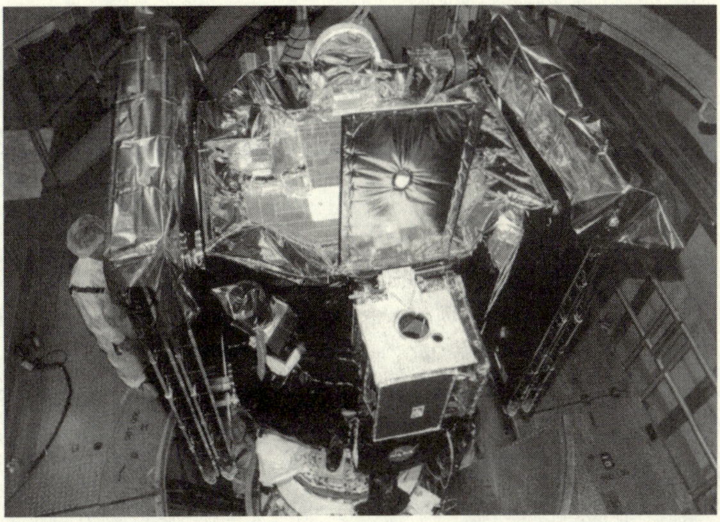

已装在“深空1号”探测器中的离子推进器

这种推进器的飞船送航天员去火星，所携带的燃料只需常规化学燃料的三十分之一就足够了。目前美国、日本和一些欧洲国家正在积极研制之中，预计至2010年可望问世，不过要飞到距太阳系最近的比邻星的时间也要2.5万年。

脉冲等离子体推进器已在美国EO-1卫星上使用，并且工作一直正常。卫星在拍摄“暗图像”时该推进器可以精确控制卫星的俯仰，从而防止对星上电子设备产生干扰和对光子仪器造成污染。格伦研究中心还在继续改进该推进器的储能技术，而另有一些公司则正在积极开发更先进的共轴脉冲等离子推进器。

等离子体的形成是这样的：核聚变用燃料为氘与氚，为使氘氚进行核聚变可以通过气体高压放电，或使用高频交变电场。这同时也就形成了等离子体。这些局部等离子体可以导电，进一步使用直流电或低频交流电达到深度电离。当核聚变装置实现正常运转后，该装置中产生的极高温就足以电离所有的氘和氚，从而形成完全的等离子体。如果将等离子体进行加热，也将产生极高的温度。目前，加热的方法有欧姆加热即用大电流通过等离子体加热；波加热，即将波的能量射入等离子体中去，如射频波加热、电子回旋共振加热等；中性束注入加热，往往只需一小束就能提供足够加热等离子体的能量。

（吴　沅）

广袤宇宙有能量——引力场能源

宇宙中有能场吗?

从目前研究测试结果来分析,应该说有!电磁场、基本粒子场等是能场,引力场也是能场。正是在引力场作用下物体有了惯性,宇宙飞船需要动力能源进行加速和减速,就是为了克服惯性。引力的无形之线把我们和宇宙间的每一个星球以及星际都连在了一起,即使是那些离我们十分遥远的星系也会施加引力。当然,我们也在吸引它们,任何物体都不能摆脱引力的影响,引力的测定值目前已能精确到小数点后5位。

引力波观察台与地面观测站协同观测引力波

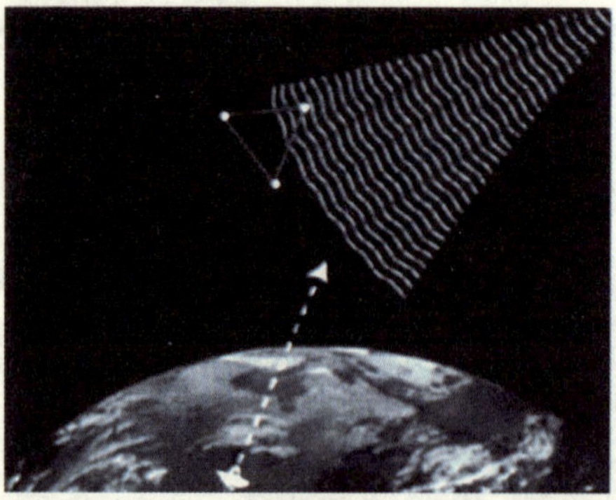

宇宙中引力场的发现并非一帆风顺。首先引起科学家们注意的是,1972年发射升空的至今已离地球约128亿千米的“开拓者10号”,从它发回的微弱信号中出现了一种令人不解的现象:“开拓者10号”对万有引力定律已不再起作用,飞行速度明显减慢,似乎它飞得越远,太阳对它的引力越大,这种奇怪的现象同样出现在1973年发射的“开拓者11号”身上,有证据表明,相同的现象也发生在另外的太空探测器上,如已经绕太阳运转了13年的“尤利西斯号”和2003年9月刚进入木星大气层的“伽利略号”等。

经过研究实验,物理学家米尔格龙认为,地球上的万有引力定律不适用于整个星系空间。科学工作者麦高则确认在宇宙空间存在引力。当太阳系中的所有星球向银河系中央运动时会产生微小的加速度,约为在地球上感受到的引力的千亿分之一。不要小看了这微不足道的加速度,终于造成万有引力定律的改变。米尔格龙将这一百亿分之一米的加速度取名为α_0,并将这一发现称为“MOND”,意思为对牛顿力学的修正,运用“MOND”理论还能解开“开拓者10号”和“开拓者11号”以及其他太空探测器出现怪现象之谜。天文学家约翰·安德森和5位同事在潜心研究了太空探测器出现的反常状况后,得

用引力波观测台探测星系中央的引力波

出的结论是太空探测器所获得的加速度和“MOND”预测的完全一致。也正是在宇宙引力的作用下获得了 α_0 加速度。米尔格龙甚至认为,即使宇宙飞行器以零速度出发,在 α_0 加速度作用下,历经漫长的飞行时间,航天器的速度也将有可能达到光速。这就是说,宇宙中存在引力场,宇宙飞行器可以借助宇宙本身的场能,实现宇宙航行。

问题是如何利用引力场能进行宇宙航行?

有一种解释引力的理论,认为引力是引力子形成的。有引力子就会有反引力子,反引力子也可以形成反引力场,如果我们在宇宙飞行器上形成一个反引力场,用它去对抗引力场,一旦达到场能相等,宇宙飞行器就失去了惯性。这样,即使用很小很小的一点动力,就可使宇宙飞行器在很短很短的时间内迅速达到接近光速的速度。由于时间效应的作用,宇宙飞行器在达到光速后,时间几乎停摆,到任何遥远的星系去,都是一瞬间的事。也由于飞行器失去了惯性,任凭飞行器如何加速,宇航员也不会感到超重,免去了超重带来的不适应。

对利用引力场进行宇宙航行还有一种解释,就是在宇宙飞行器的周围,用反引力场设置五面引力屏蔽墙,只在飞行器飞行的方向留下一面缺口,让宇宙飞行器仅在这个方向的引力场起作用,迅速飞向目的地,称为“引力屏蔽飞行”。

宇宙航行的根本目的是要用最短的时间去跨越最大的空间。而宇宙本身就是时间和空间的统一体。爱因斯坦就曾经将引力场转化成时空连续的几何体系,同时将前面提到过的电磁场和基本粒子场转化成这种形式,建立统一场理论。在这种统一场中,引力场、电磁场、基本粒子场只是一种特殊的表现形式,就像气、液、固三态是水的不同表现形式一样。

目前,统一场理论还没有建立起来,但科学家们已经希望能利用统一场理论,寻找到宇宙航行动力源的新思路,“场共振推进”就是其中之一:研究者们认为时间、能量、振荡频率三者是紧密联系的,当处在宇宙的不同地点,它们的能量和振荡频率、谐波特性均不相同。根据这个思路如果让相距遥远的两个地点的振荡频率和谐波特性是相同的:它们之间就可能会形成一条时空通道。有了这种通道,两地的来往就能在瞬间实现。比如我们想到仙女座星系去,只要在宇宙飞行器出发地点产生一种振荡谐波,使它与仙女座现时的谐波特性相同而引起共振,那么一条时间通道就会出现,到仙女座星系去瞬间就可到达,否则我们就是穷其几个毕生岁月,也只能望仙女座星系兴叹!这种宇宙航行的动力源就是振荡频率,与电视机、收音机的频率有些相像,只要频率调对了,节目就能被收到。对于宇宙航行来说,只要甲乙两地的振荡频率合拍了、共振了,瞬时到达彼岸的时间通道也就铺设在我们的脚下了,只需举步实施。

(吴　沅)

唾手可得的可再生能源——生物质能

随着现代工业的发展，人类对能源的需求量越来越大。20世纪前半期，煤炭是能源的主角。从1967年开始，石油超过煤炭而成为人类的第一能源，以后又有天然气的应用。然而，煤炭、石油和天然气的储量都有限。为了克服能源危机，除了继续探查煤和石油资源外，就是开发新能源和各种辅助能源。然而，开发新能源，如太阳能、地热能、核聚变能等最有希望的新能源的开发，还有待于科学技术的进一步发展，大规模的商业化应用估计还需要20～40年。在此青黄不接的时期，为维持可持续发展，科学家和工程师们便在诸多辅助能源上下工夫。其中，生物质能便是主要的辅助能源，而且正从辅助能源向替代能源发展。

生物质能是人类最早利用的能源。人们烧的柴薪、秫秸、木材、牛粪之类都属生物质能。因此也可以说，除了煤和石油等矿物燃料外，凡是可以作燃料的植物、微生物，甚至动物产生的有机物质都可以划为生物质能。例如，农作物和农业产生的有机残余物，树木和森林工业产生的废料；动物的粪便；江河和湖泊中的沉积物及农副产品加工产生的有机废料、废水；城市生活垃圾等都是生物质能的资源。此外，藻类等水生植物和可以进行光合作用的微生物，也是可以开发利用的生物质能。

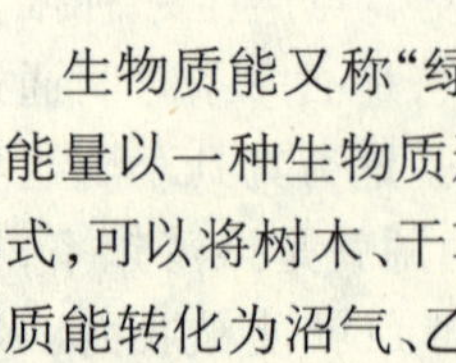

木柴

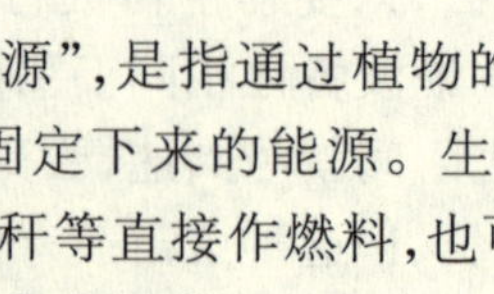

秸秆

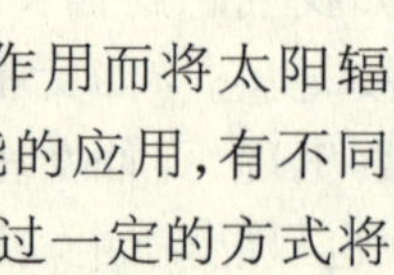

垃圾

生物质能又称"绿色能源"，是指通过植物的光合作用而将太阳辐射的能量以一种生物质形式固定下来的能源。生物质能的应用，有不同的形式，可以将树木、干草、秸秆等直接作燃料，也可以通过一定的方式将生物质能转化为沼气、乙醇等作为燃料。

据推算，地球上每年由植物固定下来的太阳辐射能是目前全世界年能耗总量的10倍。照射到地球上的太阳能中的0.024%被绿色植物的叶子捕获，叶子通过叶绿素产生光合作用，将二氧化碳和水结合成碳水化合物和氧,太阳光的辐射能变成了植物的化学能。

生物质能来源于太阳辐射能,因此它是取之不尽的可再生能源。但过去,生物质能一向不被人们重视,认为只是一些秸秆、树枝等的小问题。例如我国每年有1.5亿吨(约合7 000万吨标煤)以上的作物秸秆在田间地头被直接烧掉,不但浪费了宝贵的资源,而且污染了环境。过去人们不重视生物质能,因为生物质能与煤炭、石油等矿物燃料相比,其主要缺点是燃烧热值低、体积松散,不便于工业化应用。为此,开发生物质能需要以科学技术加工改造原始的生物质原料,把原始的生物质能通过生物或化学的方法气化或液化,便可以转化成现代高质量能源,既提高了热效率又无化石能源使用的弊端,是社会可持续发展的重要方面。

用科学技术加工改造原始的生物质能不一定都用高新科技,有些只需用简单的技术就能解决问题。如生物质沼气化,在我国农村已普遍推广;又如生物质酵解成乙醇,作为内燃机替代能源或混合能源,在国外已是成熟技术,而我国则需要依据我国的特点提高转化效率与效益,同时着力研究纤维质原料转化成乙醇的问题,从而扩大原料来源,以便规模化生产;还有,可用生物质能生成水煤气。生物质能在不充分氧化条件下,产生一氧化碳等可燃气体也是较成熟的技术,可以在适宜条件下,在小城镇通过管道化供气。

需要高新技术的是生物制氢。氢气燃烧生成水,无任何污染,是未来最理想的清洁能源。科学家们认为,氢的来源以生物制氢和仿生生物制氢最为理想,因为这都是利用太阳能生产氢气,有待大力开发研究。

微生物分解有机物质也可以产生氢气,我国已实现了中试(中间试验)规模的微生物制氢技术。

水中的藻类能释放氢气,是几十年前就已发现的,只是数量甚微,难以收集利用。国外近年的研究有了突破性进展,不仅放氢数量有了数量级的提高,对其放氢机制也有了框架性的了解。

综上所述,生物质能并不像一般人印象中的一些秸秆树枝而已,它是重要的国家战略资源,其总量与年俱增,与科技结合可以充分发挥其热效率,成为国家能源的重要组成部分。

当前,世界各国普遍重视生物质能的开发和利用,开发“绿色能源”已成为当今世界上工业化国家开源节流、化害为利和保护环境的重要手段。据联合国环境保护机构的调查报告说,工业化国家在开发“绿色能源”方面取得了良好的成绩,其中有些国家通过实施“绿色能源”政策,在相当大的程度上缓解了本国能源不足的矛盾,而且显著改善了环境。

(周　戟)

种出来的石油——石油树

小孩子们都知道，石油是从地下矿藏中开采出来的，这似乎是天经地义的事。有人异想天开，“石油能不能也‘种’出来呢”？既然花生油、玉米油、菜子油、豆油等都可以种出来，也就有可能种出石油来。再则，橡胶的成分和石油很相近，橡胶不也是种出来的吗？

从理论上讲，石油是碳氢化合物，而植物进行光合作用时，一般都生产出碳水化合物，但是在光合作用足够强烈、光合作用进行得很彻底时，植物便能生产出碳氢化合物。

美国化学家卡达文是位诺贝尔奖获得者，他就相信石油可以“种”出来，他认为，人完全可以像生产花生油之类的油一样，从植物中直接生产出可以当作燃料的石油来。为此，他到处寻找能生产石油的植物。

一天，他发现一种小灌木的树干里含有大量像乳汁一样的东西，只要把树皮划开，“乳汁”就流了出来，就像橡胶树能流出橡胶汁一样。他把这种“乳汁”拿去化验，发现其中的主要成分就是和石油一样的碳氢化合物。他把这种小灌木称为“牛奶树”。后来，他又发现一种续随子树，这种树也能生产石油。这种树高约一米，一年可收获一次，而且既耐严寒又耐干旱。还有一种灌木叫三角大戟，树皮很柔软，划破树皮后同样能流出含石油成分的汁液来。

卡达文在找到了能“生产”石油的植物后，就开始选种和育种，并在美

石油树产油

国加利福尼亚种了大约4 000平方米的“石油”树，一年中竟收获了50吨石油。卡达文“种”石油的成功，激起了一股研究和寻找石油树的热潮。现在美国成立了一个石油植物研究所，专门研究能流出石油的植物。

研究人员发现，石油植物和橡胶树是“亲戚”，都有生产碳氢化合物含量很高的汁液的本领。而且，有些石油植物既可以在干旱地区生长，也可以在沙漠地区栽种，不与粮食和经济作物争夺土地资源。

现在发现，可以生产石油的植物越来越多，大约有千种以上。澳大利亚生物能源专家从桉叶藤和牛角瓜的茎叶中，提炼出能制取石油的白色乳汁液。经过调查，这两种野草大量生长在澳大利亚北部地区，生长速度很快，每周可长高30厘米，如果人工栽培，每年能收割几次。据估计，每公顷野草每年能生产65桶石油。如果这种资源得到充分利用的话，就可以满足澳大利亚石油需要量的一半。

我国海南省的尖峰岭、吊罗山等热带森林中，有一种油楠树。这种树高10～20米，直径为40～50厘米，它的树干中也能流出淡黄色或棕黄色的“柴油”。如果在树木上钻一个洞，几个小时就可以产5升的树油。这些树油无需加工，直接就可以放入柴油发动机，用来开动柴油汽车。

巴西有一种名为“苦配巴”的树，树高可达30米。如果在树干上钻孔，仅一昼夜就可以流出20～50升油脂，半年后可以继续采取，而且油脂的质量很好。

还有澳大利亚的高冠树，它流出的乳状液中，含有75%的石油，且不含杂质，质量比矿物油还好。其他还有西班牙发现的大戟科草本植物、生长在东南亚一带的银合欢树和生长在北美及墨西哥的银胶菊等，都是很有发展潜力的能源植物。

美国加利福尼亚大学还用遗传工程培养了一种石油植物，这种植物的汁中的成分和天然矿物石油的成分很相似。从这种汁中可以提炼出汽油、煤油和许多副产品。

从植物中提取石油，是目前世界各国科学家的重要研究课题之一。石油植物的发展，为人类解决能源危机提供了新的希望。正因为如此，今天“石油农业”已悄悄地在全球兴起，一些石油植物的深开发研究已达到实用阶段，如美国种植石油植物已有百万亩；菲律宾种了66.66万平方千米银合欢树，6年后可收获石油1 000万桶；瑞士打算种植999.9万平方千米石油植物，以解决全国一年50%的石油需求量。这一切极大地鼓舞了人类，能源专家预言，21世纪将是石油农业新星耀眼的时代。

（周　戟）

吸收二氧化碳的绿色能源——藻类

为了减少二氧化碳造成的公害,科学家们想到植物能利用水和二氧化碳在阳光照射下制造有机物的事实,能否让二氧化碳以植物为媒介,和水结合,变成有机物以制造绿色能源呢。这样就可两全其美,一方面制造了绿色能源;另一方面,又减少了大气中的二氧化碳。

美国戈尔登科罗拉多太阳能研究所的科学家在寻找能源的探索中,选用了千余种最富有生产能力的水藻,发现一些藻类植物含有丰富的脂类,脂类是由一些烃链组成的分子,用它可以生产出柴油或汽油。这些藻类有角刺藻、舟形藻和绿藻等。于是,他们决定用二氧化碳加速水藻的生长,以生产出更多的水藻。

貌不惊人的水藻,一旦条件优越,便能快速生长,成倍繁衍。水藻在灌入二氧化碳的池塘中,一天之内竟可使体积增加5倍之多。培植水藻的方法是:一开始,将它们放在光线、二氧化碳气体和肥料充足的大水塘里进行培育,使其快速生长。当整个水塘被水藻装满时,便中断"食物"供应,这时它们就开始制造并储存类脂化合物。待到这种化合物在水藻体内达到最大含量后,便开始采集。20米直径的池塘,一年之中竟收获了4吨水藻,从中提炼出了300多升燃油。

提炼燃油的方法是在水藻中掺入一种盐酸和甲醇的混合物,通过加热使其发生化学反应,就能得到燃油。大致的工艺过程是:通过加热,脂类首先分解,释放出脂肪酸,脂肪酸随后再和甲醇起反应,形成甲酯,甲酯就可作燃料。但由于甲酯中仍含有两个氧原子,还不能成为汽油,作汽油用时必须把氧原子除掉。研究人员发现,将甲酯通过沸石催化剂就能除掉氧原子。

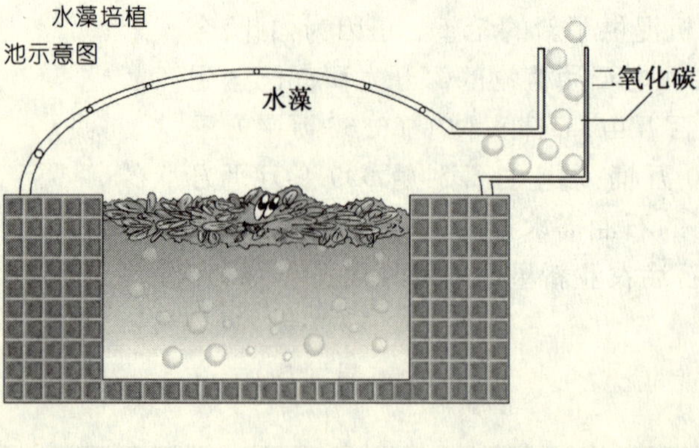

水藻培植池示意图

日本一家公司的科研人员发现,有一种单细胞藻类能吸收大量二氧化碳,这就是在日本冲绳一带生长的绿藻。于是科研人员就将燃料燃烧所排放的二氧化碳收集起来,用泵送到养殖这种绿藻的水池中,促进绿藻的生长。日本的科学家估计,日本石油燃烧每年排放的二氧化碳大约有 5 亿吨，如果让绿藻全部吸收这些二氧化碳，就能生成约 2 000 亿升石油，几乎相当于日本全年的原油进口量。

英国也是石油进口国，为了摆脱能源缺少的困境，也在大力研究二氧化碳和水藻的结合。英国的科学家用的是小球藻，他们将小球藻养殖在一个特制的池塘中。收获时，只需打捞出来，过滤掉水分，不用提炼，便可直接用在发电厂中燃烧发电，燃烧后排出的二氧化碳废气又被泵回到小球藻养殖池内，促进小球藻生长。他们也发现，在池塘内吹进二氧化碳气体后，藻的生长数量便增加好几倍。

除了在池塘中培育水藻外，占地球总面积 70％的海洋，也是藻类繁育的广阔天地。在澳大利亚沿海有一种巨藻，这种巨藻可以提炼出类似天然气的气体。巨藻也是海洋里最大的植物，其长度可以达到几十米到上百米。如此巨大的生物浮在水面上，可以充分接受阳光，从而固定大量的太阳能，同时还可吸收二氧化碳，并放出氧气。

其实现在用的矿物能源，都是过去植物固化太阳能与二氧化碳的结果。大规模地使用化石能源，实际上是将亿万年前遥远地质年代中储存的能量与二氧化碳同时释放，结果使地球上热量和二氧化碳的平衡受到破坏。使用水藻制造燃油，可大量吸收二氧化碳，将其转化成氧气，达到物质上的循环与平衡。如果将大量藻类养殖在钢铁厂、发电厂、造纸厂、乙醇厂等大型污染企业附近，同时将整个池塘用玻璃密封起来，然后向大棚内通入这些工厂排放出的二氧化碳，再利用造纸厂、乙醇厂的废水制成沼气，用沼渣做肥料加速水藻的培育。这样，便可在藻类大丰收的同时，也治理了环境。

对大气污染的治理，最难以处理的就是二氧化碳的排放。为此，国际上召开了有名的“京都会议”，以限制世界各国在生产和生活中所排放的二氧化碳的总量。但这是不得已而为之的办法，因为限制二氧化碳的排放必然会影响社会生产的发展。若是在全球范围内大力发展水藻的养殖，水藻在生长的过程中可吸收大量的二氧化碳，这样，便可在促进生产的前提下，控制二氧化碳对大气的污染。这比限制二氧化碳的排放更为积极，也更受欢迎，因此，也就容易做到。

利用藻类不但可以制造燃油，而且可以产生氢气。有一种藻类植物能利用海水、阳光、二氧化碳产生氢气。氢能是世界上最干净、燃烧值最高的能源，可惜的是目前制造困难。如果可以利用藻类制造，那么，氢能的明天会非常灿烂。科学家们正在探索这项极有意义的工作，而且已初步取得了成效。

（周　戟）

化腐朽为神奇的沼气

提起沼气，也许你并不陌生，人们常会发现池塘里会有一串串气泡从水底的污泥中蹿起。如用瓶收集这些逸出的气体，再用火点燃，就会看到瓶口出现淡蓝色火焰。这种气体就是沼气。其实粪便、农作物的叶茎、杂草、树叶和含有机物的废渣、废液等，在适当的条件、经细菌的作用下发酵，都会产生沼气。

经分析，沼气的主要成分是甲烷(CH_4)，占 60%～70%，另有 30%～35%是二氧化碳，还有少量的氢气、氮气和硫化氢等气体。甲烷是无色、无臭、无味的气体，但硫化氢等却有臭鸡蛋味，所以沼气总带有臭味。由于甲烷密度比空气轻，而且在水中的溶解度很低，沼气就可以用水封的容器方便地储藏。但是常温下，甲烷不能液化，沼气只能以气体的形态存在。甲烷能在空气中燃烧，同时放出大量的热。1 立方米的沼气发热量为 20.9～27.17 千焦，相当于一千克煤炭或半千克汽油产生的热量。这样看来，甲烷也可算是优质燃料。因此沼气可以直接用作煤气机的原料，也可将其用于改装后的内燃机，再拖动发电机发电。

沼气池

沼气用于发电在我国都是些小型机组，功率大的在一两万千瓦左右。如 1982 年媒体报道的四川自贡一酒厂利用酿酒后的废糟液制取沼气，带动 120 千瓦的发电机组，已发电 3 137 小时，发电量达 31 万千瓦时。而 2004 年我国广州与日本合资开发的沼气发电项目，则是利用日本技术，采用沼气通过燃料电池的化学作用，产生 220 伏交流电,每小时发电 2 万千瓦,而产生沼气的则是畜牧场的猪粪便。据悉在国外,如英国 1/3 的污水处理厂已使用沼气开动机器,有个公司装机容量达 5 000 多千瓦;美国一个污水处理厂仅利用污水发酵产生的一部分沼气,每天发电量就达 1 000 千瓦。

沼气在我国农村能源中占有相当重要的地位,许多农村都用沼气烧饭煮菜,甚至照明。当年我国农村沼气使用的蓬勃发展,曾引起了国际上的广泛重视,不少国家专程派人来我国考察、学习。联合国环境规划署和粮农组织还先后委托我国为其组织的 27 个发展中国家和地区举办了两期沼气技术培训班。1980 年联合国又和我国一起举办了国际大型沼气讨论会。据说,当时我国根据粗略统计,全国农村至少已建有沼气池 700 多万个,约年产沼气 25 亿立方米,相当于开发了一座年产 250 万吨的大煤矿。

沼气是种可以一直反复再生的生物能源。自然界的植物经过光合作用而得以生长。人、动物吃了植物,产生粪便。利用粪便、植物叶茎和一些有机废渣废水经发酵产生沼气。沼气作为能源使用,可代替汽油或柴油,开动内燃机用来发电。当然也能代替煤炭和柴草,用来煮饭、照明。人畜粪便和植物叶茎或有机废渣废水经沼气池的发酵沤制,既可以搞好粪便管理,改善环境卫生;又能提高肥效,用于肥田或作为养鱼饲料。此外,沼气又可作为化工原料,生产许多化工产品。因此,沼气在"以绿色的生物能源替代日益紧缺的矿物能源"和"保护生态环境"的今天,越来越受到人们的重视。

我国地大人多,有着极其丰富的沼气资源。当有些国家试验在海洋中大量种植藻类,再以藻类植物发酵制取沼气时,我国仅粪便一项,如在一个 4 000 万人口的省份,用粪便来生产沼气,年产量就达 28 亿立方米,相当于 216 万吨煤。要是再加上秸秆、稻草等植物叶茎和有机垃圾、废水,那生产的沼气就更多了。一个年产 2 万吨的酒精厂,如将全部废液用来生产沼气,可年产沼气 1 100 万立方米,相当于 8 600 吨煤。所以我国应在沼气问题上坚持科学开发,因地制宜,在把沼气作为农村首选能源基础上,加大工业化发电的研究开发,开辟出沼气使用的无限美好的前景。

(俞君定)

垃圾发电

我国是世界上的垃圾资源大国。我国城市人均每年“生产”垃圾440千克。

我国的城市垃圾绝大部分未经处理,堆积在城郊。全国670多座大中城市,约有1/3陷于垃圾包围中。垃圾中产生的有毒有害物质渗透到地下和河流中,给城市带来不容忽视的隐性危害,城市垃圾无害化处理已迫在眉睫。

从20世纪70年代起,一些发达国家便着手运用焚烧垃圾产生的热量进行发电。我国的垃圾发电才刚刚起步,但前景乐观。用垃圾发电一般可以通过垃圾焚烧发电,也有用垃圾填埋气发电的。

焚烧垃圾发电,从原理上看似容易,但所经过的程序却不简单。首先是“垃圾报到”。进厂垃圾的质量是控制垃圾焚烧的关键。垃圾进厂前一般都要经过较为严格的分选,凡有毒有害垃圾、建筑垃圾和工业垃圾都不能进入。符合规格的垃圾在卸料厅自动称重计量后,卸入巨大的封闭式垃圾贮存池。垃圾贮存池内始终保持负压,巨大的风机将池中的“臭气”抽出,送入焚烧炉内。

第二步是“烈火焚烧”。在工作人员的操作下,巨大的抓斗从垃圾贮存池内把垃圾抓出,投入旁边的进料斗中,进料斗下部镂空。垃圾落下后搭上履带,在电动机、鼓风机等推动设备的作用下,进入焚烧炉,这样可以使垃圾和空气充分接触,有效燃烧。

垃圾燃烧后,产生热能,使锅炉内的水转化为蒸汽,通过汽轮机带动发电机发电,最终电能并入电网。

垃圾发电是变废为宝、一举两得的先进工艺,但总体来看发展得还较慢。主要是受一些技术和工艺问题的制约。比如发电时燃烧产生的剧毒废气长期得不到有效解决。

垃圾发电发展较慢的另一原因是经济原因。现在垃圾发电的成本仍然比火力发电高。但专家认为,随着垃圾回收、处理、运输、综合利用等各环节的技术不断发展,工艺日益科学先进,垃圾发电方式很有可能成为最经济的发电技术之一。从长远效益和综合指标看,将优于传统的电力生产。尤其是作为“绿色”技术,垃圾发电的环境效益、社会效益等都是无形的,巨大的。

另一种垃圾发电的方式是垃圾填埋气发电。我国南京水阁垃圾发电厂就是一家垃圾填埋气发电厂。该厂已正式并网发电，目前装机容量为1 250千瓦。

垃圾填埋气发电工程包括沼气收集、发电和并网系统。在水阁垃圾场内分布着数十个深达25米的垂直沼气收集井，从这里收集的沼气通过输送管线，汇集到附近的沼气收集站。垃圾沼气在进入发电机之前，必须经过前期处理，以过滤掉水分、碳化物、粒状污染物，并保持稳定的进气温度。沼气燃烧发电后产生的电力则通过地下电缆传输到电力输出终端站，并入当地电网供用户使用。

垃圾发电厂

欲提高垃圾沼气发电的效率，必须提高垃圾的“质量”。如我国每吨垃圾的沼气产出量仅为欧美国家的60%，这是因为我国的垃圾成分复杂，在有机物中夹杂了大量的砖石、玻璃等。对此，专家们呼吁尽快实施垃圾分类，对各类垃圾分别处理，综合利用。

与垃圾焚烧发电相比，填埋垃圾发电投资小，仅为焚烧垃圾发电费用的1/4左右。但是填埋垃圾发电的主要缺点是垃圾处理不彻底。

一座城市的垃圾，就像一座低品位的“露天矿山”，可以无限期地开发使用，而最经济有效的办法就是垃圾发电。为了加快发展垃圾发电，我国制订了一系列优惠政策，如垃圾发电后，上网电价的优惠、税收政策的优惠、贷款的优惠等等。前不久有关部门还发出通知，对垃圾收运和处理实行“谁污染、谁治理”的原则，实行城市生活垃圾处理收费制度，所收的款项可用于贴补垃圾发电的投资。在各种优惠政策的鼓励下，我国北京、上海浦东、深圳、南京、沈阳、西安、杭州等不少大中城市都已经或正在大力开发垃圾发电事业。

（周　戟）

用污水发电的微生物燃料电池

美国宾夕法尼亚州立大学的科学家洛根及其率领的研究小组宣布，他们研发出一种新型的微生物燃料电池，可以把未经处理的污水转变成净水和电源。

其实早在1910年，英国植物学家马克·比特便首次发现了细菌培养液能够产生电流，他把石墨棒放进用大肠杆菌和普通酵母菌制成的培养液中，制造出了世界上第一个微生物燃料电池。

洛根所设计的微生物燃料电池的装置和氢燃料电池有点相似，是一个圆柱形的树脂玻璃密闭槽，看上去好像一个大型的汽水瓶子。不过和氢燃料电池不同的是，微生物燃料电池是单一的反应槽，上面装有8条阳极石墨棒，它们围绕着1条阴极棒。密闭槽中以质子交换膜间隔。密闭槽外有以铜线组成的闭合电路，用作电子流动的路径。

当污水被注入反应槽后，细菌酶将污水中的有机物分解，在此过程中释放出电子和质子。其中，电子流向阳极；而质子则通过槽内的质子交换膜流向阴极，并在那里与空气中的氧以及电子结合成干净的水，从而完成了对污水的处理。与此同时，反应槽内正负极之间的电子交换产生了电压，使该设备能够向外部电路供电。

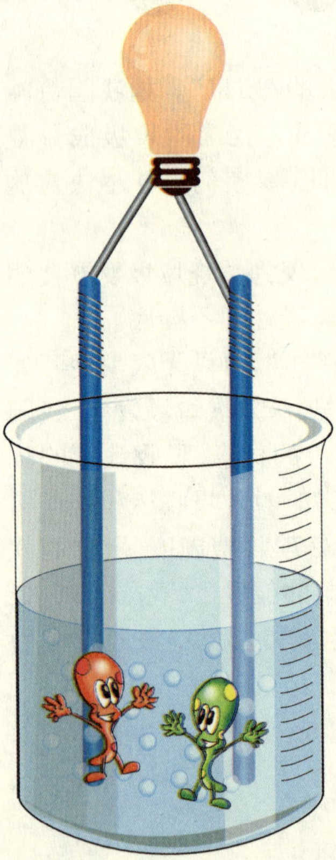

微生物燃料电池示意图

在发电量方面，洛根初期试验时只能发几瓦到几十瓦电，后来提高到可以发几百瓦。但洛根认为，在正式投产后，它可以产生500千瓦的稳定电流，大约是200户家庭的用电量。

过去污水处理一直是只有投入而没有产出的行业，不管是发达国家还是发展中国家都是如此。以美国为例，每年需要处理330亿加仑的生活污水，处理费用大约为250亿美元，而大部分的成本几乎都花在维持处理厂运转所需的能源上。若能用上微生物燃料电池,便可降低成本和提高发电效率,将会为废水处理节省巨大的开支。

洛根还认为,只要能利用污水中潜能的十分之一,便足以解决污水处理的成本开支。因此,只要进一步研发微生物燃料电池,使污水的潜能得以充分发挥,今后有可能使污水处理成为产出大于投入的盈利性的行业。洛根还指出,只要是富含有机物的地方,都可以使用这种电池。

微生物电池的用途可以很广泛。日前,英国布里斯托尔英格兰西部大学的研究人员开发出一种只有手机大小、由生活有机垃圾提供能量的微生物燃料电池。这就意味着以前人们倒在垃圾桶里的剩饭菜,不久就可以变废为宝,为廉价的微生物燃料电池贡献一份“电量”。据悉,这种微生物电池的造价只要 15 美元。从原理上说,这种燃料电池可以从有机废物中产生电能,但目前只能利用方糖工作,因为方糖在被分解时几乎不会产生任何废弃物,而对于微生物燃料电池产生的废弃物的处理技术,目前尚未过关。

微生物燃料电池在航天事业中的用途很特殊,它用来处理航天员排出的尿。在密闭的宇宙飞船里,航天员排出的尿需要处理,这就可以用芽孢菌来处理人尿,产出氨气,以氨气作电极活性物质制成微生物电池。这样,既处理了尿,又得到了电,可谓一举两得。再进一步的工作是把宇航员排出的粪便与呼出的二氧化碳重新组合,粪便进入细菌电池产生电力,放出的氧气供人呼吸,在宇宙飞船内构成一个密闭的“生态链”。

微生物电池的进一步发展将以“生物太阳能电池”为基础。以上提到的微生物电池的微生物都靠吃进“食物”并通过氧化反应获得能量,而“生物太阳能电池”中的微生物却能通过光合作用吸收并利用太阳能来产生电流。

(周　戟)

让汽车喝“鸡尾酒”

2004年夏天，媒体上有条新闻引起了不少人的关注，这就是在全国三农研讨会上，国家有关部门宣布了河南、黑龙江、辽宁、吉林、安徽等8省开始乙醇燃料“汽油醇”使用的试点工作，为的是缓解近期国际原油价格大幅上扬所造成的国内汽柴油价格的上涨。

“汽油醇”讲白了就是在汽油里加入一定比例的酒精即乙醇，这就如同两种以上的乙醇调制成的鸡尾酒。其实汽油中掺入其他燃料的混合汽油早就有了，20世纪30年代，德国就对汽油混合甲醇作为发动机燃料进行研究试验。第二次世界大战期间和1973年中东战争后能源危机出现，又是英、美、德、日、巴西、菲律宾等和中国开始了混合汽油的研究，而且取得了不同的进展。据当时报道，我国太原化肥厂、四川维尼纶厂等也采用汽油混合甲醇，而巴西则是用乙醇混合汽油。乙醇和甲醇的化学分子式为C_2H_5OH和CH_3OH，看来似兄弟，至于用谁，显然取决于得到的难易。不过从使用情况来看，汽油中无论混合哪一种醇，效果都令人满意。

汽车新燃料示意图

辛烷值是衡量车用汽油抗爆性能好坏的一项重要指标。辛烷值越高，抗爆性能就越好，发动机就可以采用更高的压缩比工作。这样既可以提高发动机的效率，又可以节约燃料。测试表明汽油无论混合甲醇还是乙醇，都能提高汽油的辛烷值，动力性和经济性都比纯汽油好。另外，驾驶汽车的人都知道对发动机功率有直接影响的并不是燃料本身的热值，而是每一标准立方米可燃混合气的热值。像甲醇、乙醇这类本身热值较低的燃料，由于其分子内含有氧，在燃烧时所需的空气量就少一些，因而混合气热值比石油燃料略高些。由此可知，混合汽油热值并不比纯汽油低，当然也不会影响发动机功率，而且还会提高发动机的热效率。

经过测试，专家发现混合汽油的使用，还可以大大改善汽车尾气的排放，一氧化碳等有毒气体明显减少，有利于环境的改善。混合汽油的这个优点似乎格外受人关注，使用干净能源正是现今人们的孜孜追求。

国外对甲醇代汽油的研究证明，汽油中掺加10%～25%的甲醇，不需要改造汽车发动机，就能使用这种混合燃料。我国在解放牌汽车上设置甲醇箱做试验，将甲醇直接喷进汽化器，让甲醇和汽油在汽化器中混合。在一定的比例下，汽车发动、加速、爬坡等性能良好，当然，还节省了汽油。

甲醇来源广泛。劣质煤、天然气、油砂、木屑乃至垃圾，凡是能产生一氧化碳和氢气的物质都可以用来生产甲醇。而且甲醇生产具有工艺简单、设备规模不大、成品运输方便等优点。每千克木材的下脚料可生产0.6千克的甲醇，全国每年的木材下脚料足可以生产上百万吨的甲醇；一座日产7 000吨铁水的高炉，排出的气体可生产2 000吨甲醇。煤、巨藻等都是生产甲醇的原料来源。

混合汽油“物美”，但是不是“价廉”呢？这问题应该从两方面来看。首先，从甲醇、乙醇的价格来看。甲醇俗称木精，最初得自于木材的干馏，现在已能由一氧化碳和氢气大量合成。乙醇一般从含淀粉或糖的原料经发酵制得，也可用乙烯水化法合成。二者的现行价格都低于汽油。其次，从今后的价格看，我国自1993年后成为石油净进口国，原有的供求矛盾日益突出，再受全球资源或世界政治变化的影响，原油价格常会波动，进而影响到柴油的供应。综合考虑，如果甲醇、乙醇规模化生产，以及全球范围的能源短缺前景和生态环境保护需要，混合汽油自然是十分合算，十分必要。汽车喝“鸡尾酒”的日子也就来临了。

（俞君定）

乙醇汽油

乙醇汽油是一种由粮食及各种植物纤维加工成的燃料乙醇和普通汽油按一定比例混配形成的新型替代能源。按照我国的国家标准，乙醇汽油是用90%的普通汽油与10%的燃料乙醇调和而成。乙醇可以有效改善油品的性能和质量，降低一氧化碳、碳氢化合物等主要污染物排放。它不影响汽车的行驶性能，还减少有害气体的排放量。乙醇汽油作为一种新型清洁燃料，是目前世界上可再生能源的发展重点，符合我国能源替代战略和可再生能源发展方向，技术上成熟安全可靠，具有较好的经济效益和社会效益。

变废为宝——秸秆压块燃料

有粮食生产就有秸秆的产生。秸秆曾是农家的宝贵财富之一，它可以做燃料、饲料、肥料和原材料等，但富裕起来的农民开始摆脱古老的生活方式，土房变瓦房；燃料用上了煤、液化气、电；畜力由机械代替。这样，在一些经济发达的农业地区，秸秆就成了“废物”，特别是产粮区，出现了焚烧秸秆的问题。焚烧秸秆，污染环境，近年来已成为我国农业管理中的大问题。

其实，秸秆本质上是一种可再生的生物质能，它的热值比垃圾大 5 倍。既然垃圾都可以用来发电，秸秆的用途必然更大。

用秸秆发电，在技术上比垃圾发电要简单得多，不论是将秸秆粉碎还是将秸秆压块燃烧发电，技术上都是成熟的。如果在秸秆过剩地区建设一座 20 万千瓦秸秆发电厂，不但每年可“消化”掉 180 万吨秸秆，还可获得可观的经济效益。

利用秸秆的生物质能，除了发电外，更简单的办法是把秸秆压成块，可代替煤炭使用，称为类煤化技术。秸秆压块的技术属于简单技术，只要把秸秆粉碎成一定的细度后，在一定的压力、温度和湿度的条件下，加入黏结剂，通过压缩将秸秆压成圆形、方形或棒状的块，便可代替煤炭使用。

秸秆压块加工流程

秸秆压块既可以大规模生产，也可以中、小规模生产。大规模生产一般以产业和地区为基础，适用于机械化方式；中等规模生产，一般以村庄为基础，适用于畜力或电动机生产；小规模生产，以家庭为基础，用人力生产。

在压块时，对使用的黏结剂的基本要求是：能使压块充分变硬，不会掉皮、变软，不会受热碎裂，不产生大量烟雾、胶质、不良气味与粉尘，黏结剂的热值应与木柴相当。常用的黏结剂是有机黏结物，如玉米、小麦、木薯的淀粉、甘蔗糖浆、焦油、沥青、树脂、胶、纤维、鱼废料和水藻等。

在制作秸秆压块时若能加入一种人工制造的叫做六甲四的固体燃料，便能生产出热值更高的优质燃料。1988年，我国向美国出口了一批煤饼，这些煤饼只用一根火柴就能够点燃。这种特殊的煤饼就是由煤粉和六甲四固体燃料制成的。这种煤饼使用时释放的能量比煤炭高出一倍，火焰温度能够达到730℃。六甲四固体燃料的主要原料是液氨和一种叫做六亚甲基四胺的物质。六亚甲基四胺是一些化工厂的副产品，一些中小型工厂就能生产。

制造秸秆压块燃料，在技术上并不复杂，只要有一台挤压机和简单的加热装置就能解决问题。压成块后，密度大大增加，热值显著提高，也便于储存和运输，同时又保持了秸秆挥发成分高、易点火，灰分及含硫量低，燃烧时产生的污染物少等优点。

国外在20世纪70年代初就开始生产秸秆压块燃料。我国到20世纪80年代才开始研制，虽然起步晚，但进展很快，有些省份已经建成规模较大的压块燃料生产线。

（周　戟）

秸秆压块

秸秆压块是指采用生物质压缩设备，把铡切好的玉米秸秆、花生秧、小麦秸秆等农林产物加工成长方体小块，能使秸秆便于储存、运输，降低了储运的成本，作为燃料使用的话，还可以大幅度的提高生物质的热效率。同时，由于压缩过程中的机械挤压、高温等，使秸秆的物理、化学特性发生改变，作为饲料的话，其营养成分也能有所增加。我国主要农产区的秸秆产量很大，如果能将秸秆制成压块饲料，将大大促进我国养殖业的发展。如果把秸秆做成燃料，将能够代替燃煤进行蒸汽锅炉等炉具的燃烧。

高效太阳能转换器——甜高粱

在世界矿物能源愈来愈匮乏的情况下,生物质能源的研究开发日益紧迫。甜高粱显示了诱人前景。

甜高粱也叫芦粟、甜秫秸、甜秆,为粒用高粱的一个变种。它同普通高粱一样,每亩能结出150～400千克的粮食,但它的精华不在于它的籽粒,而在于富含糖分的茎秆。甜高粱生长快、产量高,茎秆高度从2米到5米不等,富含糖分,糖度在15%～21%之间,且产量极高,一般亩产量在5吨左右,高产纪录为11.2吨。

甜高粱之所以成为优质的生物质能,主要是甜高粱茎秆中的汁液能用于生产乙醇。目前,为了节省石油消耗和缓解环境污染,用乙醇汽油替代部分石油的运动正在全球悄然兴起。美国政府决定从1995年起,在空气严重污染的9个城市和14个州的部分地区,规定汽车使用的燃料中必须含有1/3的乙醇;巴西目前有35%的汽车所用的燃料全部是乙醇,其余为掺入20%～25%的乙醇与汽油的混合物;乌拉圭种植了65万公顷甜高粱,用于生产乙醇燃料。

甜高粱可制乙醇

人们看好甜高粱除了它是优质、高产作物之外,还在于它是作物中的“骆驼”。与其他禾谷类作物相比,甜高粱更为耐旱、耐涝、耐盐碱、耐瘠薄,土壤pH值从5.0～8.5都可以生长。我国从黑龙江到海南都可以种植,特别是在其他作物难以生长的沙荒地、盐碱地也适合种植。

与其他可制造乙醇的作物相比,甜高粱生长快、产量高,在生长旺期,平均每天增高12厘米,在各种农作物中居首位。甜高粱每亩产茎秆5 000千克,可产乙醇360千克,每亩产籽粒300～450千克,可产乙醇100千克,比用玉米制乙醇增产1倍多,比用甜菜生产乙醇成本低50%。与甘蔗相比,甜高粱的优势主要在于生长期短,甘蔗的生长期为7～24个月,而甜高粱的生长期只需5个月。

用甜高粱加工生产能源是系统化的产业工程,要真正达到产业链运行的平稳、高效,还要在优良品种的选育、高产稳产的栽培技术和贮藏与加工技术等方面做进一步的研究工作。

甜高粱的核心成分是以糖为主的碳水化合物,糖产量是甜高粱的重要经济指标。因此,选育高糖与高生物量的甜高粱品种是降低成本、实现甜高粱能源产业化的前提和科技保证。以往的育种目标都是培育粮糖兼用的优良品种,但籽粒产量与含糖量是显著负相关的两个性状,育种时很难兼顾。今后要进一步注重专用型能源甜高粱品种的选育工作,尽量提高甜高粱的茎秆含糖量及抗病虫能力,才能保证甜高粱大面积种植过程中的高产与稳产。

在选育甜高粱优良品种方面,中国科学院植物研究所从国外引进甜高粱的优良品种后加以改良,培育出高产优质品种“M-81E”和“泰斯”,居世界领先地位,在生产上推广,并向国外出口。

甜高粱的种植环节是在整个生产链中输入太阳能的环节,其直接决定了甜高粱的产量和质量。因而在产业化地区,需要建立一套标准化的栽培种植技术体系。只有对肥料、水分、种植密度、播种时间以及打药等进行规范后,才能达到高产稳产的目的。例如,磷酸参与糖的运转,增施磷肥有利于提高甜高粱茎秆的含糖量。另外,收获时机也很重要,因为当籽粒成熟后还有一个糖分积累的过程。如何选择在最大含糖量时收获,需要有科学的依据。

甜高粱的收获期约为半个月,收获后其茎秆中的糖分容易变质,因而,在短时间内压榨、浓缩并贮藏好是增加产业经济效益的前提。用糖发酵的方法生产乙醇是相对成熟的技术,但在技术上如何进一步提高发酵效率与缩短发酵周期,也是需要研究的。我国在用甜高粱汁制取乙醇的生产工艺方面,有了新的进展。生产流程由间隙式发展为连续式;发酵时间由72～96小时,缩短为8～10小时。

甜高粱除了用于制取乙醇外,还是优良的饲料作物、大有希望的糖料作物和造纸工业的新原料。为此,世界各国都很重视甜高粱的栽培种植。早在1980年,美国科学基金会向总统提出报告,建议利用太阳能发展绿色植物的新能源,国会拨重金开发这项研究,扩大甜高粱种植面积近1亿亩;欧洲共同体成立了甜高粱协作网,于1996年召开第一届欧洲甜高粱会议,认为这是欧共体新能源的主要发展方向之一;我国在1997年主持召开了第一届国际甜高粱会议。甜高粱作为高效太阳能转化器,将在未来的能源大家庭中大放异彩。

(周　戟)

地热

地热同太阳能、潮汐能、风能等并称为取之不尽,用之不竭的绿色能源。地热不受地域限制,也不受外界环境条件所制约。不像石油受区域地质构造和古气候环境的制约,石油分布在地球上极不平衡;开采条件又受海洋、沙漠等环境的影响。地热也不像太阳能要受阴雨天的限制,潮汐能要受引潮力和风能受风力的限制。地球上的任何一块地方都有地热能,可以全天候地开发利用。科学家计算过,只要利用地壳上层1万米以内1%的热量,就可以保障人类相当长时间内的能量需求。

地热,是指存在于地球内部常温层以下的热量。地热的来源主要是由于地球内部放射性元素蜕变产生的。最近,美国能源部橡树岭实验室的科学家在美国地球物理联盟会议上提出,地心有个直径8 000米,由铀和钚组成的天然核反应堆,这个巨大的核反应堆是地球地热的主要来源。其次如地球转动、重力分异、化学反应和岩石结晶等也会产生一定的地热。

地热是随着深度的增加而增加,在地壳深处1.5万米以内,一般地区每百米增温2～4 ℃,平均约为100米增加3 ℃。地壳下部的地热增温率逐渐减小。地热增温率的大小与各地的地质构造条件、岩石的热容量、火山和岩浆活动等情况密切相关。

由于火山活动、地壳运动、基层岩石的深度断裂等地质原因,破坏了地壳的正常增温。使地壳表面的地热增温率大大提高的地区,称为地热异常区。在地热异常区内,如有良好的储热地质构造和足够的水源,就能形成富集大量热水和蒸汽的、有重大经济价值的“热水田”或“蒸汽田”。

地热一般分为两大类:一类是蕴藏在地下3 000米以内岩层中的热水、热蒸汽,或出露地表成为温泉的“湿地热”;另一类是贮存在地壳深部3 000～5 000米的高温岩石(火山岩体或变质岩体)所积蓄的炽热能,称之“干地热”。因为3 000米以下的地壳温度都在100 ℃以上,且地层压力很高,上层水流难以渗入,一旦有水渗入,很快会被炽热的岩石变成蒸汽,在地层压力作用下快速上升,所以在3 000米以下很难形成热水和热蒸汽,故也难以成为“湿地热”。

“湿地热”的利用古已有之,古人早就懂得利用温泉育种、取暖和洗澡。开发利用“湿地热”发电的最早国家是意大利,于1904年建成世界上第一座 500 千瓦的地热电站。随意大利之后，美国、法国、日本、新西兰、冰岛、前苏联、墨西哥、智利及中国等 30 多个国家相继建起了地热电站。菲律宾至 1980 年已建成 4 座地热电站，到 1985 年，地热发电量已达 130 多万千瓦，占全国发电量的 19%。中国第一座地热试验电站，于 1970 年底在广东省丰顺县邓屋建成。1978 年西藏羊八井地热电站建成发电。

地热利用示意图

世界上许多国家在大力发展地热电站的同时，积极扩展地热资源的多种用途，并把地热资源开发利用列在各种替代能源的首位。日本是个一次性能源奇缺的国家，石油和煤炭全部依赖进口，对地热资源的开发利用尤为热衷，把地热资源广泛应用于住宅取暖、高速公路和机场跑道的融冰化雪、暖棚种植和水产养殖等各个方面。

进入 21 世纪以来，我国的地热开发也在快马加鞭。为 2008 年北京奥运会用上绿色能源——地热，200 多位国内外地热专家聚会北京，确定 40 万平方米的运动员村和记者村的热水供应由地热承担。国家大剧院为使周围水池终年碧波荡漾，也利用地热实施冬季加温。继北京之后，上海、太原等城市也起步开发利用地热资源。21 世纪是地热资源大开发利用的世纪，在世界各国已形成迅猛之势，在中国也势不可挡。

“干地热”的开发利用对技术要求高，投资巨大。美国在芬登山试验站钻到地下 300 米时测得岩体温度 200 ℃，钻到 4 200 米时，测得岩体温度 275 ℃。美国开发“干地热”采用姊妹井，一口井灌冷水，经高温岩体裂隙流到另一口井，抽上来的就是高温热水。1980 年，美国建成世界上第一座“干地热”发电站，容量 60 万千瓦。

（甘德福）

地热发电

有位能源专家说,地热的广泛应用不仅是个技术问题,更是一个意识问题。我们明知道人类是坐在一个几乎取之不尽的能源之上,却不愿意在我们脚下挖上几千米,而更喜欢从几千千米的远处背回石油、天然气和煤炭。

地热能就是地球内部的热释放到地表的能量。地球内部像一座高温高压的火炉,地球表层以下的温度随深度逐渐增高。当雨水渗入地下或地下水流经这个火炉时,就被加热成蒸汽或热水,再沿着石头的缝隙冒出地面,变成一股股滚烫的热泉。

地球内部蕴藏着难以想像的巨大能量,据估计,仅地壳最外层 10 千米范围内(现在钻探技术能达到的深度)的能量,就有全世界煤炭总储量的 1.7 亿倍。地热能是大自然恩赐给人类的宝贵能源,开发利用地热能和利用太阳能一样可替代石化燃料,尤其是地热能和太阳能同是无污染可再生能源,开发地热能对保护环境有着极为重要的意义。

地热能的开发利用可以直接利用地球内部的热能,更可以通过地热发电,把电能输送到四面八方。根据地热资源的特点以及采用技术方案的不同,地热发电一般可分成 4 种方式,即:地热蒸汽发电、地热双循环发电、全流发电和干热岩发电等。

地热发电

地热蒸汽发电系统

目前,世界地热发电中多数为地热蒸汽发电,因为它技术成熟,运行安全可靠。在这种地热发电系统中,根据地热蒸汽的状态不同,又可分为干蒸汽和热水扩容蒸汽两种型式。干蒸汽是从地热井中直接获得的纯蒸汽，用它来直接推动汽轮机运转，它与火力发电的情况差不多。但是地热中干蒸汽不多，往往都是有水有汽，需要汽水分离。

当地热井中有汽又有水，而且水的温度又不够高时，需要用“减压扩容法”来发电。我们知道，水的沸点与压力的关系成正比，当压力降低时水的沸点也随之降低。根据这个道理，人们就可以利用较低的压力环境，使地热水迅速汽化，并在汽化时使体积得到上千倍的扩大，这就叫“扩容”。产生这种扩大体积的设备就叫“扩容器”。通过扩容器扩容的蒸汽同样可以进入汽轮机中做功，进而驱动发电机发电。

地热双循环发电系统

当地热井的温度偏低时，常用双循环系统发电。所谓“双循环”，是指发电系统中有两套循环系统，一套是地热水的循环系统；另一套是沸点很低的工质（工作介质）的循环系统。当系统工作时，用抽上来的地下热水加热工质，工质汽化后，用工质的蒸汽推动汽轮机发电。双循环发电系统中工质的选择非常重要，它要求沸点低。常用工质多数为碳氢化合物或碳氟化合物，如异丁烷（常压下沸点为－11.7 ℃）、正丁烷（－0.5 ℃）、丙烷（－42.17 ℃）和各种氟利昂等。为满足环保要求，尽可能不用含氟工质。

利用有机工质汽轮机发电不仅适合地热发电，而且在新能源发电中有许多温度不太高的热源也都采用这种发电方式，如太阳电池蓄热发电、海洋温差发电以及许多工业余热发电都可利用。

全流发电系统

全流发电系统是把地热井出口的全部流体，不论是蒸汽、热水、不凝气体及化学物质等都不经处理直接送进全流动力机械中膨胀做功，而后排放或收集到凝汽器中，这样可以充分利用地热流体的全部能量。该系统是由全流膨胀器（也叫螺杆膨胀机）、汽轮发电机和凝汽器联合组成。此项技术的关键在于螺杆膨胀机和旋转分离汽轮机。目前国内外正在研制这些设备。

干热岩发电系统

干热岩能是指储存在地球深部岩层中的天然热量。由于其埋深大（2～3 千米或更深）、温度高和含水量少（或几乎无水），因此不易将其热能提取出来。20 世纪 70 年代，美国洛斯阿拉莫斯国家实验室的研究人员首先采用人工钻井压裂和注水的方法，进行了“人造地热系统”的试验。

要将干热岩中的热能采出，必须使干热岩发生破碎，使足够的流体能在其中循环汲热。有两种方法可以做到这一点。第一种方法是水压致裂法。首先需要钻两口深井，从地球表面直通到高温岩石上。通过其中一

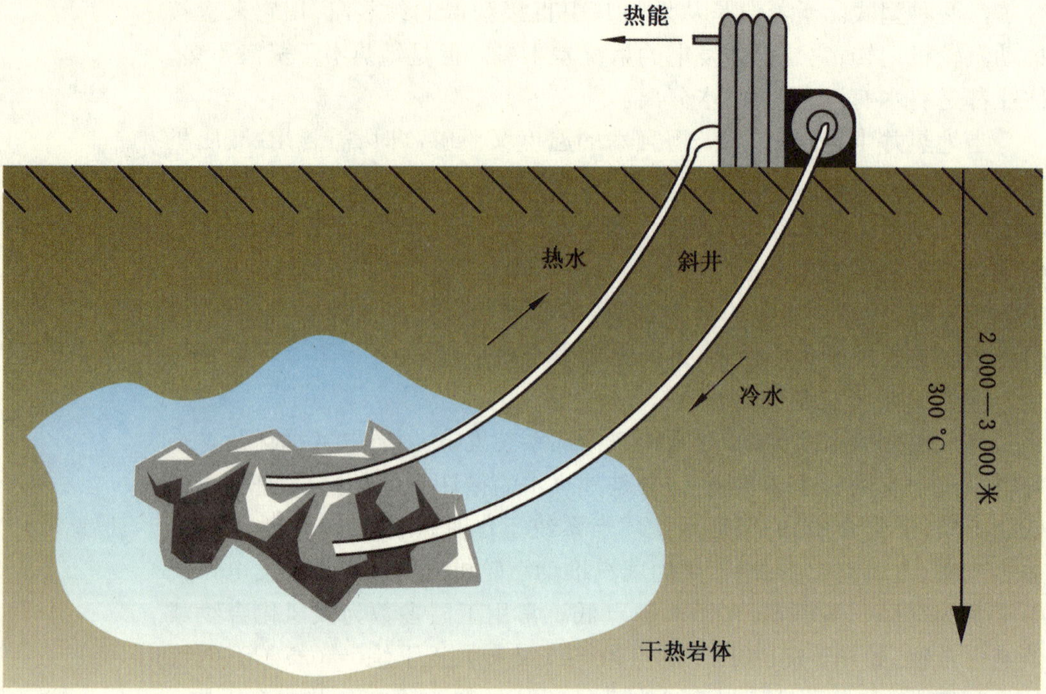

地热利用示意图

口井向热岩石注入冷水，再用比汽车轮胎的压力大200倍的高压把水从岩石的裂口里压挤过去。接着用水泵通过另一口井把热水抽回地面上来。这种热水将在一座发电厂中用来加热丁烷，使丁烷产生高压蒸气，丁烷蒸气驱动涡轮机，涡轮机带动发电机发电。研究表明，这样发电的成本和常规发电厂的成本不相上下。第二种方法为爆破致裂法。爆破致裂法与水压致裂法的区别在于它不用高压水压挤，而是在深井底部进行人工爆破。爆破后再注入冷水，冷水被干热岩石加热，从另一口深井中抽出，进行净化处理后加以利用。

干热岩的研究与开发是一项雄心勃勃但又耗资巨大的计划。一口深井钻井费用将近 1 000 万美元。美国能源部 1970 年以来已耗资近亿美元用于支持干热岩计划。之所以这样做，主要是人们相信干热岩体蕴藏的能量十分巨大。据保守的估计，全美干热岩体中蕴藏的能量相当于全美年能耗量的 6 000 倍。正是由于这个诱人的前景，干热岩计划不单在美国，而且在日本、德国、法国和英国等发达国家也相继开展起来。

（周　戟）

华清池与地热利用

华清池位于陕西临潼县城南骊山西北麓，是我国自古以来就十分著名的温泉。据说早在公元前8世纪西周末代帝王周幽王就曾使用华清池的温泉，并在泉旁建有"骊山宫"，秦始皇曾在这里建砌骊山汤。由此可见，我国对地热的利用已有近3 000年的历史。

当代地热能的利用大致可分为间接利用和直接利用两大类。

间接利用主要是利用地热来发电。在这方面，国内外都有许多成功的实例。其中意大利最早在1904年就建成有一座500千瓦的地热发电站。我国则在1970年12月在广东丰顺建成第一座地热发电站，装机容量为86千瓦。目前世界上最大的地热发电站在美国，装机容量为50万千瓦。不过，利用地热发电却存在热效率低、温度要求高的缺陷。所谓热效率低，就是能量的转换率较低，一般只有6.4%～18.6%(由于地热类型的不同，所采用的汽轮机的类型不同及工艺、管理等因素的制约，使不同地热电站的热转换率也不尽相同)。这使大量的热能被白白浪费。所谓温度要求高，是指地热发电所需的地下热水或蒸汽的温度，一般都要求在150 ℃以上，否则，将严重影响其经济性。

鉴于地热发电的这些缺陷，近年内人们对地热的利用更倾向于直接利用，即非电力利用。这样不仅可以大大减少地热能的无谓损耗，而且对地下热水的温度要求也低得多，凡温度大于15 ℃的地热水都可加以利用。这样一来，不仅可以大大扩大地热开发的区域范围(几乎全球无处不可开发)，而且还可实现所谓的梯级利用，即先使用高温区域的水，再利用其较低温的水。目前，地热的直接利用已广泛地应用于工业加工、民用采暖和空调、洗浴、医疗、农业温室、农田灌溉、土壤加温、水产养殖、禽畜饲养等领域，并取得了良好的经济效益。地热能直接利用的长处还在于对技术的要求较低，所需设备也十分简易。直接利用地热的方法通常就是用泵将地热流抽上来，通过热交换器变成热气和热液后再使用。整个系统十分简

地热水的一水多用示意图

单,使用的是常规的现成设备,故极有利于普遍推广。

为便于了解,下面我们就地热直接利用的某些情况作一简介:

地热供暖:即将地热能直接用于采暖、供热和供热水,是目前地热直接利用最多的一种方式。它方式简便,经济性好,备受人们青睐。尤其在那些高寒地区,更是一种十分理想的绿色能源。濒临北极圈的冰岛,全国有1/5的土地为终年不化的冰原,全年平均温度接近0℃,但由于当地人民广泛利用该地区丰富的地热资源,从而营造了一个世外桃源般的理想家园。若有机会到它的首都雷克雅未克观光,你就会发现这里没有高耸的烟囱,也没有煤烟的气味,但即使在最寒冷的冬天,居民室内也都温暖如春。原因就在于该市自1928年以来就建成了世界上第一个地热供热系统。现在,这一供热系统已发展得非常完善。每小时可从地下抽取7 000~8 000吨80℃的热水,供全市11万居民使用。在那里,只要打开水龙头就可以获得50~60℃的热水,有的甚至可以达到开水的程度。由于地热能的广泛利用,该市获得了“世界最清洁城市”的称号。

地热务农:地热可广泛应用于农业生产,如利用地热建造温室,用来育秧、种菜和养花。在这方面,冰岛也有十分成功的实例。在雷克雅未克的市郊就建有若干个大型地热温室,那里黄瓜、莴苣和番茄,还有柠檬、橘子、无花果,甚至热带的香蕉、菠萝和咖啡都长势良好,果实累累、四季生长。温室中还培育有400多种花卉,如别具一格的睡莲、千姿百态的仙人掌等等。如果你不走出室外,真想像不出这是濒临北极圈的高寒地区。地热务农当然不限于建造温室,还可以用热水灌溉农田,使农作物早熟增产;用热水养鱼,可加速鱼的育肥,使热带和亚热带地区的食用鱼也能在较冷的地区生长。我国北京、天津、西藏等地就曾利用地热水养殖非洲鲫鱼、罗非鱼、罗氏沼虾等,并取得良好的效益。

地热行医:地热在医疗领域也有十分诱人的应用前景。事实上,利用温泉水进行各种治疗是自古以来就十分盛行的方法。近代的研究更进一步证明,不仅温热的泉水有促进血液循环、改善和调节机体活力的理疗作用,而且发现许多温泉水还含有丰富的微量元素或有益的组分,如用氡泉、硫化氢泉沐浴,可治疗神经衰弱和关节炎,也能防治皮肤病等等。所以世界各地的温泉常常都成为人们竞相奔赴的旅游胜地。如日本就有1 500多个温泉疗养院,每年吸引了上亿名旅客来旅游疗养。

地热的直接利用当然不限于上述三方面。它还可以用于工业,如用地热作干燥谷物和食品的热源,还可用于造纸、制革、纺织、酿酒、制糖等行业。相信随着对地热能的不断开发,其应用的范围也将更加广泛。

(张庆麟)

向岩浆要能源

翻开非洲地图，人们会注意到，非洲东部从南向北有一系列狭长的湖泊断续分布。它们是马拉维湖、坦噶尼喀湖、基佤湖、维多利亚湖、基奥加湖、图尔卡纳湖、阿巴亚湖、阿萨尔湖，并连接红海。为什么这些湖泊会如此集中地分布在这样一条狭长的地带里呢？原来，这里便是著名的东非大裂谷。地质学家们认为它是地壳板块的破裂带，千万年后它有可能发展成如红海那样的新生的狭长海域，会使来自地球内部的热量有可能通过这些破裂带大量外泄，致使这里成为当今世界上四大著名的火山带之一：这里拥有 22 座活火山和众多的休眠火山及死火山。其中最著名的活火山是位于基佤湖畔的尼腊贡戈火山，在其口径约 2 千米的火山口里，还有一个始终涌动着炽热岩浆的岩浆湖。它是世界上现今仅存的两个岩浆湖之一(另一个是夏威夷的基劳埃阿火山)。夜晚，如果你有机会爬上它的火山口向里俯视，你就会看到湖中的熔岩时而涌起，时而下降；偶尔还有大量火红的熔岩像喷泉般向上喷发。那湖面就像一个发光的电网，上面点缀着辉煌的焰火；这个网还不停地晃动，网上的火花此起彼落，令人目眩。这是因为早先溢出的熔岩因冷却而结成了硬壳，但深部的熔岩却继续涌出，使硬壳破裂，产生众多裂缝，炽热的熔岩便透过裂缝散发出灿烂的光辉，使人看上去如闪闪发光的电网……

就是这个曾经火山灾害频发，给人们带来苦难的裂谷带，今天正被世界许多政府和能源专家所看好。人们认为在它的深部隐藏有众多炽热的岩浆，有着大范围被岩浆烤热了的岩石，若能加以利用，至少能提供 7 000 兆瓦的发电潜力。这相当于 12 个或 12 个以上的大型燃煤火力发电站的能力，如能利用，将使全世界输出的地热能增加一倍。

近 20 年来，在肯尼亚首都内罗毕以西的奥勒卡里亚地热区，人们已开凿了 33 个井，井中喷射出来的高热水汽，已形成了高达 45 兆瓦的发电能力。

肯尼亚地热开发的成功，使它的邻居们也纷纷希望加入这个行列。其中，北面的埃塞俄比亚在 6 年前也建成了它的第一个地热工厂。其他位于东非裂谷区的 12 个国家，包括远在最南部的莫桑比克也都在积极地筹划地热能的开发。联合国环境规划署和世界银行认为，气候变化正在使水力发电变得越来越不可靠的时候，来自热岩石的廉价能源，将是非洲在不使用更多的矿物燃料的情况下走向工业化的重要保证。

当然,不仅是东非,世界其他地方也都渴望从岩浆或热岩石获取廉价的能源。如美国地质部就发现,仅美国境内就有5万多处有岩浆活动,每处所拥有的能量相当于可开采1.72亿桶石油的大油田。只要开凿一个宽4米、深6 700米的井洞,就有可能建设一个发电能力在20兆瓦左右的发电厂。目前正在开挖的是美国3个破火山口(巨型的盆状火山口,因受后期继发的火山活动或构造活动的破坏,故称"破火山口")之一。这是一个十分年轻的火山口,最近的一次喷发发生在550年前,因此人们估计会有大量炽热的岩浆在其下面不是很深的地方。预计10年后,人们就有可能在这里建成一个商业发电站。

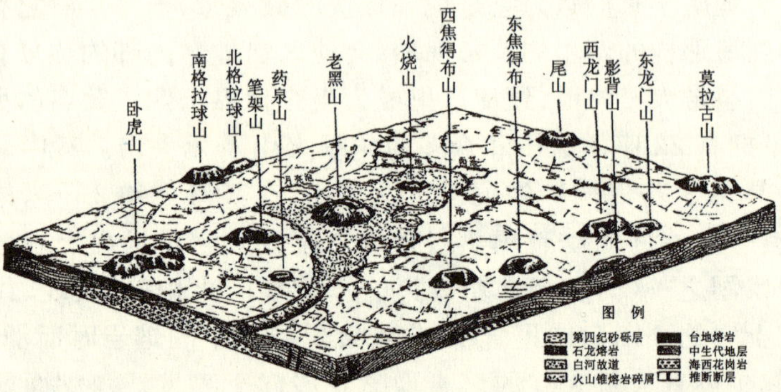

五大连池火山群块状图

已知我国也拥有可开发的岩浆热能。其中最重要的有3个地区:即东北的长白山区和五大连池地区,西南的腾冲地区和台湾北部大屯火山区。长白山区最近的火山活动发生在1702年,距今只不过300年,而且20世纪70年代还发生过几次可能因地下岩浆活动而引起的地震。五大连池有火山14座,其中的火烧山和老黑山在1719年也曾喷发过。云南腾冲是我国火山密集区之一,有火山50多座,其中的打鹰山在1609年可能发生过喷发。1961年还发生过火山地震,表明地下岩浆仍在蠢蠢欲动。台湾的大屯火山则是一个迄今仍有活动的火山。此外海南岛、新疆于田、大小兴安岭等地也可能有隐伏的深部岩浆。遗憾的是,要开发这些岩浆热源,一要有较大的先期投资,二要有较先进复杂的技术,以致它们的开发还迟迟未能排上日程。

最后,我们也要指出,开发岩浆热能并非是绝对安全无害的。专家们也指出,根据许多现代火山活动区常会释放出硫化氢、二氧化硫等有毒气体的情况来分析,对岩浆热源的开发可能会加剧这种有害气体的释放,因此若不采取必要的应对措施,仍可能给环境带来意想不到的危害。

(张庆麟)

我国丰富的地热资源

我国地域辽阔，地质构造复杂，深层“干地热”遍布全国，高温“湿地热”主要分布在3条地热异常带，有着各种各样的地热田。不在地热异常带上的地区，广泛存在着低温地热资源。我国是一个地热资源十分丰富的国家，但开发利用程度却很低。

我国3条地热异常带的分布是，东部地区：台湾省的水热活动强烈，在上百处水热活动区中，有5处水温在100℃以上，最高达140℃。福建、广东的水热活动区近400处，不少地方的水温超过90℃。

华北和东北地区：天津已开采到80℃以上的热水。天津从20世纪80年代开发地热井以来，目前共有地热井184眼，住宅供暖面积863万平方米，利用地热水供生活热水达4.76万户，近百万市民通过各种渠道享用着地热资源带来的便利和实惠。北京的小汤山和温泉镇都有著名的热水泉。在小汤山南郊打的一口地热井，打到372米时，遇热水自喷，钻进到500米终孔时，自喷水头高出地面5米，水温60℃，日出水量1 258吨。太原市区第一口地热井钻凿成功，在2004年3月通过验收。该井深1 339.21米，每日出水量1 996.66立方米，孔口水温54℃，取水样化验得知，热水中富含多种对人体有益的微量元素。山东半岛和辽东半岛的水热活动同样丰富活跃，有不少60～90℃的热水流出。

西南地区的地热资源更加丰富多彩：青藏高原和横断山区是强大的地热活动带，从喜马拉雅山麓到云南西部，已发现14处温度超过当地水沸点的热水资源，水热活动点在1 000处以上。约占西藏面积二分之一的藏北大草原，是个辽阔的高寒地带，北为昆仑山脉，南方是唐古拉山脉，两大山系之间60万平方千米的大草原平均海拔4 500米以上，冰封土冻

我国地下热水分布简图

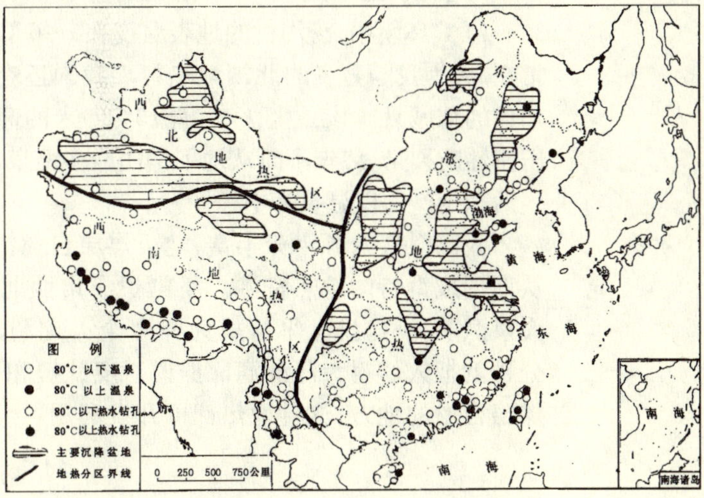

每年达 9 个月，是西藏人烟稀少的天然牧场。在其地下隐藏着三四百个地热群，那曲、当雄、班戈、中扎和羊八井等地除常见的温泉、热泉、沸泉之外，还有喷气孔、冒气孔、沸泥泉、冒气地、盐泉等，水温达 70 ℃以上。羊八井地热田方圆 40 多平方千米，冒出的一股股蒸汽雾温度高达 92 ℃，使人难以靠近。有人把生鸡蛋放入蒸汽孔内，5 分钟左右鸡蛋就熟透了。在羊八井接壤处发现一个热水湖，面积 7 000 多平方米，湖水温度达 50 ℃，在 0 ℃左右的气温环境下，湖面上团团薄雾从湖中升起，高达几十米。闻名中外的云南腾冲火山群为我国最典型的第四纪新生代火山，共有 97 座火山锥。腾冲地热类型丰富，水热活动强烈，规模宏大，全县有热泉群达 79 处之多，尤以龙川江上游和大盈江两岸的地热资源最为丰富。昆明市地下 600～1 200 米的石灰岩地层，富集约 20 亿立方米的热水，水温30～50 ℃，这些热水是由雨水、河流、小溪等地表水通过岩石裂隙渗入地下的岩溶地层之中形成的，600 米以上寒武纪的砂、页岩起了保温作用。广西的桂东南在地质历史上的燕山造山运动(约 1.95 亿年前)以来，深大断裂带区域的水热对流及导热系统至今尚未停止活动，广西著名的温罗高热矿泉就出自深大断裂带上。大气降水和地表水沿着深部断裂和岩石裂隙渗入地壳深部 1 000～2 000 米之间，进行深循环，经地下岩浆热源高温加热矿化后，从深处自下而上以上升泉的形式冒涌，涌出的水温达 53 ℃，并富含 Ca、Mg、K、Na、Li、Ba、Co、Mo、Mn、Cu、Se、Sr、I 等 20 余种人体所需的微量元素。从清朝道光十二年(1832 年)以来，一直是人们向往的沐浴温泉。在北国的辽宁本溪县草河掌乡汤沟村，是一个罕见的地热带，面积 14 平方千米，汤沟村坐落在这个地热带中心。地表 1 米以下，是坚硬的花岗岩，像个巨大的热水袋，里面充满了大量热得烫手的地下水。据测定，地下 100 米处的水温高达 100 ℃，把地面烤得很热。在隆冬时节，气温在零下 30～40 ℃环境中，汤沟村的地表温度在5～6 ℃，这里是冬天里的春天，胜景常在，成为我国著名的北国地热村。我国还有一个自来热水县，它就是四川省的稻城县。该县坐落在海拔3 736 米的高原之上，地下是一条北西向压扭性断裂带，终年不断从地下涌出众多温泉，水温高达 68.5 ℃，这个县的生活和生产都以温泉为水源。

我国煤炭资源十分丰富，地下煤层自燃把地面的石头泥土烤得烫手，从而形成奇特的地热资源。新疆伊宁市西北 19 千米的铁厂沟就有一家火泉医院，一排排土平房成为一个个火龙洞，进入洞内似入蒸笼，不到 5 分钟就把人烤得大汗淋漓。据说对皮肤病和风湿病有奇特的疗效。凡有煤层自燃的地方，这种地热都可开发利用。

（甘德福）

永不枯竭的风能

在美国棕榈泉外缘有一个风声阵阵的圣戈尔尼山口，一排排现代化的风车正迅速地将转瞬即逝的风能变成电能。风能的利用虽然是古代就有了的，但用风力来发电还是近代的事。

人类利用风力的历史十分久远，是利用人力和畜力之后，最早开始利用的动力之一。人类早期利用风力的标志是风帆和风车。风帆是人们常见的一种推动帆船前进的帆篷。500 年前，哥伦布就是利用帆船横渡大西洋，才发现了美洲新大陆的。而老式的风车则是用来引水灌溉和带动其他机械的。

风车和风帆这两种古老的风动工具，曾为人类文明的发展做出过巨大的贡献，但是随着煤和石油的使用，蒸汽机和内燃机的出现，风车和风帆就显得笨拙而落后了，于是渐渐地从能源舞台上退了下来。不过人们并没有忘记风这种取之不尽、用之不竭的无价能量。尤其是到 20 世纪 70 年代，世界出现能源危机之时，动力学家又将目光转向了风。

风能是空气的动能，它是自然界存在的取之不尽的一种能源。产生风能的源泉是太阳，在太阳光的照射下，地球各处因受热情况各不相同，温度差异很大，由温差而产生大气压力差。如赤道一带阳光最强，而地球两极阳光最弱。于是受阳光多的地方，温度升高，空气膨胀，气压下降；而地球两极的情况正好相反，空气冷，密度高，压力就大。于是空气就从压力大的地方向压力小的地方流动，从而产生自然界普遍存在的现象——风。在相邻的两个地区，空气压力差越大，空气流动就越快，风也就越大。

风是一种自然现象，风的能量是很大的。大自然本身并没有目的，更没有智慧，因此当无目的的、不可控的风能肆虐时，造成的风灾是骇人听闻的。据有关资料，全世界范围内，一次就造成 5 000 人以上死亡的飓风，至少发生过 20 次，其中有 7 次，每次造成的死亡人数超过 10 万人。例如，1949 年 11 月大西洋发生的一次风暴，使 600 多艘轮船覆没；我国古代在新疆罗布泊湖附近，有一座楼兰城，在一次风暴中被吹来的黄沙所掩埋。

飓风之所以会造成如此严重的灾害，是因为它包含着巨大的能量。据气象学家估算，一个来自海洋的直径为 800 千米的台风的能量相当于

风力发电站

50万颗1945年在广岛爆炸的原子弹。如果能把一个台风中3%的能量转化成电能，就能得到相当于176万个12.5万千瓦的火力发电厂的发电量。只是可惜，到目前为止，还没有找到利用台风巨大能量的办法，而这正是科学家们梦寐以求的目标。

目前，全世界可能被利用的风能到底有多少？据科学家估计，世界上可以被人类利用的风力资源，如果全用来发电的话，功率大约有10亿千瓦，比地球上可以开发利用的水能要大10倍。全世界每年烧煤发出的能量，只有风一年提供能量的三千分之一。其中仅接近陆地表面200米高度内的风能，就大大超过目前每年全世界从地下开采的各种矿物燃料产生能量的总和。

风能的另一个优点是十分干净，不会产生环境污染。烧柴、烧煤、烧石油都会产生废气，这些废气散发到大气中造成巨大的污染源。而使用风能，不用燃烧，也不会排出废气。风从动力机械中进去是干净的，工作后吹出来也是干净的。

尽管风能有许多优点，如很丰富、分布广泛，可再生又没有任何污染，是取之不尽用之不竭的干净能源，但直到现在，它的利用仍然非常有限，原因是存在美中不足，比如它的能量密度低，又“喜怒无常”，很不稳定，要充分利用它还需要比较复杂的技术。

在古代，风力主要用来提供机械能，推动某些机械运动。而现代，动力学家则热衷于用风力来发电。也就是说用风力推动风力发动机，再由风力发动机带动发电机而发电。

专家们预测，风能不久就可对石油、煤炭、天然气、核能构成挑战和竞争力。在美国，自20世纪80年代以来，风力发电的成本已下降了80%，降到了几乎与水电相当的水平。更大规模的风轮机、新型的叶片设计、使用先进的材料和更加精巧灵敏的电子控制设备，以及更加灵活的轴结构等，必将大大提高风力发电的效率，进一步降低成本。

（周　戟）

风力发电

利用风力发电是所有发电方法中最简单方便的一种,不用燃料、不必筑坝蓄水,更不需昂贵复杂的设备,而且还不排放废弃物。因为其基本原理实际上就是电风扇的原理反其道而行之。电风扇是通电后,电动机转动,带动风扇叶片转动后产生“人造风”,而风力发电则是利用风力吹动风力发电机的叶片,使之转动而使发电机发电。

19 世纪末,人们着手研究风力发电。1891 年,缺乏煤炭资源的丹麦建成了世界上第一座风力发电站。进入 20 世纪,法国、德国、荷兰等国也都开始研究风力发电。第二次世界大战期间,因为燃料缺乏,一些国家积极研制小型风力发电机。20 世纪 60 年代,因石油价格低廉,核电也正崛起,风力发电在一些工业发达国家遭到冷落。20 世纪 70 年代中期开始,石油涨价又促使一些国家重新重视风力发电。

1992 年美国能源部拨 4 000 万美元,资助美国电力公司开发风力发电设备和系统,使美国风力发电的规模迅速扩大。据预测,到 2010 年,美国的风力发电规模将达到 5 000 万千瓦。目前,美国正在对风车进行重大的技术改革,引进了空气动力学和微电子技术,做到使风车的叶片能随着风速的方向随意旋转,并使风力发电全部计算机化,从而使风力发电机的发电能力提高 4 倍。改进后的风车在风速达到每小时 14 千米时就能发电,而且在风速达到每小时 96 千米时仍能继续工作。相比之下,旧式风车在风速达到

每小时 22 千米才能发电,而当风速达到每小时 72 千米时就会停转。

美国开发风力发电的主要经验是:①选择风力充足的地区为场址,当然这是最基本的。②建立风机田。风机田是按一定的排列方式安装大量风力发电机发电的场所,也叫风力田。美国加利福尼亚州阿尔塔蒙特山口的风力田是世界上最大的风力田。在那里,有几千台风车在转动,总装机容量为 67 万千瓦。这片风力田的“收获”,占美国风力发电总能的 40%。③集中建造风机群便于统筹管理、联网运行和维护,可降低成本。④鼓励私营企业开办风电。

我国的风力发电起步于 20 世纪六、七十年代,当时着重于开发小型的风力发电机,用于牧民游牧生活的需要和小型加工机械的用电。此时的其他国家已经着手于大中型风电机组并网发电的研究。近年来,我国已建成了一批规模较大的风力发电场,如:总容量为 1.07 万千瓦的新疆达坂城风电二场;总容量为8 680 千瓦的广东南澳风能电厂等。另外,正在建设的上海郊区南汇风电站,最终将建成 1.5 万千瓦容量的规模。我国风力发电站的建设方兴未艾,上海的崇明、长兴、横沙岛,以及新疆、内蒙等风力资源丰富的地区都在建设或正准备建设风力发电站。

世界各国都在大力发展风力发电之际,人们发现风力发电作为能源也存在许多问题,致使发电效率不高。首先,由于空气的密度小,只有水的百分之一。因此,利用空气流动而产生的风力远远不如水力大。为了获得更大的功率,就必须加大风轮的直径。风力与水力相比,如要获得相同的功率,则风轮直径要比水轮大几百倍。而要制造更大的风轮,技术上达不到。其次,风力变幻不定,有时方向变化无序,有时大小变化无常,这样就难以保证输出稳定的电力。为了解决这些问题,就必须采用复杂的装置,来随机应变。即使这样,也不能彻底解决问题,因为有时根本就没有风。缓解风力不稳定的办法,可以采取将风能储蓄起来,就是在有风时,将风力的能量转变成其他能量形式保存起来,等到没风时,再取出来用。储存风能的方式有很多,如采用压气储能、蓄电池储能和制氢储能等。

(俞君定　周　戟)

风力发电机

风力发电的关键设备是风力发电机，也叫风轮机。从古至今人们曾使用过各种各样的风轮机，而现代使用的风力发电机大致可分为两类：一类是风力发电机的风轮转轴与地面平行，就像常用的电风扇那样，称作水平轴风力发电机；另一类是风轮转轴与地面呈垂直状态，叶片绕垂直轴线旋转，这类风轮机叫做垂直轴风力发电机。目前，商用大型风力发电机组一般为水平轴风力发电机。根据风轮上叶片的多少，水平轴风力发电机又可分为单叶式、双叶式、三叶式和多叶式等。

一般风力发电机都由风轮、增速齿轮箱、发电机、偏航装置、控制系统、塔架等部件组成。风轮的作用是将风能转换为机械能，它由气动性能优异的叶片装在轮毂上组成。低速转动的风轮通过传动系统由增速齿轮箱增速，并将动力传递给发电机。上述这些部件都安装在机舱上，整个机舱由高大的塔架举起。由于风向经常变化，为了有效地利用风能，必须要有迎风调节装置，它可根据风向传感器测得风向信号，由控制器控制偏航电机，使机舱始终对着风。

为了提高风力发电的效率，需要研制性能优异的风力发电机。尤其是在弱风的条件下，要让风力发电机也能转起来。美国洛杉矶的一家公司在20世纪70年代曾设计出一种“增能风力发电机”。这种风轮机的叶片周围有一圈套管式的围带，使风通过时产生一个低压区，低压区产生抽吸作用，使通过叶片的风速增加一倍以上。套管产生低压区的原理就像“过堂风”一样，因为过堂风就是空气通过狭窄的地方时产生低压和抽吸作用的缘故。

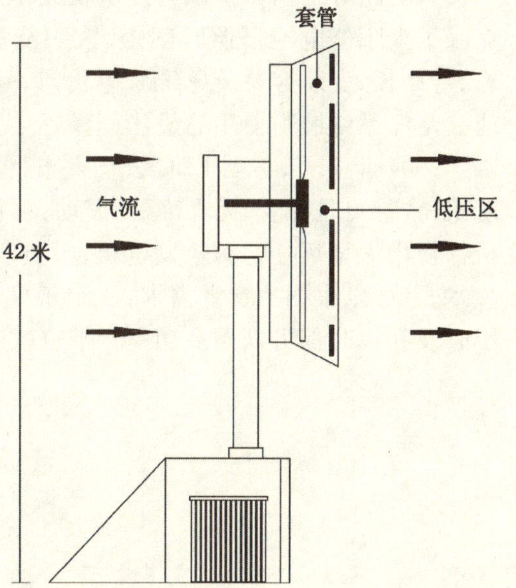

套管式风力发电机原理

这家公司研制的这台增能风力发电机曾做过风洞试验，发现它比普通那种没有围带的风力发电机发出的电力要高5倍多。当时由于没有理想的制造围带的材料(既要轻又要坚固而不变形),因此无法商业化生产。

直到1997年,新西兰的奥克兰公司用一种高强度的纤维复合材料制造了一台实验性的增能风力发电机。这种纤维加强的复合材料的抗弯强度在同样条件下是钢的3倍。其后,该公司制造了2台21层楼高的增能风力发电机,每台能产生3兆瓦的电力。

2004年10月,环球风能科技有限公司在第六届中国国际高新技术成果交易会上,展出了磁悬浮原理无阻尼风力发电机技术。无阻尼风力发电机是利用磁悬浮原理,直接驱动发电机运转发电,从而极大地降低了发电机的机械阻力和摩擦阻力。该技术的使用使风力发电机的风能利用率平均达到40%以上,使风力发电的成本有望和火力发电的成本相媲美。

风力发电机的商业化发展,一方面是加大风轮机的尺寸,以提高功率;另一方面是向多样化发展,以扩大风力发电机的应用范围。

2004年11月,芬兰最大的风力发电机在奥陆市安装成功,预计年发电量将达6 900兆瓦/小时。2004年,德国北部地区安装了一台5 000千瓦的、当今世界上最高的风力发电机。该机的每一片螺旋桨叶片长61.5米,重18吨,风轮机中心轴高120米,预计可供4 000户家庭用电。

在风力发电机的多样化方面,现在已经生产出移动式微型风力发电机、固定式小型风力发电机、风力路灯、微型风力水泵、屋顶风力发电机等。

风力路灯是用微型风力发电机发电系统开发的免维修照明系统,它克服了太阳能电池日照时间短、太阳能面板清洁难的缺点,具有运行可靠、寿命长、安装容易及免维修等优点,是园林、旅游景点、偏僻地区及高速公路等系统照明使用的最佳选择。

2004年7月,美国LLC公司宣布,他们已成功推出导管风扇风力发电机,其特点是安全、无噪声、无震动,可在屋顶上安装。过去的风力发电机都使用大型风叶的涡轮发电机,投资巨大、风力输送系统复杂,利用新技术,就可以根据消费者需求,决定规模大小,并且在风力小于15英里/小时及强风时都可以用高功率宽带电机产生电力。

（周　戟）

风力发电引起的风波和海上风力发电

1994 年上半年,英国的一些报纸上展开了一场有关风力发电的争论,争论的焦点是要不要发展风力发电。过去普遍的看法认为,风力发电是无污染的绿色能源,然而在英国 1990 年正式建成第一座风力发电站后,却引出了一场官司。

英国是从 20 世纪 80 年代开始发展风力发电的,至 1994 年已建立了 20 多个风力发电场。其中在兰迪南建立的风场有 103 台风力涡轮发电机,分布在约 4 平方千米的高地上,组成一个发电能力达 30.9 兆瓦的风力发电站。

原告方是在风力发电站附近居住的居民,状告开发风电场的公司,指控风力发电场机器的嗡嗡声构成了严重的噪声污染。另一起官司是居民状告风电开发公司,由于风电场中高耸的涡轮机严重干扰他们接收电视信号,使电视图像出现重影和闪跳现象。1994 年 9 月,法院经过调查后裁决,原告胜诉。因为在调查中发现,风力发电机产生的噪声能被金属塔架放大,这种反常噪声的刺激特别令人烦恼。而风力发电机对电视信号的干扰也比来自建筑物的干扰更大。

风力发电引起的风波,使英国考虑新的风力发电方针,就是在海洋中发展风力发电,以解决陆地风场引起的噪声干扰和影响电视信号等问题,而且海上的风力比陆地上的风力更强劲和稳定。

10 年来,海上风力发电得到了长足发展。因为海上风力发电与陆地风力发电相比,除了不会扰民外,还有其他一些优点:由于海上没有山丘和建筑物等的阻挡,而且海水对风的摩擦阻力显

海上风力发电示意图

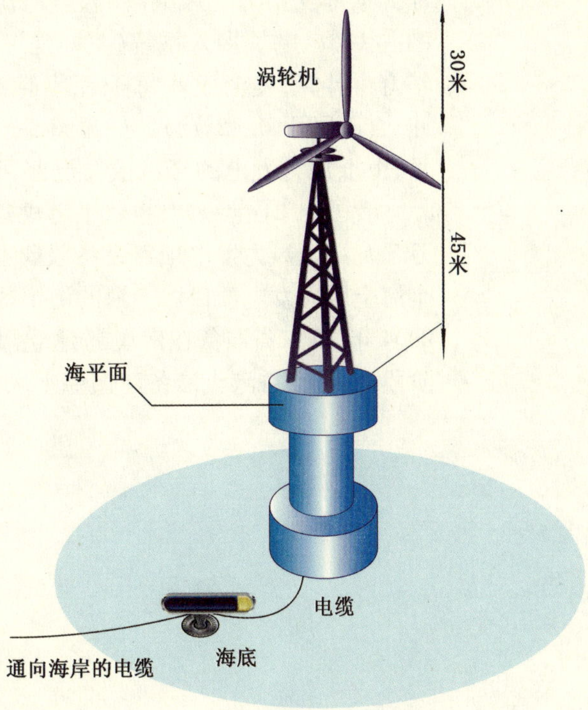

然小于土地对风的摩擦阻力,故海上的风力明显地大于陆地,因而海上的风能输出比陆地高出50%左右。此外,就是海上风力发电机安装简便,一台海上风力发电机只需要300～400吨专用吊机进行安装,而在陆地上则要建造一条专用施工道路。

建造海上风力发电场虽然不用修路,但却需要给风力发电机打造一个稳固的基础。对于浅海的风电场,可以采用混凝土引力沉箱基础。所谓“引力基础”是指依靠地心引力,使涡轮机保持在垂直位置上。这个原理更像传统的桥梁建筑。

在深海处就无法建造落地的基础,工程师们就采用一个空心混凝土制成的稳定浮体平台。在浮体平台上便可固定风力发电机。这个漂浮的平台用高强度耐海水腐蚀的绳索系在许多锚上,即使在飓风中,风力发电机也能保持稳定。

海上风力发电的设施与陆地风力发电不同之处是,除了需要建造稳固的基础外,还需要敷设海底电缆,以便把海上风力发电机发出的电能输送到岸上,与陆地上的电网连接。虽然敷设海底电缆在技术上是成熟的,但这笔投资还是相当可观的。

一项新技术能否投入产业化生产,经济效益是关键。海上风电场的发电成本与经济规模有关。目前,海上电场的最佳规模为120～150兆瓦。据丹麦某海上风电场的建设资料统计:总投资中,风电机占51%、基础占16%、电气接入系统(主要是海底电缆)占19%、其他14%。若按20年寿命计算,发电成本每千瓦小时约合0.36丹麦克朗(相当于0.05美元,合人民币0.42元)。如果寿命按25年计算,还可减少9%。由此可见,海上风力发电的经济效益已经可以与火力发电竞争。

我国自21世纪初,也着手考虑建造海上风电场。2002年12月,上海2万千瓦海上风力发电项目设备采购书通过了上海内部评审,这是我国第一个海上风力发电项目。上海的海上风力发电机将建在浅海的水泥基础上。2004年,广东省准备在南澳岛建立海上风力发电站,目前尚处于前期准备阶段。同年,香港也准备建造海上风力发电系统。

(周　戟)

风力发电的新思路

为了克服扰民的缺点，风力发电从陆地风力发电发展到海上风力发电。但是海上风力发电仍存在风力不稳定的缺点。为了能得到稳定的、更为强劲的风力，科学家们又在思考高空风力发电、太阳能风力发电、人造龙卷风发电、风光互补系统等新思路。

前苏联的一个科学家小组为寻找稳定的更为强劲的风力，在地球的大气层中进行了广泛调查。他们发现，在距地面 10～12 千米的大气层中，有一对流层，其风速达每秒 25～30 米，风能比地面大气层的风能大 2 000 倍，相当于地面上的 10 级狂风，而且稳定不变。显然，这是一种巨大的风力资源，因此，科学家们计划用这种巨大的风能，作出对流层风力发电站的设计。

对流层距地面 10～12 千米，若按陆地风力发电站的模式建造风力发电机的塔架，相当于 3 000 多层的摩天大楼那么高，从目前的工程技术水平来看，几乎是不可能的。于是科学家们异想天开地设计出“空中楼阁”式的风力发电站。

这个新思路虽然是“异想天开”，用现代技术却是可以做到的方案。科学家们准备把一个重量约 30 吨的巨型发电机组用庞大的氦气球或气艇升高到离地面 10～12 千米的高空，放在狂风大作的对流层中。然后采用超高强度的绳索将气球和风力发电机连在一起，而氦气球则用绳索固定在地面上。

风力发电机发出的电力通过导线传到地面上，地面上安装有大功率的变压器和控制设备。据分析计算，大规模的对流层风力发电站的发电成本仅为现有电站的五分之一到六分之一。此外，这种高空电站不仅降低了发电成本，而且可用于无线电和电视传播。

高空风力发电站的蓝图虽然设计出来了，但真要建成这种电站却不是一件轻而易举的事，还需要解决一系列的技术难题，比如气球漏气后怎样修理、充气，以及如何控制气球在高空的位置等。

另一种获得稳定风能的设想是太阳能风力发电站。20 世纪 70 年代末，一位叫尤尔格·施莱希的德国工程师曾提出过一种太阳能风力发电站的设计方案。顾名思义，太阳能风力发电站的工作原理是利用太阳能产生的气流，推动风力发电机来发电。

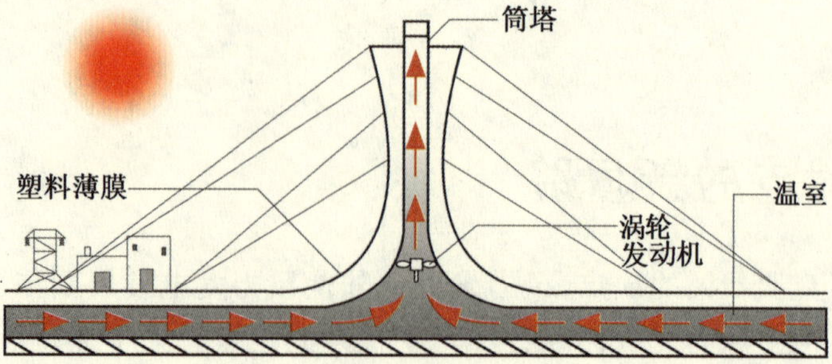

太阳能风力发电站示意图

他的设计方案是先铺设一个大面积的透明的圆形塑料薄膜顶棚,该顶棚的结构是周边低,逐渐向中间升高,并与中间的烟囱状的高塔相连。当太阳能加热塑料棚内的空气,使棚内的空气上升至 20～50 ℃时,棚内的空气就会向中间流动,再借助中央高塔的抽力,便可在高塔内产生巨大的风速。经计算,该风力可达到 60 米/秒,相当于台风的速度。利用塔内的风速,只要装上发电机,就可发出电能。

施莱希的构思在 2002 年得到澳大利亚一家公司的赏识,他们正准备建造一个由太阳能和风能联合做功的试验电站。届时在澳大利亚内陆将耸立起一个 914 米高的混凝土大烟囱,成为世界上最高的人造建筑。根据这家公司的设计理念,他们将在烟囱的基部建造一个面积达 7.5 平方英里的温室。当温室里的空气由于吸收了太阳能而变热之后,就会顺着烟囱上升,从而带动涡轮机发电。该公司估计,热空气形成的上升气流能够带动 32 台涡轮机产生 200 兆瓦的电能,足够 20 万个家庭使用。设计人员认为,如果这个发电厂建起来,预计寿命可达几十年,维修费用不高,效率远远高于将太阳能直接转换成电能的光电转换系统。

在海洋和沙漠上空,由于太阳的照射,热气流上升,冷空气下沉,形成上下流动的风。根据这种情况,科学家们设计了一种巨大的筒状物,并让它漂浮在海洋或沙漠上空,然后用人工方式引导气流在筒内上下升降,从而驱动涡轮机进行风力发电。这就是人造龙卷风发电的原理。以色列的风能塔就是利用此原理进行试验研究而建成的。

风光互补系统是指风力发电与太阳电池发电组成的联合供电系统。无论是风能或太阳能,都有共同的弱点,那就是能量密度低、稳定性差、常受天然气候影响、不连续等。太阳能有日夜间断的不同,而风能则有季节性强弱的变化,如将两者合在一起,就产生互补作用。因此,在设计风力发电和光电系统时,要根据当地的气象条件,选择适当的容量搭配,以得到相对稳定的电能。

（周　戟）

未来能源家庭的宠儿——氢能

氢是宇宙中含量最丰富的元素，也是元素周期表中排行第一的元素。400多年前，瑞士科学家巴拉塞尔把铁片放进硫酸中，发现放出许多气泡。当时，人们并不认识这种气体。1776年英国化学家卡文迪许对这种气体发生了兴趣，发现它非常轻，只有同体积空气的6.9%，他还发现这种气体和一定体积的空气混合后，一点火就会爆炸。以后又发现氢和空气化合爆炸后，在器具上留有小水珠。经反复试验，他得出水是这种可燃气体和氧的化合物的结论。1783年，法国化学家拉瓦锡经过详尽研究，正式把这种物质取名为氢。

氢气一诞生，它的“才华”就初露锋芒。1780年，法国化学家布拉克把氢气灌入猪的膀胱中，制造了世界上第一个最原始的冉冉飞上高空的氢气球，这是氢最初的用途。1869年，俄国著名学者门捷列夫整理出化学元素周期表，赫然坐在第一把交椅上的就是氢元素。此后他从氢出发，寻找其他元素与氢元素之间的关系，为众多元素的发现打下了基础，人们对氢的研究和利用也就更科学化了。

人们开始利用氢气只是用它比空气轻的特点。最初是法国人乘坐氢气球飞上了蓝天。1901年，巴西人制作了使用氢气的飞艇。第一次世界大战结束后，飞艇开始用于民用方面，直到1936年前，充氢气飞艇一直风靡世界。后来由于发生了氢气飞艇大爆炸事故，氢气飞艇退出了历史舞台。新式飞艇改用氦气填充。

20世纪70年代初开始，全世界面临着严重的能源危机。在人们寻

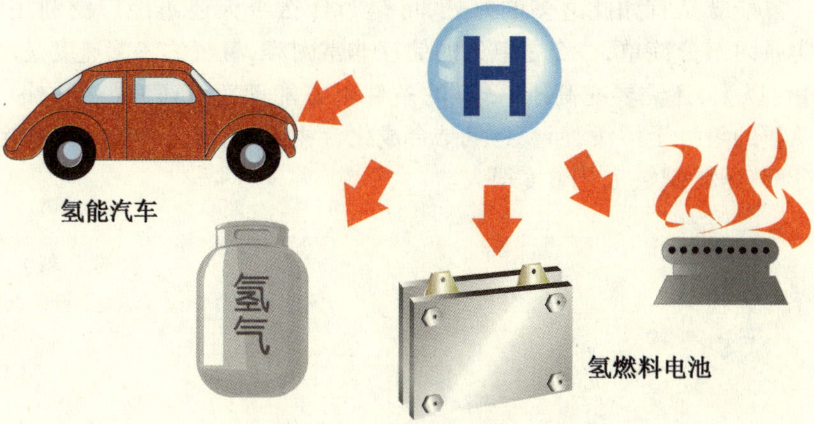

氢能的用途

找其他替代能源中，燃烧值巨大的氢成为首选能源。科学家们发现，只要存在充足的氧，氢气就可以很快地完全燃烧，产生的热量比同等质量的汽油高 3 倍，比焦炭高 4.5 倍。

事实上，氢作为一种高效能源，近半个世纪以来，它一直在做贡献。1957 年，世界上第一颗人造地球卫星就是使用氢氧火箭送入太空的。在这前后，前苏联与美国所发射的导弹武器也都是用液氢、液氧作燃料的。1968 年，“阿波罗号”飞船也是用氢、氧燃料为动力，实现了人类首次登上月球的创举。这一切都显示出氢燃料的功劳。许多实验数据证明，氢可能成为 21 世纪最重要的二次能源。

用氢作燃料，不仅热量大，而且污染少。一般化学燃料燃烧后会产生二氧化碳、一氧化碳、二氧化硫、碳氢化合物等有害物质，严重破坏环境；而燃烧氢时，它同氧化合生成水，这种水是纯净的，无任何害处。而氢本身也是无毒无味的，不会对人类和自然产生影响。

氢气可在－253 ℃的低温下变成液态氢。因此，液态氢是储存在低温、高压的大圆筒——氢瓶里。除此之外，还可用金属或非金属元素吸附氢的办法来储氢。基于氢的一系列的特性，人们已经认识到，对于机动性强的交通运输工具来说，氢是汽油和柴油最理想的替代物。

以氢为能源，不仅可以取代汽油和柴油，还可以氢为燃料制成燃料电池来发电，成为继火力发电、水力发电、核电后的第四代最灵活的发电模式。因此，一旦氢能成为人类社会主要的能源时，人们的生产、生活方式都会发生很大的变化，所谓的“氢经济时代”就来临了。

大自然中蕴藏着丰富的氢，地球上每 90 千克水中就有 1 千克氢，来源稳定。除了大气中含有氢以外，它主要和氧化合成水，广泛存在于地球上。科学家认为，人类可以永久利用的能源除了太阳能、地热能之外，主要就是氢能和以重氢为燃料的核聚变能。

氢能既然有如此之多的好处，可是为什么今天还不能广泛利用呢？其实原因十分简单，一个是氢气的储存非常困难，氢气的渗漏速度是水的 200 倍以上，还需要在高压、低温的条件下方能储存。还有一个原因，就是单质的氢过于活泼，而一旦氢结合成化合物之后，化合物又非常稳定难以分解，因此制氢工艺难度很大。

（周　戟）

氢的制备

尽管氢是自然界最丰富的元素之一,但是天然的氢在地面上却很少有。通常制氢的途径有:从丰富的水中分解氢,从大量的碳氢化合物中提取氢,从广泛的生物资源中制取氢,或利用微生物生产氢等等。各种制氢技术均可掌握,但是作为能源使用,特别是普通的民用燃料,首先要求产氢量大,同时要求价格较低,即经济上合算,这是选择制氢技术的标准。就长远和宏观而言,氢的主要来源是水,以水裂解制氢应是当代高技术的主攻方向。

到目前为止,从水中制取氢的方法主要有热解法、电解法和光解法。

热解法制氢:需要把水加热到 3 000 ℃以上。这时,部分水蒸气可以热解为氢和氧,但是技术上的困难是高温和高压。较有希望的是利用太阳能聚焦或核反应的热能。关于利用核裂变的热能分解水制氢已有各种设想方案,至今均未实现。人们更寄希望于今后通过核聚变产生的热能制氢。

电解法制氢:人们最早的制氢方法就是从电解水开始的,至今仍然是工业化制氢的重要方法之一。尽管改进型的电解槽已把电耗降低了许多,但还是工业生产中的“电老虎”。若用燃烧石油、煤炭来发电(火力发电),再用电来制取氢,显然,用这样得来的氢以取代煤和石油是得不偿失的。其成本比石油至少要贵 3 倍,而且并未根本解决燃烧煤和石油对环境的污染。为此,目前氢燃料只用于专门用途,如推进太空火箭或在航天器中维持燃料电池。这是利用氢燃料的优异性能,目的并非以氢代石油。以氢代石油,只有在太阳能发电的成本大大低于火力发电的价格时,利用太阳能发电制氢才可能被大规模地商业化使用。

光解法制氢:20 世纪 80 年代末,国际上出现了光解海水制氢的方法。由于激光诱导制膜技术有所突破,制成了新型的金属/半导体/金属氧化物光电化学膜,用此膜作为电解海水的隔膜,能使海水分离制得氢和氧。其电耗低,转换率达到 10%左右。此方法已引起各国科学家的关注。

目前,工业制氢方法主要是以天然气、石油和煤为原料,在高温下使之与水蒸气反应,从而制得氢。也可用部分氧化法等其他方法获得氢气。这些制氢的方法在工艺上都比较成熟,但是以化石能源和电力来换取氢能,在经济上和资源利用上都不合算,而且对环境还造成污染。为此,现在以化石燃料制氢的目的并非以氢为能源,而是以氢为化工原料,用于维

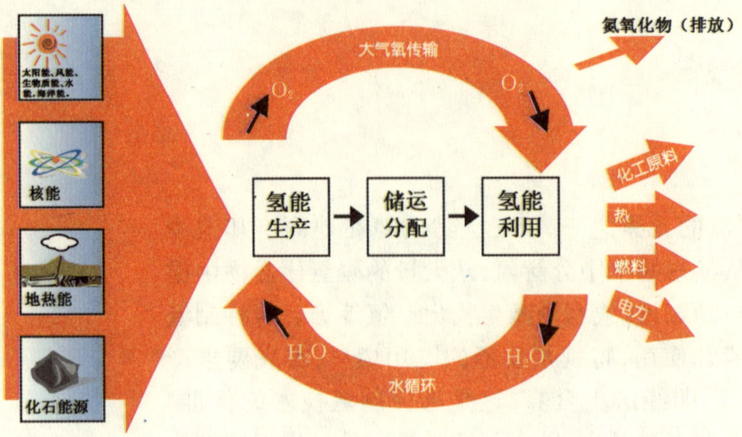

制氢途径及应用

持电子、冶金、炼油、化工等方面的需要。

近来在国外已成功使用的硫化氢制氢的方法，不失为是一种制氢的好方法。在石油炼制、煤和天然气脱硫过程中都有硫化氢产出，自然界也有硫化氢矿藏，或伴随地热等的开采也会产生硫化氢。用硫化氢制氢包括气相分解法（干法）和溶液分解法（湿法），都能同时获得硫黄和氢气。尽管这种工艺需要一定的高温（600 ℃）和适当的催化剂，或经过光照等措施，但是用这种方法制氢能化害为利，既能制得氢气，又能清除污染。

说起化害为利的制氢方法，我国最近研制成功的“烟气中氧化硫制氢技术”与硫化氢制氢有异曲同工之妙。这是利用烟气脱硫产物——稀硫酸与废金属经液相氧化反应进行制氢。令稀硫酸与废铁屑作用生成氢气和硫酸亚铁，此为污染源（烟气）资源化的新途径。该项目是我国“九五”国家重点科技攻关计划专题。现在中试（中间试验）研究已通过“九五”国家级验收，正在申报国家发明专利。

利用生物方法制氢是一种很有发展前途的制氢方法。现代科学已经知道，几乎所有的光合细菌都可以放出氢气，50％以上的藻类植物在一定的条件下也可以放出氢气。如蓝绿藻既能进行光合固氮，又能进行光合放氢，即在光合作用的同时，释放出分子状态的氢气。

利用生物制氢的另一种方法是用发酵菌制氢，它们能够在发酵的过程中放出氢气。我国生物发酵制氢技术研究于 1990 年在哈尔滨工业大学正式开展，该技术以有机废水为原料，利用微生物菌群的发酵作用生产氢气。这样便能在处理高浓有机废水的同时制得氢气和甲烷。该项目于 1999 年完成了中试研究，其试验成果达到了国际先进水平。

科学家们认为，一旦太阳能技术得到重大突破，太阳能制氢将随之成为很有前途的制氢方法。太阳能制氢也有多种方法，但不外乎电解、光解和热解。只是目前大都尚处于试验阶段，批量投产的不多。

（周　戟）

太阳能制氢

氢能是未来的理想能源，它来源丰富、洁净、热效率高。作为能源，必须要解决工业化大生产的问题，但是目前的制氢技术尚不过关。用传统的以化石燃料为原料制氢，或用电解水的方法制氢，不仅经济上不合算，而且资源利用也不合理，有些还会造成环境污染。因此，科学家们把研究方向指向了用太阳能为一次能源的制氢方法。

用太阳能制氢，由于工艺过程不同，开展研究的有用太阳能电解水制氢、太阳能热化学制氢、太阳能光化学制氢、太阳能光解水制氢及太阳能热解水制氢等方法。

太阳能电解水制氢：电解水制氢是获得高纯度氢的传统方法。其原理是将酸性或碱性的电解质溶入水中，以增加水的导电性，然后让电流通过水，在阴极和阳极上分别得到氢和氧。太阳能电解水制氢的方法与此类似。第一步是通过太阳电池将太阳能转换成电能；第二步是将电能转化成氢。这就是"太阳能光伏制氢系统"。该方法从技术上看，实际上就是太阳能光伏发电和电解水制氢两者的结合。应该说这两项都是较为成熟的技术，因此单从技术层面上看似乎没有问题。但从经济上说，它还不如传统的电解水制氢。因为目前太阳能发电技术的产业化生产尚未过关，太阳能发电的成本比火力发电还高出2～3倍。也就是说，太阳能电解水制氢的成本要比传统的电解水制氢高出2～3倍。目前来看，它肯定无法与传统的电解水制氢相竞争。该方法只有等太阳能发电技术取得重大突破，使生产成本大幅度下降的情况下，才可能大规模地投入生产。

太阳能热化学制氢：太阳能热化学制氢的原理是利用太阳的热能促进化学反应而制得氢气。这是率先

太阳能制氢原理图

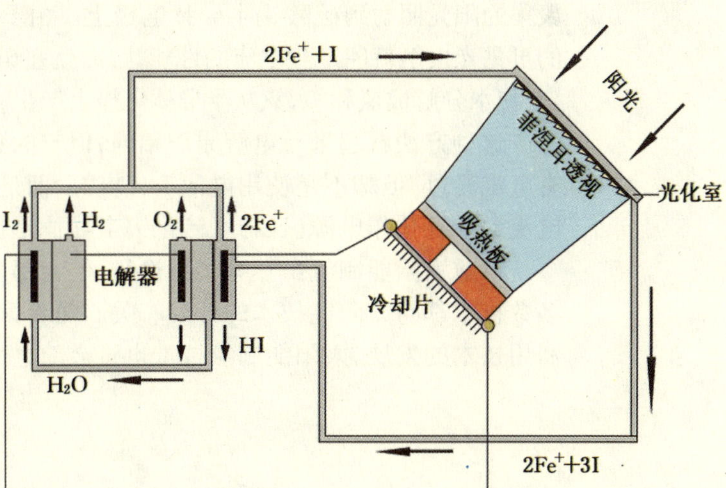

实现工业化生产的比较成熟的太阳能制氢技术之一。它的优点是生产量大,成本较低,许多副产品也是有用的工业原料。其缺点是生产过程需要复杂的机电设备,并需强电辅助。目前比较具体的工艺有太阳能硫氧循环制氢、太阳能硫溴循环制氢和太阳能高温水蒸气制氢等。

太阳能光化学制氢:太阳能光化学制氢是利用太阳光的能量,在某些催化剂的作用下,使含氢物质分解而制得氢气。目前光化学制氢的主要光解物(含氢物质)是乙醇。乙醇是很多工业生产中的副产品,也容易从农作物中得到。在适当条件下,阳光可使乙醇分解成氢气和乙醛。阳光使乙醇分解的条件相对比使水分解的条件要容易些,但是乙醇是透明的,它不会直接吸收光能,必须加入光敏剂(对光敏感的催化剂)。目前,科学家们选用的光敏剂主要是二苯酮。二苯酮能吸收可见光,并通过另一种催化物——胶状铂使乙醇分解,产生氢。然而,二苯酮只能吸收可见光谱中有用能量的5%左右,因此科学家正在探索能提高二苯酮吸光率的新催化物。

太阳能光解水制氢:20 年前,化学家们就提出了用太阳能光解水制氢的设想,但由于一直没有找到能用于批量生产的催化剂,所以至今仍停留在实验室试验阶段。在试验中,化学家发现比较有效的催化剂是二氧化钛(里面充满氧化铁)或者在水中放入一些钌化物,这样,在阳光照射下,水就能不断分解成氢和氧。目前试验的结果,利用太阳能的效率已达到10%左右。

日本理工化学研究所在 1989 年首次实现了利用太阳可见光分解水而获得氢的突破。其方法是在硝酸钾(电解质)水溶液中浸入一根 n 形硫化镉半导体电极和一根纯铂电极,把两根电极连接起来。然后把阳光收集器聚集的阳光照射到硫酸镉半导体电极上。由于这种半导体具有与阳光中的可见光接触就能产生电流的性能,因而就在硝酸钾水溶液中引起化学反应,使水分解成氢和氧,氧从半导体电极上产生,氢则从铂电极上产生。

这种方法看起来与电解原理相同,但它的独特之处是,虽然在电路中有电流通过,但却不是使用电池等外电源,而是使用遇到可见光后就产生电流的半导体作电源。因此,硫化镉半导体是使光能转变成电能的关键。

目前太阳能制氢虽然有多种途径,但大都尚处于探索试验阶段,而且多数技术都与太阳能技术的开发有关。随着太阳能发电技术和太阳能热利用技术的发展,太阳能制氢技术也将会随之而有所突破。

(周　戟)

即将投入生产的生物制氢

人类社会正处于能源结构大变革的转折期，正从不可再生的矿物能源和电能向可再生能源和电能、氢能转变。其中，氢能将在能源结构中占据重要的地位。它将替代汽油、柴油用于各种交通工具，以及作为燃料电池的燃料用于发电。氢作为一种极为理想的“绿色能源”，其发展前景是十分光明的。

现在的问题是氢气制备的困难。从目前世界产氢量来看，96%是由天然的碳氢化合物——天然气、煤、石油产品中提取的，4%是采用水电解法制取。由于传统的化学方法制氢要消耗大量的矿物资源，而且在生产过程中产生的污染物对地球环境会造成破坏，为此，已不适应社会发展的要求。而用电解法制氢，要消耗大量电能，在大多数场合下是得不偿失的。与传统的物理、化学方法相比，生物制氢具有节能、可再生和不消耗矿物资源等许多突出的优点，所以科学家和企业家们都认为生物制氢与太阳能制氢同样是未来氢生产的发展方向。

所谓生物制氢，就是利用各种有机物和微生物制得氢气。目前常用的有机物(底物)为葡萄糖、纤维素和有机污水等，而用于制氢的微生物则有许多种。早从 1942 年起，科学家就开始了利用微生物产生氢气的最初探索。近些年来，他们先后发现了不少能够产生氢气的细菌，这些细菌属于两大类：一类是绿藻、蓝细菌和光合细菌等，这类微生物需要在光的作用下才能产生氢气；另一类是发酵菌，它们能够在发酵的过程中释放氢气。

目前，国际国内对这两大类微生物产氢都有研究，大都尚处于实验室试验阶段。国际上，如日本、美国、德国、以色列、俄罗斯、瑞典、英国等都投入了大量的人力物力对该项技术进行研究开发。在国内，如中国科学院微生物研究所、上海植物生理研究所、上海交通大学等对光解生物制氢技术都有研究，而发酵法生物制氢技术的研究则以哈尔滨工业大学最具代表性。

到目前为止，科学家们发现，与光解法生物制氢相比，发酵法生物制氢技术在许多方面表现出更多的优越性。首先，发酵产氢菌种的产氢能力要高于光合产氢菌种，而且发酵产氢细菌的生长速率一般比光解产氢生物要快。用发酵菌产氢所需的有机底物来源广，一般可降解的工农业

研究人员
正在研究利用
藻类生产氢

有机废料都可能成为生产的原料。发酵法制氢的工艺不但可以实现持续稳定产氢，而且反应装置的设计、操作及管理简单方便。发酵法生物制氢技术较光解法生物制氢技术更容易实现规模化的工业性生产。

我国发酵法生物制氢技术研究于 1990 年在哈尔滨工业大学正式开展。该技术以有机废水为原料，利用驯化厌氧微生物菌群的产酸发酵作用生产氢气，是一项集生物制氢和高浓度有机废水处理为一体的综合工艺技术。该技术在处理高浓度有机废水的同时，回收了大量的清洁能源和甲烷，其试验成果达到了国际先进水平。在这项技术中，反应器中的厌氧活性污泥来源广泛，系统启动时只需对所接种污泥进行一定的驯化，就能达到连续产氢的目的。1994 年完成连续流小试研究，1999 年成功地完成了世界上首例中试研究，其成果被评为“2000 年中国十大科技进展新闻”之一，在国际上引起较大反响。

2003 年，一项世界瞩目的“有机废水发酵法生物制氢技术”作为黑龙江省首项生物制氢示范工程项目，落户哈尔滨工业大学科技园产业化基地环保生物城（位于哈尔滨市高新技术开发区内）。这是生物制氢技术进

发酵法生物制氢示意图

入产业化阶段的开始。该项目预计投资 2 500 万元，占地面积 2.1 万平方米。“有机废水发酵法生物制氢技术”是哈尔滨工业大学在世界上首次研究成功的新型制氢技术，开创了利用非固定菌种生产氢气的新途径，创立了连续流混合菌种发酵法生物制氢的新工艺和新设备，比传统方法制氢节省成本费 50%，氢气纯度大于 99%。预计每天产氢 600 立方米，日产值近 1 万元。产值虽然不高，但在生物制氢产业化生产的领域中，却是“第一个吃螃蟹”的企业。

（周 戟）

生物制氢的方法

生物制氢是可持续地从自然界中获取氢气的重要途径之一。现代生物制氢的研究始于 20 世纪 70 年代的能源危机，1990 年因为对温室效应的进一步认识，生物制氢作为可持续发展的工业技术再次引起人们重视。

生物制氢的方法主要有：光解水制氢、光发酵制氢、暗发酵制氢、光发酵和暗发酵耦合制氢。正在研究的产氢生物类群有光合生物（绿藻、蓝细菌和厌氧光合细菌）、非光合生物（严格厌氧细菌、兼性厌氧细菌和好氧细菌）等。

储氢——新型“氢气瓶”

氢很轻,又容易燃烧,是一种既不便携带又不安全的气体。要有效地利用氢能,需要解决氢的储存和运输问题。

目前的储氢方法有物理和化学两大类。物理方法主要有:液氢储存、高压氢气储存、玻璃微球储存、炭吸附储存、碳纳米管储存等。化学方法主要有:金属氢化物储存、有机物储存、无机物储存、氢化铁吸附储存等。

各种储氢方法各有其优缺点。如液化储氢的储氢量较大,因为液氢的密度为气态氢的 845 倍。但液化储氢面临两大技术难关:一是氢在液化时能耗大;二是液态氢低温储存时容器的绝热问题,当绝热不理想时,液氢的蒸发损失很大。

金属氢化物储氢是利用某些金属或合金与氢反应后,以金属氢化物形式吸氢,生成的金属氢化物加热减压后能释放出氢气。有些金属氢化物储氢密度可达标准状态下氢气的 1 000 倍,与液氢相近,甚至超过液氢。金属氢化物储氢的主要缺点是,由于储氢金属自身有重量,致使储氢金属单位重量的储氢能力低。另一方面,金属氢化物经多次使用后易变质,并降低储氢性能。常用于制备金属氢化物的金属有钛系、稀土系和镁系等。

新型氢气瓶

碳纳米管是很有发展前途的储氢材料。美国麻省波士顿东北大学的一个科研小组在1997年初宣布，他们用石墨超细纤维(碳纳米管)在室温下可储存3倍于其自身重量的氢，比现在任何储氢材料的储氢量都要大10倍以上。

石墨超细纤维为什么能储存如此多的氢，其机制目前不完全清楚。石墨超细纤维的长度为5～100毫米，直径则只有5～100纳米，将这些超细纤维堆积成石墨薄层，这种结构是储氢能力极高的关键。该科研小组的负责人罗德里格兹说，每克单晶石墨可吸收6.2升氢，其上限甚至可达30升氢。他认为，超细石墨纤维之所以有如此高的吸氢能力，是因为通过毛细管作用使几层氢分子凝聚在堆积的石墨薄层之间的缝隙内，缝隙的距离有0.34纳米，而氢分子的平均直径一般只有0.26纳米。当氢分子和石墨中的电子强烈地相互作用时，就可能在薄层之间的缝隙内挤进去好几层氢分子。这是因为当氢分子被吸收时，它们就损失了大量的振动能和旋转能，有效半径就会降低为0.064纳米，为更多的氢分子留下了足够的空间，从而大约可容纳5层氢分子。

狭窄的缝隙还能阻止氧和其他较大的分子从外面挤进去，这样就可以使爆炸的可能性减少到最低程度。

现在罗德里格兹已找到了生产这种纤维的方法，但出于商业的目的，他们不肯提供具体的细节，只是轻描淡写地说，这种工艺可以使每千克超细石墨纤维的成本只需不到1美元。

为了把氢注入所有超细石墨纤维内，首先必须经过酸洗，从催化剂上去掉金属杂质，然后加热到900℃，并放在真空中以去掉石墨薄层之间狭缝内的任何其他气体。然后再用120个大气压的压力将氢注入石墨纤维内。大约用2～24小时的时间，就可以使之完全充满氢气。然后必须维持在40个大气压力下。当使用时，可逐渐降低压力，这时氢气就会释放出来以供使用。

用碳纳米管储氢，我国也有研究，并已取得可喜的进展。2002年，清华大学吴德海教授所领导的碳纳米材料研究小组发现了一种经处理后表现出显著储氢性能的碳纳米管。他们对处理过的碳纳米管的储氢特性进行了系统研究，发现这种碳纳米管具有许多全新的力学、电学、热学和光学性能，尤其是将它混以铜粉后，表现出了显著的储氢性能。课题小组将碳纳米管制成电极，进行电化学实验，结果表明，混铜粉的碳纳米管电极的储氢量是不混铜粉电极的10～13倍。

（周　戟）

新型发电装置——燃料电池

氢能的广泛利用主要是通过燃料电池来发电。

燃料电池是一种将燃料化学能通过电极反应直接转换成电能的装置。这种装置的最大特点是由于反应过程不涉及燃烧,因此其能量转换率高达60%～80%,实际使用效率则是普通内燃机的2～3倍。燃料电池除了效率高以外,还具有排气干净、噪声低、对环境污染小、不需充电、燃料多样化、可靠性和维修方便等优点。在燃料电池中最理想的燃料是氢。

氢燃料电池本质上就是水电解的一个"逆"装置。在电解水的过程中,通过外加电源将水电解,产生氢和氧;而在燃料电池中,则是氢和氧通过电化学反应生成水,并释放电能。

燃料电池的工作原理与普通化学电池相类似,然而从实际应用来看,两者存在着较大差别。普通电池是将化学能储存在电池内部的化学物质中,当电池工作时,这些有限的物质发生反应,将储存的化学能转变成电能,直至这些化学物质全部发生反应,电池便告用完。对于原电池而言,电池放出的能量(使用寿命)取决于电池中储存的化学物质的量,对于可充电电池而言,则可通过外部电源进行充电使电池工作时发生的化学反应逆向进行,得到新的活性化学物质,电池可重新工作。因此,实际上普通电池只是一个有限的电能输出和储存装置。而燃料电池则不同,参与反应的化学物质氢和氧,分别由燃料电池外部的单独储存系统提供,因而只要能保证氢氧反应物的供给,燃料电池就可以连续不断地产生电能,从这个意义上说,氢燃料电池是一个氢氧发电装置。

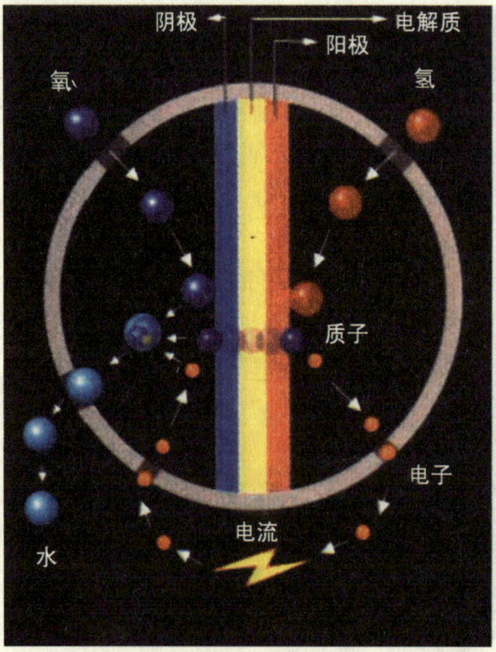

燃料电池工作原理

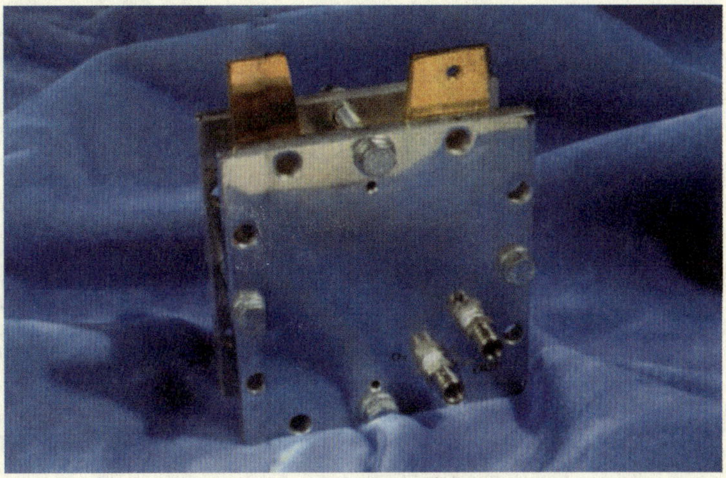

氢燃料电池

国际能源专家认为,氢燃料电池兼具发电设备和动力设备的双重功能:它既是继蒸汽机、内燃机后的第三代动力系统,又是继水力、火力、核能之后的第四代发电设备。氢燃料电池不仅可提供现代交通工具所需的理想的动力燃料,而且也是一座座分散的小型发电厂,给千家万户提供电力,避免大电网断电给社会造成巨大的损失。为此,美国《时代周刊》将氢燃料电池评为 21 世纪对人类生活具有最大影响的十大技术之一。

燃料电池按电池内所用的电解质不同,分为碱性燃料电池、磷酸盐燃料电池、熔融碳酸盐燃料电池、固体氧化物燃料电池和聚合物膜燃料电池。目前国内外较重视聚合物膜燃料电池的研究。

聚合物膜燃料电池在各类电燃料池中虽然出现较晚,但发展很快,其结构简单紧凑,比其他燃料电池有更加高的能量密度和功率密度,而且可快速启动,维护方便。现在人们普遍认为聚合物膜燃料电池最重要的用途是用于电动车,美国、加拿大、日本、德国等国早已推出了聚合物膜燃料电池电动样车。

目前,最接近实用的聚合物膜燃料电池以氢为燃料,以铂为电催化剂,以全氟磺酸膜为电解质。这种电池本身的技术性能已达到较高的水平,存在的主要问题是储氢的问题,且铂和全氟磺酸膜都很昂贵,电池的成本尚不能与多数应用相适应。

聚合物膜燃料电池除了用于电动汽车外,在其他应用领域同样也大有可为。日本三洋电机公司已开发出便携式燃料电池,这个燃料电池重 28 千克,能产生 250 瓦功率。

燃料电池的发展方向首要的任务是降低造价,才有可能参与市场竞争。同时,燃料电池的研制正在向大型化、小型化及多样化发展。当然,更主要的是燃料电池的发展有利于氢能的产业化发展。

（周　载）

氢能汽车

2002 年北美国际车展上,当美国通用汽车公司总裁瓦格纳向在场的数百名来自世界各国的记者介绍“自主魔力”概念车时,几乎所有的人都为这个被称为“汽车工业百年来最伟大的变化”的构想惊呆了。在这款车上,没有发动机,没有变速器、传动轮等机械机构,甚至也没有方向盘……传统的汽车结构被彻底打破,以至通用公司负责该车研发的副总裁波立达博士认为,这是一款完全从零开发的新车,除了 4 个轮子以外,其余都与传统汽车不同。

众所周知,现在的汽车多用发动机驱动,然后通过变速器、传动轴等传动机构将驱动力分配到各个车轮。但是,这种机械机构不可避免地要占用一定的空间,从而限制了汽车的设计。为此,决心另辟蹊径的通用汽车公司首次将氢燃料电池和线传操控技术同时应用到“自主魔力”汽车上。其中,可以化整为零、灵活组合的氢燃料电池组取代了发动机。在燃料电池中,氢和氧化合直接产生电流,再由电动机开动汽车。而线传操控技术则是通过电子方式,使车的操控系统、制动系统和其他车载系统能够进行控制。这样,没有机械结构束缚的“自主魔力”汽车,将汽车简化为两部分:底盘和车身,并且这两部分之间可以进行组合。

丰田公司的 MTR 氢动力原型车

可以设想,未来的汽车将核心部分都装在了底盘上,而车身则用来体现个性的需要。用户完全可以购买一个底盘和多个与之相配的车身,根据不同需要,更换不同的车身,而形成跑车、轿车等等不同的车型。这样就相当于同时购买了多辆汽车。况且,由于底盘不再存在机械磨损的问题,汽车的使用寿命可大大延长。

尽管“自主魔力”车具有划时代的意义,但对于目前的制造技术水平来说,“自主魔力”还只是一个概念，准确地讲，仅是一个伟大的商业构想。瓦格纳表示，当年年底的欧洲车展上，通用将展出可以驾驶的“自主魔力”概念车，但是要实现批量生产，则需要 10 年左右的时间。波立达博士也坦言，“自主魔力”的氢燃料电池技术还存在制造成本高、氢燃料不易储存和加氢网点少等三大挑战。

以氢代汽油做汽车的燃料，已经过日本、美国、德国等许多汽车公司的试验，技术上是可行的，目前主要是廉价氢的来源和燃料电池的成本问题。

另外，在车上储存氢燃料也是一个比较困难的技术，它关系到汽车续驶里程、存储装备的大小等一系列问题。在常用的储存方法中，无论是液化、加压，还是用与其他元素结合的固态氢化物来储存，都还有很多技术上的问题。现在新一代的燃料电池虽然比以前的体积大大减小，相对于汽车还是太大了。

至于加氢网站，从技术上看，可以用机器人来操作超低温的液态氢。大众和奔驰两家汽车制造厂与德国的头号石油公司亚拉公司已经联手研制出了这种机器人加氢站。

2004 年，通用汽车与壳牌氢能源公司联合宣布，全球第一个加氢加油站在美国首都华盛顿建成。通用汽车目前在该地区进行示范运行的 6 辆氢燃料电池车将成为其首批客户。

据介绍，新落成的加氢加油站将同时为消费者提供普通汽车的加油服务和燃料电池车的加氢服务。其加氢设备的设计兼顾考虑了目前燃料电池的两种氢存储方式，提供液氢和压缩氢气。波立达博士认为，加氢加油站的建成对全球汽车产业具有里程碑式的意义，让所有人能切实看到氢能源所带来的优势；同时有助于通用汽车与壳牌能源公司进一步完善燃料电池技术，为氢经济蓝图的最终实现提供更多的实践支持。

尽管首座加氢加油站已经落成，但问题还在于加氢网站的数量。为了满足大批量的氢能汽车投入运营，政府需要建立数量众多的加氢网站，这笔投资将是十分巨大的。

目前看来，氢能汽车投入产业化生产尚有一些技术上和经济上的问题需要解决。比较现实可行的是采用氢气与汽油混烧的掺氢汽车。掺氢汽车的发动机可以用原有的发动机，只要稍加改变或不加改变，即可提高燃料利用率和减轻尾气污染。使用掺氢 5%左右的汽车，平均热效率可提高 15%，节约汽油 30%左右。因此，近期可多使用掺氢汽车，待氢气大量供应后，再推广全燃氢汽车。德国奔驰汽车公司已陆续推出各种掺氢汽车，其中有面包车、公共汽车、邮政车和小轿车等。

（周　戟）

“氢经济时代”渐行渐近

2004 年 5 月 25 日北京，大雨滂沱中，由警车开道，一列车队行进在北京街头。排在车队最前列的是与众不同的奔驰牌燃料电池轿车和大客车，以及清华大学研制的燃料电池大客车，沿途引来了众多人士关注的目光。车队最终到达人民大会堂，来自世界各国的政府高层官员、企业家、专家学者和投资者共 700 余人从车中鱼贯而出，参加在这里举行的第二届国际氢能论坛。如此高规格的论坛，不由得使人们预感到，“氢经济时代”已渐行渐近了。

所谓“氢经济”，就是以氢为能源而驱动的经济。人类社会目前正处于“碳氢（碳氢化合物）经济”时代，化石能是主要的能源。化石能是一种有限的、不可再生的，以及有污染的能源。因此，开发和利用来源更为广泛、清洁、高效的新能源已刻不容缓，而氢能就是这种理想的新能源。

以氢为主要能源驱动社会经济将有以下诸多好处：第一，由于氢能来源广泛，分布相对均匀，人们都有机会获得和使用，因此，人们称氢能为“民主能源”。发展氢能可以减少因抢占能源而引发的冲突和战争。第二，氢能是可再生、无污染的，以氢能为基础的“氢经济”将是人们梦寐以求的、可持续的绿色经济。第三，氢能的使用将使能源的生产、分配和使用方式发生彻底改变。

氢经济是一项系统工程。它包括制氢、储氢、输氢、用氢、基础设施建设、氢安全法规等。

制氢：目前世界各国的制氢技术主要以石油、天然气的蒸气重整和煤的部分氧化法为主，传统的电解水制氢也占一定的比例。但用这种制氢法制得的氢，只能供应化工、电子、冶金等行业的需要，用作能源则既不经济又不够用。为

氢经济时代的城市示意图

此，发展氢经济必须以可再生的太阳能或生物能为一次能源来制氢。

储氢：氢的储存也是一个难题。高压和液氢储氢是比较传统和成熟的方法。而利用储氢材料储氢是近二三十年才发展起来的。主要用的是：金属材料储氢、非金属材料储氢和有机液态储氢材料。但用储氢材料储氢的技术，还正在研发之中。

输氢：输氢的方式多种多样。目前多为现场制取现场使用。当然也有少数的管道和车辆输送。氢的运输可以是气态、液态和氢化物。无论哪种状态都可以使用管道和车辆输送。在未来的氢经济时代，应该建成全国性的管道输氢网络，才能满足作为能源供应对氢能的需要。

用氢：氢能可以通过涡轮机、内燃机、燃料电池转化成机械能、电能、热能。氢作为航天飞机发动机燃料的技术已相当成熟，而作为涡轮机、汽车内燃机燃料的技术还处在研究、试验阶段。目前已开发出多种燃料电池，但还没有一种燃料电池技术可完全满足商业化的各种指标要求。

"氢经济"是未来社会的基础，这个观点已被许多国家的领导者所接受，尤其是发达国家。为了抢占未来的制高点，美国、欧盟、日本等国都纷纷制订发展"氢经济"的蓝图。美国在2002年出台了题为《国家氢能发展蓝图报告》的规划。报告认为，氢能是美国未来能源的发展方向，美国要走以氢能为能源基础的经济发展道路，向"氢经济时代"过渡。美国在其后发表的《美国向氢经济过渡的2030年远景展望报告》中建议，美国向"氢经济"过渡应采取三步走战略：

第一步，技术研发、政策制定和市场培育阶段。在该阶段首先要对氢能的生产、运输、存储、应用所需关键技术进行研发、试验和示范，为发展"氢经济"提供技术支撑。技术研发的重点是氢的生产技术、固态存储技术、以氢为燃料的内燃机技术，以及如何降低燃料电池的成本等。

第二步，向市场过渡。在此阶段氢能的生产技术已相对成熟，且多元化；氢的运输、存储会更加经济、安全、高效；燃料电池、氢燃料发动机、涡轮机的成本会大大降低，性能更加优异。此外，政策环境、市场环境也将有利于氢能的发展，从而使氢能正式进入市场，与其他能源特别是化石能源进行市场竞争。

第三步，扩大市场和完善基础设施建设。

"氢经济"是人类社会向往和追求的理想经济体系，但发展"氢经济"还面临很多困难和挑战，而实现向"氢经济"过渡更是一个漫长的过程。但"氢经济"是人类社会的发展方向，人们有理由相信，经过几十年、几代人的不懈努力，发展"氢经济"的美好愿望会得到实现。

（周　戟）

初显身手的能源金属

2003年3月6日上午9点整,在上海华泾路的一个厂房内,聚集着许多中外专家和众多媒体的记者。他们的视线都聚焦在厂房中心的一辆汽车上。这辆车虽然外表与其他汽车并没什么不同,但它却没有发动机,没有汽缸、变速箱,也没有排气管,取而代之的是电机、控制器和一叠叠的锌空气金属燃料动力电池。

“这种车能跑吗?”人群中有人疑惑地问。就在这时,车却毫无声息地启动了,还掉了个头向厂房外驶去。有人蹲下身闻了闻,果然没有任何废气排出。这时,车越跑越快,但仍然没有那隆隆的车声。顷刻间人群中爆发出热烈的掌声……这是我国首辆以锌空气燃料电池为动力的电动汽车公开亮相。在这之前,它已完成行程超过200千米的杭州至上海的实际行驶试验。

锌空气燃料电池是当今世上公认的最佳的动力电池,它使用经过类似“膨化”处理的锌金属板为阳极,以空气为阴极,用氢氧化钾作为电解液,使锌高强度氧化产生的化学能转化为电能来工作(此过程中锌的氧化与煤氧化燃烧相似,故也称其为燃料)。据专家们介绍:当今世上已被人

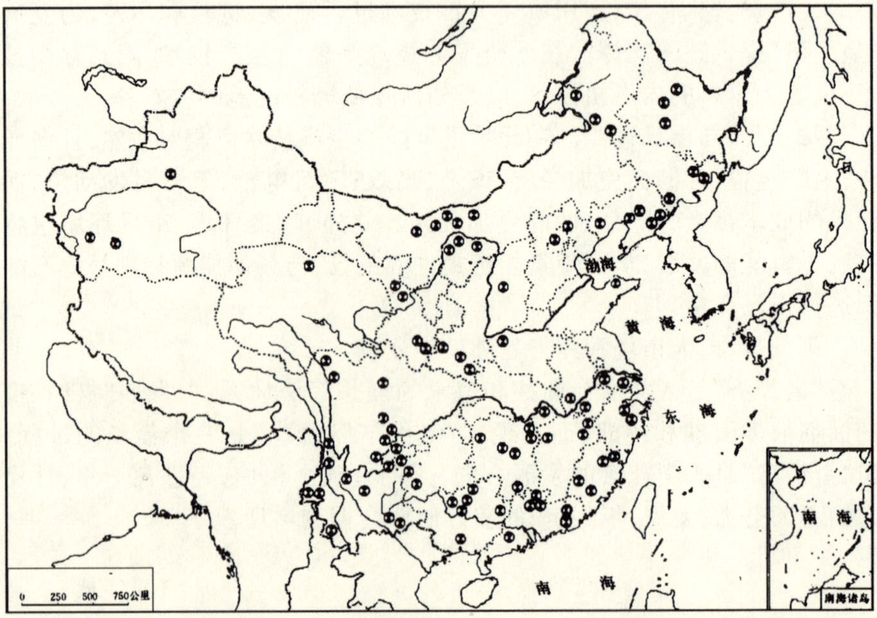

我国主要铅锌矿资源分布略图

们研制出来的动力电池有若干不同的品种。其中锂离子电池的呼声最高。它的能量密度大,但是性价比、安全性差,若用作车用动力电池易燃易爆。而且,现有的锂离子电池工艺也不够成熟,目前还不可能大规模推广。在燃料电池中,氢氧燃料电池是最好的,因为全球无论是海洋中、空气里,还是生物体内都存在大量氢氧化物,因此,不存在原料缺乏问题,而且在工作过程中不会产生任何污染,是十分理想的能源。但目前氢的提取技术还没能完全解决,加之储氢困难,使用的催化剂铂金属在全球储量十分有限等因素的制约,使其至少在近 20～30 年中很难实现商业化。在金属燃料电池中,铝空气电池和锌空气电池最有前景。铝空气电池潜在的重量能量比是锌空气电池的 2 倍,但是氧化铝的电解还原过程极其耗电,民用前景可说是微乎其微。而锌空气电池虽然在重量能量比上逊色于铝空气电池,但比当今已在广泛使用的铅酸电池则要高出 5 倍。每千克铅酸电池大约能提供 40 瓦时的电量,而同重量的锌空气电池则能提供 200 瓦时的电量。另外,人们还估计,随着技术的改进,锌空气电池的重量能量比还能再翻一番。更重要的是,锌空气电池还是一种十分清洁的能源,它也几乎不会产生什么污染。使用完后,用户可以在“换电站”进行更换。在换电站,人们则只需对已氧化的锌板进行还原处理,然后又可重复使用。在这过程中,即使有少量锌的损耗,由于锌是许多生物包括我们人类必需的微量元素,因此它的耗散也不会像铅那样给环境带来危害。

锌空气电池还有一个优势,就是它具有较丰富的资源量。已知锌在地壳中的平均含量是 0.009 4%,相当于核能资源铀的 55 倍,是金的 1.4 万倍,比铅也要高出 7.8 倍。可见在地球上,锌不是十分稀缺。在自然界,锌多以硫化锌(闪锌矿 ZnS)、氧化锌(红锌矿 ZnO)、碳酸锌(菱锌矿 $ZnCO_3$)等状态产出。其中尤以硫化锌最为常见。当今人们开采的锌矿藏,矿石中锌的平均品位一般在 1%以上,也即此时锌的富集程度要比地壳平均含量高出 100 倍以上。已知世界上的锌矿藏大致有两大类型。一类为层控型矿床,它包括沉积改造和火山沉积型,是世界上最重要的锌金属来源,拥有许多世界著名的特大型铅锌矿床(锌经常与铅共生)。如澳大利亚布罗肯希尔铅锌矿,金属储量超过 5 000 万吨,品位高达 25%左右。美国密西西比河谷的维伯纳姆矿带,也拥有金属储量 3 000 万吨,品位 4%～6%。我国云南兰坪金顶的铅锌矿也属于此种类型。另一类是热液矿床。此类矿床的规模不如前者,多为中小型但分布相对广泛,尤其在我国分布较广,几乎全国大部分省(市)都有发现。截至 1999 年底的统计,世界上锌矿储量最多的国家是澳大利亚,次为美国,我国则位居第三。其中我国的锌资源量为9 172 万吨,约占世界总资源量的 10.7%。它们

铅酸电池
（12伏）

主要分布在陕甘、川滇、湖南、广东、辽宁、内蒙等地。另外，人们还预测我国尚有潜在的铅锌资源5亿吨(一般情况下铅锌资源比在1∶1.2～2.5间)。显然，这丰富的潜在资源将为我们发展锌空气电池奠定良好的物质基础。

众所周知，由于环境和石油危机问题的日益严重，许多有识之士纷纷呼吁废弃使用燃油发动机的交通工具，改用电动车辆。许多国家也把电动车的发展列入可持续发展战略的一个重要环节。又据了解，我国的电动汽车虽然刚刚面世，尚未正式走上市场，但电动自行车近几年却有突飞猛进之势。2002年全国销量比2001年增长了100%，达到100万辆。估计2005年将达到300万辆。上海还计划把现有的35万辆燃油助动车全部用电动车来代替。其他城市也有类似计划。不过，现有的电动车都使用铅酸电池。它虽然避免了燃油排放温室气体等问题，但仍存在可能产生的铅污染，以及效能较低的问题(其一次行程只有40～50千米)，若能改装锌空气电池，不仅可使重量减轻5千克，一次行程可增至150～200千米，而且几乎是零污染。真是好处多多！

鉴于锌空气电池的这些优点，2004年在上海召开的能源环境和可持续发展研讨会上，长期从事物理科学研究的中科院院士何祚庥就提出，希望在2008年奥运会期间，马路上的车辆都能用上锌空气电池。还有人预言，不久人们将迎来一个"锌经济"时代。

据报道，电动车有望首先在我国大规模投入生产。中国在今后3年中将加大投资力度，保证研究成果产业化。因为发展电动车将是我国在汽车整车研发水平方面赶上和超过世界先进水平的惟一希望。我国还为2008年奥运会开列出20亿元电动车订单，并规定只能是国内生产。目前承担大客车项目的是北方车辆工厂；承担纯电动轿车项目的是上海奇瑞和天津汽车；燃料电池客车则由清华大学和北京客车总厂合作研发。因此人们完全可以预期，到2008年将有大批使用锌空气电池的汽车驰上街头。

（张庆麟）

零动力传输的范例——热管

热管是一种高效传热器件,被称为"超导热体",它可以将大量热量通过很小的截面积远距离地传输而不需外加动力。

热管的原理最早是由美国俄亥俄州通用发动机公司的高勒提出的,但却遭到了冷遇。时光悠悠,直到20世纪60年代,美国负责原子弹研制的洛阿拉莫斯国家实验室的格罗佛等研究工作者重新独立发明了类似于高勒提出的那种传热元件,可以用在航天器热控设备上,具有异乎寻常的传热能力,并正式取名为"热管"。从此,随着热管应用需求的强大牵引,吸引了众多科学工作者从事热管的研究,使热管得到了飞速发展:1967年,一根不锈钢水热管首次被送入地球卫星轨道,并取得热管运行性能的遥控数据,证明热管在零重力条件下能够成功运行。1968年,热管作为卫星仪器温度控制的手段,第一次应用于测地卫星,达到了减少卫星中不同应答器之间的温差。1970年,热管的应用从航天扩大到地面。值得一提的是,在横穿阿拉斯加的输油管线工程中,采用了热管作为管线的支撑以满足工程的传热需要。这项工程共使用了11.2万多根热管,单根热管的长度达到9～23米。

热管技术的发展促使热管技术的交流活动日益频繁。自1973年在德国斯图加特召开第一届国际热管会议至今,已召开过十三届热管国际会议。第十三届国际热管会议是在上海举行的(第八届国际热管会议是1992年在北京召开的)。除此之外,中日、中澳还多次召开双边和多边的热管技术研讨会。国内的热管技术交流会也十分活跃,从1983年起已先后召开过六届全国性热管会议。

热管的组成是很简单的,典型的热管由管壳、吸液芯和端盖组成。现以铜管和水为工质制作的热管来说明它的工作原理:铜管在高温端吸收热量,并将热量传给水,水吸热后变成蒸汽,蒸汽在压差作用下抵达低温端,同时又凝结成水,放出热量,然后,水又依靠重力回流到高温端。如果是在太空中失重状态下,由于水不能靠重力自然回流,热管还必须采用毛细材料进行特殊的毛细结构设计。

热管的最大优点是具有极高的导热性,其导热能力与银、铜、铅相比,差别达几个数量级,称热管为"超导热体"是很合适的。热管还具有优良的等温性、冷热两端传热面积的可调性和实现远距离传热、控制温度等一系列优点。根据热管的结构、材质和工作液体(工质)的不同,以及用途的各异,热管通常可以分成这样几种:若按照热管管内工作温度区分,有低温热管(－273～0 ℃)、常温热管(0～250 ℃)、中温热管(250～450 ℃)、高温热管(450～10 000 ℃)等。若按工作液体回流区分，有有芯热管、重力热管、重力辅助热管、旋转热管、电流体动力热管、磁流体动力热管、渗透热管等。若按结构形式区分，有普通热管、分离式热管、毛细泵回流热管、微型热管、平板热管、径向热管等。若按功用区分，有传输热量的热管、热控用热管、制冷热管、仿真热管等。

热管具有诸多优点，如极高的导热性、均温性、热流密度可以变化等，它在太阳热水器领域具有广阔的应用前景。目前，我国太阳能应用中热管技术主要集中在民用热水器上，如平板式热管太阳热水器和热管真空式太阳热水器。

热管太阳热水器的关键部件是热管，这种热管一般采用两相闭式热虹吸管。此种热虹吸管与普通热管一样，利用工质的蒸发和冷凝来传递热量，且工质不需外力而自行循环。由于热虹吸管没有吸液芯，冷凝液从冷液段返回到蒸发段不是靠吸液芯所产生的毛细力，而是靠自身的重力。该热管工作时具有一定的方向性，即蒸发段必须置于冷凝段的下方，这样才能使冷凝液靠自身重力得以返回蒸发段。现今大部分热管太阳热水器的吸热部分——热管，均采用这种两相闭式热虹吸管结构和工作原理。而从它的结构和工作原理中，我们不难看出，此种热虹吸管结构简单、制造方便、成本低廉，且传热性能优良、工作可靠。因此它是众多专业太阳热水器生产厂家首选的一种热管，受到广大热管太阳能工作者的青睐。

根据热管的工作原理，热管的结构可分成蒸发段(吸热)、绝热段(传热)和凝结段(放热)。热管中能使热管有效地进行热传递的部分就是工质，而工质在热管中温度变化的情况，将直接影响热管工作质量的好坏。液体从凝结段端开始流动，直至凝结段出口，沿着流动方向，液体平均温度是下降的，因为这正是热管的放热过程；在绝热段，液体由于与蒸汽换热而温度升高，这是热管的传热过程；在蒸发段，液体由于与壁面换热而温度迅速升高，直至液体平均温度高于蒸汽温度，液体又开始蒸发，这正是热管的吸热过程。

要想使热管能够有效地传递热量，必须使蒸汽、液体产生有效的循环，不能发生阻塞。为了保证热管的热循环能顺利地进行，除了保证热管的换热机制外，还应保证热管内部的 3 个部分(蒸发段、绝热段、凝结段)的体积分配比例关系恰当。而 3 个部分中蒸发段工质的多少最为重要，只要确定好了蒸发段的工质，其他两个部分的量就容易确定下来，这样就可以使热量的有效传递得到保证。

热管的研发和应用只有 40 多年的历史，它的发展是异乎寻常的。热管技术的明天也许会更加超乎想像。

（吴　沅）

冷热自有“掌舵者”——热泵

很多人对水泵是不陌生的，一台抽水泵利用人力或电力可以将深井中的水抽到地面上来，也就是说，水泵是把有形的水从低位送到高位。热泵则是把人们看不见的“热”从低位（低温）泵升至高位（高温）释放加以应用，称为逆向循环。而正向循环是将热能转变成机械能的过程，比如蒸汽机火车是利用蒸汽热能推动活塞作机械运动，而使火车车轮转动，这就是正向循环的实例。

空调机和电冰箱等的工作原理与作逆向循环的热泵是相同的。前者我们已耳闻目睹，相当熟悉了，因此热泵实际上是个并不令人生疏的产品。其中的区别仅在于：若使用的目的是从低温热源吸走热量则称为制冷机，当使用目的是向高温热源释放热量则称为热泵。

热泵是一种高效节能装置，还具有缓解大气污染和温室效应的积极作用。

热泵若按工作原理的不同，可分为蒸汽压缩式热泵、吸收式热泵、热电式热泵、蒸汽喷射式热泵和化学热泵等。若按照驱动方式可分为电动机驱动和热驱动。若按热源形式，可分为空气源热泵、水源热泵、土壤源热泵、太阳能热泵和蓄热型热泵等。为了弥补单一热泵可能存在的局限性，还发展了复合热泵如太阳—空气源热泵、土壤—水源热泵、太阳—水源热泵、太阳—土壤源热泵等。

热泵的工作原理：热泵由压缩机、冷凝器、膨胀阀和蒸发器组成。其中压缩机起着压缩和输送制冷剂的作用，是热泵的心脏；冷凝器是热量输出设备，它将蒸发器吸收的热量连同压缩机所消耗的电功一起输送给供热对象；膨胀阀则起着对制冷剂的调节流量作用；蒸发器是热量的输入设备。通过制冷剂（亦称工质）不断完成蒸发→压缩→冷凝→节流→再蒸发这样一个循环过程，再在设备中增加一个控制工质流向的换向阀，使其完成与制冷过程相反的逆向热力循环，从低温热源处吸收热量，并将这些热量转送到受热区域，达到供热的目的，这就是热泵工作原理。

现在简要介绍几种热泵。

空气源（风冷）热泵：是以室外空气作为热源，具有简单、初期投资低、技术比较成熟、年运行时间长等特点。在冬季气候比较温和的地区，如我国长江中下游地区使用相当普遍，但在夏季高温和冬季寒冷的地区不仅热泵效率会大大降低，甚至无法工作，结霜和噪声大是其两大缺点。据统计，我国热泵空调器已占年空调器产量的80%～90%，而用冷热水机组的热泵自20世纪90年代开始，在夏热冬冷的地区得到了广泛的应用，其中中央空调采用热泵冷热水机组的已占到20%～30%，而且还有继续扩大的趋势。一个新的信号是空气源热泵热水器已在我国热水器市场上亮相，并获得好评。

水源热泵：是以水为载体，可高效地利用地下水、地表水、工业废水污水等作为低位水源，节能效果十分明显。由于水温度相对稳定，波动范围远小于空气温度的变化，因此水源热泵不仅性能稳定、工作可靠、运行费用低，还能一机多用，满足供暖、供生活用热水的需要。据美国环保署估计，水源热泵平均可节约30%～40%运行费用。缺点是受到可利用水源条件、水层的地质结构等因素的限制。北美、中欧和北欧各国对水源热泵进行了大量的应用研究和工程实践，已广泛应用于住宅、办公楼、商场和公共建筑中，效果良好。我国对水源热泵的应用已产生了较为浓厚的兴趣。中国建筑科学研究院空调所使大连电力大厦使用水源热泵，水源是发电厂的循环水，每年可节约运行费5万元/平方米。清华大学教授认为“一户一机、深井回灌”的水源热泵适合我国同时需要供热和空调的住宅小区使用。中国的水源热泵与国外相比还存在较大差距。

土壤源热泵：是利用地下岩土中储存的太阳能和地热能作为热源的闭路循环地源热泵系统。地源热泵在欧美等国已有几十年的使用历史。据1999年统计，地源热泵在家用供热装置中所占比例瑞士为96%，奥地利为38%，丹麦为27%。我国的地源热泵技术尚处于研发阶段，但已有少数几家引进美国的地源热泵技术推出商用和家用机组。

太阳能热泵：一般是指利用太阳能作为蒸发器热源的热泵。可分为直膨式和非直膨式。这是将太阳能热利用技术与热泵技术有机结合起来的一种热泵。它也具有“一机多用”的优点，即冬季供暖，夏季制冷。在太阳照射条件良好的条件下，可以获得比空气源更高的蒸发温度，而且对室外气温下降带来的供热变化影响较小。它的造价与空气源热泵相当，但性能优于空气源热泵，无论在节能、安装及全天候性方面都显得很突出。日本、美国、澳大利亚、瑞典、土耳其、印度尼西亚等国均在大力发展太阳能热泵。太阳能热泵正在得到越来越广泛的关注。

蓄热型热泵：是为克服家用热泵在低温下使用时室外机出现结霜的现象，为了化霜，热泵会停止向室内供热或供热量很少，因而需要采取补救措施，即在一般的热泵系统增加一个蓄热器。当室外温度降到较低的温度时，由蓄热器的热量来弥补，使室外机避免出现结霜现象，也就不会影响热泵的正常工作。由于避免了间歇运行中的启动、停机，不仅有利于热泵的使用寿命，还可免去不必要的能源损耗，是大有发展前途的一种热泵系统。

（吴　沅）

激光能源

当你走进歌舞厅时,可以看到激光影碟;当你去打印文件时会见到激光照排。更让人称奇的是,激光竟能帮助实现无性生殖。

激光,这一20世纪60年代才诞生的高科技名词,如今几乎家喻户晓,尽人皆知了。

激光也是光,但不是普通的光,而是一种具有高密度能量的特殊光,是在"受激辐射"条件下产生的。1958年,美国两位科学家首先公开发表了世界上第一个激光器理论研究成果与设计方案,激光器取名叫Laser(莱塞)。1960年,美国科学家梅曼制成世界上第一台红宝石激光器。紧接着,1961年,我国第一台激光器创制成功。之所以称为创制,因为除了基本原理外,结构上完全出于自己的创造,与梅曼的激光器迥然不同,达到世界先进水平。

激光具有一系列与普通光完全不同的特性。一是激光的方向性极强,就像一条直线笔直射出,如果将激光束发射到距地球38万千米远的月球上,激光在月球表面产生的光斑直径还不到2千米,而用最好的探照灯光束照到月球上,其光斑要达几百千米。二是激光的亮度极高,一台高功率固体激光器发出的光的亮度比太阳光的亮度要高出几千亿倍。一台普通的红宝石激光器发射的光在月球上产生的效果比星星高100倍,而且照在月球表面的红色激光斑明显可见。三是颜色很纯,也就是单色性极好。普通的白光是由各种颜色合成的光,因此它不是单色光(单色光的波长范围应小于十亿分之一米),激光完全可以视为极纯的单色光,可以用于测量长度,不仅能达到极高的精确度,而且能对超长距离进行精确测量。四是激光的相干性极好。

机载激光武器

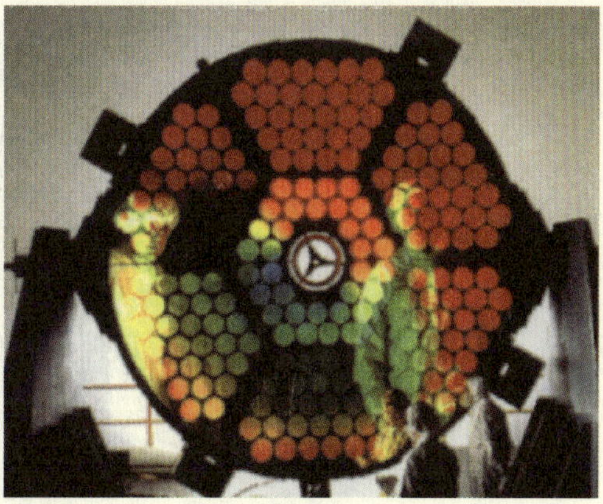

所谓“相干”，就是波长的波峰相互重叠，波谷相互重叠，使光波的幅度加大的现象。激光就能做到这一点，相干性好，可将其能量汇聚在空间的极小区域内，引发核聚变。比如把核燃料做成比芝麻还小的微型小球，用激光去照射它，使微型小球被加热到上亿摄氏度高温，所产出的能量密度与原子弹爆炸时所得到的超高能量密度相当。激光在实际应用中只需取其特性之一二就足够了。

由于激光具有显著的特性，其发展异常迅猛，已经形成了激光物理及激光技术等专门的新兴学科，而且在国民经济、科学研究和军事工业中得到了广泛的应用。

激光加工：开始于20世纪60年代，是工业生产中最早应用激光技术之一。激光加工分为两类。一类是利用材料吸收激光能量产生的快速热效应进行的加工过程，如切割、焊接、打孔、划片、成型及热处理等；另一类是利用光化学反应和伴随的热效应进行加工，如激光刻蚀等。

激光通信：是将激光束作为载送信息的载体，以电话通信为例，语音通过电信号发生器变成电信号，编码器对电信号进行编码，调制器则将已编码的电信号对激光束进行调制，使激光束随语音的变化而变化。接收时进行解调、解码，再将光信号转变成电信号，再还原成语音。激光通信的特点是：信息容量大，比电通信大10亿倍。通信质量高，可做到通话声音清晰，数据传输准确、图像传输色彩逼真，且保密性极好。更重要的是激光通信特别适合电视、图像和数据的传递。一对光纤可在1分钟内传递全套《大英百科全书》。

激光医学：是采用激光技术研究、诊断、预防和医治疾病的技术。激光医学技术能够解决许多传统医学所不能解决的问题，能治好过去被认为难治的疾病。

激光武器：与火炮、导弹等相比，具有许多优异性能。速度快，光束以每秒30万千米的速度传输，打击目标几乎无须计算提前量；摧毁力强，通过聚焦可达到极高的能量密度，使目标汽化、熔化、穿孔、断裂甚至爆炸；价格低，每发数千美元，远低于防空导弹的单发费用(每发30万至50万美元)；转移火力快，能在极短时间内转移射击方向，是拦截多目标的理想武器；抗干扰能力强，目标几乎不能利用电磁干扰手段避开激光武器的射击。激光武器已被广泛使用于防空、反坦克、轰炸机自卫、星载激光武器等方面，并显示了它神奇的威力。

（吴　沅）

微波能

微波是介于300～300 000兆赫之间的一种电磁波(1兆赫 $=10^6$ 赫兹),其波长范围从1米到1毫米,比无线电波还微小,因而人们称它为"微波"。

微波是一种造福于人类的能源,也是一种令人望而生畏的能源。

说到微波,让我们先讲一个小故事:有一个名叫唐蓬村的小村庄,位于四面环水却又是四处悬崖峭壁的法属留尼旺岛中心盆地,村庄里不缺水独少电,为此,村民们离开家园的倾向日趋严重。经过考察,法国全国空间研究中心的居伊·皮尼奥莱认为,只需在悬崖的半高处安装1 000平方米透明的"天线"——接收机,依靠宇宙中的微波就能转化为电能,可为村庄提供10千瓦的电力。经过反复试验,利用微波发电取得了成功,使小村庄恢复了生机。皮尼奥莱的微波发电试验成为世界首创。2001年5月,在这个岛上召开了一次无线电力传输技术的国际会议,会议确定工作频率在2.45千兆赫(即微波)的磁控管(类似家用微波炉中的磁控管)将用于传输频率,因为这种频率可使能量轻易穿过大气层,被由盘式天线、低压电流二极管和电子回旋加速器(波动转换器)组成的地面设备"捕获",最终转变成高压直流电源。会上,研究人员还展示了样机并进行演示,皮尼奥莱认为无线电力传输工程规模十分巨大,但其优越性是显而易见的,也是可行的。

微波能够输电,何不将微波能用作飞机动力,用作航天器的动力!据报道微波飞机的研制已经进入实施阶段。科学家们认为,制造微波飞机的原理正好和微波输电相反,即将地面上的电能转换成微波,利用地面上的反射天线发射给天空中的飞机。飞机再将由天线上接收到的微波能转换成电能,促使发动机运转,从而产生飞行动力。

目前,美国和加拿大等国都投入了微波飞机的研制,有的已取得成功。美国航空及太空总署和能源厅已经将研制成功的微波飞机使用于地球的定点观测上。该微波飞机机翼宽度为45米,总重量270千克,无人驾驶,可在21千米高度连续滞留数个月,飞机上配有高精度摄像机,用来监视和摄取地面上的目标。加拿大研制的微波飞机同样可以在空中飞行几个月,用来监控来自大气层中的各种有害气体,也可成为无线电通信转播站,就像一颗在低空飞行的通信"卫星",引人注目。

发射微波能的武器系统

现在对相当一部分人来说，微波炉已是非常熟悉了。它是利用微波能转化为热能，扮演“烹饪之神”的角色。

微波炉最早出现在 1980 年巴黎日用电器展览会上，“烹饪之神”果然不同凡响，做饭做菜异常神速，是传统的炊具所无法比拟的。微波炉是利用微波遇到金属产生反射，而遇到水分、蔬菜、肉类等食物时，“微波”不但能透过食物，还能将“微波能”“没收”的特性研制成功的。在微波炉中装有能产生每秒 24.5 亿次频率的磁控管(工业用为 9.15 亿次)，这每秒钟几十亿次的变化，会产生大量的热能，将食品“烧”熟。

实验还证明：微波烹饪的热效率高达 80%，具有无烟、干净、省电，保持食品营养价值等特点。同时微波炉还可以起到消毒作用，现代医学认为，要彻底杀灭细菌，3 分钟内温度应升高 121 ℃，这种要求在常规条件下是无法达到的，但微波炉却完全能达到。依此类推，将微波炉作为防蛀

发射微波能的武器系统

杀蛀设备,更是“小菜一碟”。

利用微波能,目前已研制成功微波焊接机(其能效高达 60%)、微波烟尘过滤器(可使柴油机排气污染减少 90%)、哨声微波水壶、微波烘干机等等,微波已经走进了不同的领域,走进了寻常百姓家,发出了自己应有的光和热。

微波能正在造福于人类。但毋庸讳言,微波能也在威胁着人类:这就是微波武器。

微波武器是杀人不见血的“恶魔”,专家们已探明,微波能对人体的杀伤作用可分为“非热效应”和“热效应”两种。“非热效应”是由较弱微波能量的照射引起的,会引起头痛、烦躁、神经错乱、记忆减退等现象。如果将这种效应作用于军事人员,会降低甚至丧失作战能力。据报道,这种“非热效应”在 20 世纪 70 年代曾发生在美驻苏大使馆内,使美驻苏使馆人员患“微波病”。另外,据美国最近的一个研究报告称,美国俄亥俄州的居民反映在那里的大气中有能引起人们头痛、喉干、抑郁、失眠等反应的物质或能量。有关专家认为,可能是俄罗斯试验中的微波武器所致。“热效应”是指在强微波照射下,造成人体皮肤灼伤、眼白内障、皮肤及内部组织严重烧伤和致死等现象。试验表明,当微波能量密度达到 20 瓦/厘米^{2}时,只需照射 2 秒钟,即可造成人体三度皮肤烧伤,达到 80 瓦/厘米^2 时,1 秒钟就能置人于死地!另外,强微波能量能穿过大于本身波长的所有缝隙,以及玻璃或纤维等不良导体,进入目标内部,杀伤里面的人员,甚至连封闭工事和装甲车辆内的战斗人员也难逃脱它的“魔爪”。微波能对电子设备的破坏可称“能手”,当微波能以 0.01～1 微瓦/厘米^2 照射时,电子设备会受到干扰而无法正常工作,当微波能达到 0.01～1 瓦/厘米^2 时,照射下的电子设备会失效或烧毁。当受到超级微波能量 1 000～10 000 瓦/厘米^2 极短时间的照射,可使 14 米远的钢板燃烧,能点燃 76 米处的铝片,使 260 米处的闪光灯灯泡瞬间点燃。若继续加强微波能密度,有可能引爆远距离弹药库或核武器。微波能还是隐身武器的克星,因为微波能摧毁隐身武器要比摧毁常规武器需要的能量小得多。

微波能的杀伤作用不容小视!

(吴　沅)

捕捉雷电能

2004年6月26日下午2点10分左右，浙江省临海市杜桥镇杜前村的三四十个村民，正围聚在一棵大杉树下避雨。突然，电光一闪，紧接着是一声震耳欲聋的惊雷，顿时，围聚着的村民倒下了20多人。其中11人当场死亡，15人不同程度受伤。受伤者在送医院途中又死了4个，另还有2人在医治过程中不治而亡，使整个事件的死亡人数升至17人。

其实，类似的因雷击而造成伤亡的事件，并不鲜见，年年都有发生。据美国气象部门统计，在过去的30年中，全美每年因受雷击伤害的达数千人之多，死亡近百人，财产损失达1亿～3亿美元。我国广东省在1996～2000年的5年中，因雷击造成981人伤亡，经济损失15亿元。除人员伤亡外，雷电还常常带来其他灾难。如我国大兴安岭的森林火灾、山东黄岛的油库大火，也都是雷电的"杰作"。还有全球电厂的停电事故也常缘起雷击。尤其是信息时代的今天，计算机网络、通讯指挥系统、公用天线已成雷电电磁脉冲灾害的重灾区。故雷电之害实不容忽视。

众所周知，雷电之所以能为非作歹，是因为它在瞬时会释放出拥有巨大能量的强电流。据科学家们的测算，一次强烈闪电的电量，足以牵引一列有14节车厢的火车行进200千米，或点亮300万盏电灯泡。又有人指出若闪电两端电压为1千万伏，闪电中的电流为2万安培，则在闪电发生的那一瞬间，它的功率可达2亿千瓦；而我国葛洲坝水力发电站的设计发电能力仅为270万千瓦。据大量的观测研究资料，人们估计全球平均每天有超过100万次的雷电发生。据此不难估算出，每天将会有多么巨大的能量被释放出来。有人打趣地说，如果我们有办法把这些雷电能全收集起来利用，那么全球的发电厂都可以关门休息了。

在闪电的时候，电能转变成热能、光能和声能。

我们究竟有没有可能把雷电加以利用呢？读者也许早已听说，18世纪时，著名美国科学家富兰克林曾用风筝把天上的闪电成功引下地面的故事。现在看来，这只是一种小儿科的把戏，不足以把闪电大量引下,但它毕竟说明采用类似的手段可以把天上的电人为地引向地面。正是根据这一思路,1989 年,我国科学家研制出了一种“引雷火箭”。当天空中乌云翻滚、电闪雷鸣之际,人们就可以把引雷火箭射向天空。这腾空上升的火箭带着一根细如马尾的钢丝,直窜千米高空,钻入乌云之中,从而把云层中蓄积的电能通过那细细的钢丝引向地面。据报道,自 1989 年以来已成功地进行了 30 次这样的引雷实验,使本来张牙舞爪的闪电和震耳欲聋的雷鸣顿时消失。不过,这几次引雷,都是把雷电引入地下来消除雷击可能造成的祸害,还没能把引下的雷电储存起来加以利用。显然,如果人们能解决好储存问题,那么雷电能的利用就有可能成为现实。

不过,人们也指出,要实现雷电能的大量利用,除了贮存问题外,还需要克服以下的困难:首先雷电是一种不以人们意志而转移的自然现象,我们不知道它会在什么时候、什么地方发生。因此就像捉迷藏一般,我们很难及时地捕捉到它们。再者,从时间上说,虽然全球每天都有超过 100 万次的雷电发生,但对于庞大的地球来说,每年每平方千米平均还不到 1 次,而且绝大多数还是发生在海洋上,这就更增加了捕捉的难度。此外,人们还发现,雷雨云单体的尺度一般在 1～10 千米左右,所以两次闪电之间间隔着很大距离。有人测量过,在强雷雨时,闪电间隔的平均距离是 2.4 千米;弱雷雨时其平均间隔则有 3.7 千米。也就是说如果雷电发生时要全部捕捉它们,就必须随时大范围地调整捕捉的方位。显然在这些问题没有解决之前要想大规模地利用雷电能还只是纸上谈兵。

虽然我们目前还无法大规模地驾驭雷电能,但局部地在特定的项目上已有了成功利用的实例。其中最成功的是进行人工闪电制肥。人们早就注意到,闪电产生的高温足以使空气中的氮氧化成氧化氮。氧化氮溶于水便成为硝酸;硝酸与土壤中的钾钠离子结合后便形成具有肥效的硝石。人工闪电制肥就是要模拟这个过程。方法是在田野里竖立 3 根杆子(制肥器),一般用木杆,杆高约 20 米,杆距 120 米,杆子顶端装有金属接闪器,并用金属导线将其与埋入土中的地线连接。然后测试实验地段附近地区的雨水及土壤的氮含量变化。第一次雷击强度较小,在以杆为中心、半径 15 米范围内,氮含量增加了 0.94～1 千克/666 平方米,相当于硫酸铵 4.7～5 千克/666 平方米的肥效。第二次雷击强度较大,有效影响范围扩大到半径 50 米,氮含量增加了 2.7 千克/666 平方米,相当于硫酸铵 13.55 千克/666 平方米的肥效。

此外,据说在日本还有人利用雷电产生的强大冲击力来进行岩石爆破和采矿,还有人利用雷电来夯实松软的建筑地基等等。

(张庆麟)

威力巨大的地震能

2004 年年末，人们刚刚渡过欢乐的圣诞节，热烈的庆典活动使许多人还沉浸在节日的欢乐中，但翌日一早，12 月 26 日上午 8 时 58 分一场意外的未带任何前兆的灾难，便突然降临到人们头上：在印尼苏门答腊岛附近海域发生了百年以来世界第五次大地震(我国地震台网测定为 8.7 级，美国地调局定为 9.0 级)。继而又引发了横扫东南亚和南亚诸地的大海啸，使这一地区的十几个国家遭受了严重的损失，不仅一些沿海建筑被彻底摧毁，旅游业、渔业受到毁灭性打击，还导致 22 万多人死亡，许许多多人受伤……

尽管这场百年未遇的大海啸是地震诱发的，但由于这次地震发生在波浪滔滔的海域里，人们没能观察到地震本身所引起的严重破坏。其实，地震的破坏力是非常惊人的。年长一些的人大多还会记得 1976 年发生在我国的唐山大地震。虽然其震级仅为 7.8 级，但却使繁荣的唐山市顷刻之间变为一片废墟，使 24 万多人死于非命，16.5 万人受伤。强烈的晃动，使远在几百千米外的北京、石家庄等地都能感觉到。试想，要让这样几万平方千米的土地发生震动，让几百几千平方千米的地块发生位移，需要多么大的力量啊！地震威力由此可见之一斑。

根据大量的观测资料与计算，科学家们认为一次 7 级地震释放出来的能量约为 2×10^{22} 尔格，也即相当于 50 颗广岛原子弹爆炸；而一次 8

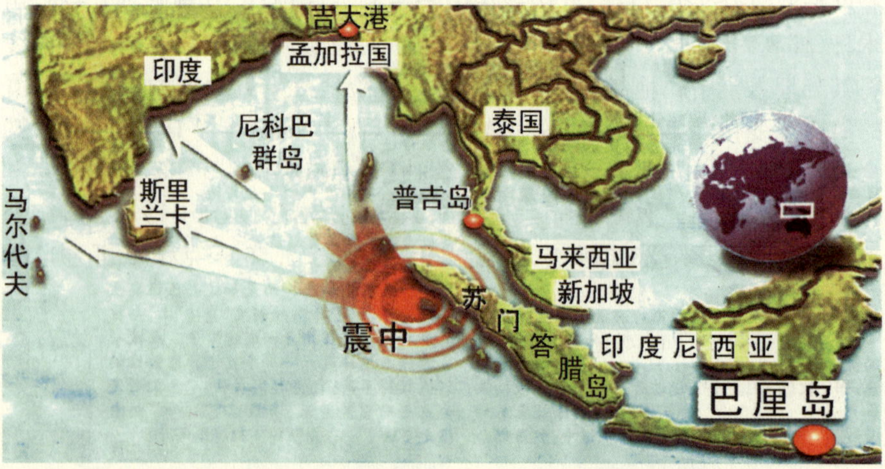

2004 年年末东南亚大海啸区域

级地震则会释放出相当于1 650颗广岛原子弹爆炸的能量。也就是说,地震震级每差1级,地震能量就差33倍。2004年年底的苏门答腊地震所释放的能量,可相当于54 450颗广岛原子弹。据统计,全球平均每年大约要发生500万次地震。虽然绝大多数是释放能量有限,人类无法直接感受到,只有利用仪器才能测出的低级地震;但具有一定威力、不用仪器我们就能直接感受到的地震,每年仍有5万多次。其中能造成重大破坏的7级以上的大地震,平均每年也有十几次。据此可以想象,每年通过地震释放出来的能量是多么的巨大!

1966年3月8日中国邢台地区地震,滏阳河畔地裂的情形

对于这样巨大的能量我们有无可能加以利用呢?或者说,我们有无可能在地震发生前,预先把蓄积在地层中的地震能采集走,让地震因失去动力而不能为非作歹呢?

回答这个问题,我们先要来了解地震究竟是怎样发生的?众所周知,地震是地壳运动的一种表现。根据当代已取得广泛认同的"板块构造"学说,人们认为地球表面坚固的岩石圈(它由地壳及地幔顶部的橄榄岩层共同构成)就像七巧板一般,是由若干大小不一的板块组合而成的,板块与板块之间既可以互相背向而行,拉开距离,从而在它们之间形成巨大的裂谷和新生的海洋;也可以互相相向而行,发生相撞,从而形成高高崛起的山脉;它们还可能像本来停靠在一个车站上的两列火车一般,互相向着相反方向擦肩而行。当然不管板块的运动方式如何,其运动的速度都非常缓慢,平均每年只有几个毫米或几个厘米。事实上,许多时候板块的运动会因受到相邻板块(或岩层)的顽强抵抗而受到阻滞,但来自地球内部的驱动力却没有停滞。于是受阻的前沿便会受到来自后方的强烈推挤,而且随着时间的推移,挤压力也将越来越大。终于有一天,它会大到足以突破前方的阻力而骤然前冲,这时就表现为地震。对方的阻力愈大,本方积累的推挤力也愈大,前冲时产生的地震也就愈大。

在地震力的复杂作用下，造成铁路弯曲，地面下沉、扭曲、剪切、错动

明白了地震发生的机制，当我们企求采集利用地震能时，显然我们首先应该找到的是板块运动时受阻的“前沿”，那里蓄积着最大的能量。应该说，以我们今天的技术水平，要确切地找到这样的“前沿”是有一定难度的。这也就是我们至今还无法准确地预报地震将在什么地方发生的缘故。

岩层受到挤压，就会在岩层中产生地应力。地应力越大，表明岩层受到外界的作用力也越大，那里发生地震的可能性也就越大。因此地应力的测量将有助于我们预测地震可能发生的地点和时间（当然不是十分准确的）。

我国科技工作者曾设计出一种简易的地应力测量仪。即将装有两个相互垂直的感应元件的金属筒，埋入地下。感应元件用弹簧中夹有碳精粉和橡皮沫的橡皮管制成。橡皮沫的作用是使碳精粉具有良好的弹性，从而提高感应元件的灵敏度。接通电流后，若地应力加大，弹簧紧缩，碳精粉的电阻变小，电流量就增大；反之减小。据此可以观测地应力的变化。

倘若找到了“前沿”，接下来就是如何采集地震能的问题，也就是怎样才能把地块运动的挤压力转化为我们可利用的能源？应该说，对于这个问题，人们至今还毫无头绪。这一方面主要是，地震虽蓄积有巨大的能量，但对于一个特定地区的有限面积来说，其能量却又是十分有限的、非常微弱的，若想获得足够大的能量，就必须在非常广阔的范围内进行采集。这在目前还不可能实现。另一方面，我们也不知道采用什么样的方法可以把地层中蓄积的这部分能转化为可利用的能源。

鉴于以上原因，地震能的利用在目前还排不上人们的议事日程。

（张庆麟）

有待开发的重力能

众所周知，在地球上任何物体都会受到地球引力的作用，而且正是在地球引力的作用下，物体才有了“重量”。我们也把地球引力称为“重力”。我们还知道，在重力作用下，物体都具有一定的“势能”（或称“位能”）。势能的大小，既与物体本身的质量有关，也与物体所处的位置高低，即离地心的远近有关。同一个物体，若作向上移动，其势能就会随高度而增加，但这个能量不会凭空获得，必须通过我们做功来获得；若该物体作向下运动，它就会随着高度的降低而不断地释放出一些能量来，使原有的势能减小。这释放出来的势能，也就是我们所说的“重力能”，若能加以利用，它就能帮我们做功。

其实在日常生活中，人们已大都自觉或不自觉地利用了一部分重力能。如称量物体的重量，就是利用置放物体的秤盘因位置改变，释放出来的势能作用于磅秤的指针而获得。再如骑车人都有这样的体验，在下坡时可利用重力的牵引而轻松行进，甚至还可以利用下坡的冲力来给接下来的上坡之行助一臂之力。还有水力发电，实际上也是利用了重力能。试想如果没有重力的牵引，水又怎么会具有如此汹涌澎湃的下泻威力，又怎能推动水轮机来发电。诸如此类，不一而足。

然而所有这些已被利用的重力能，若与无所不在、蕴藏丰富、用之不尽的重力能相比，可说还只是九牛之一毛。重力能不仅蕴藏丰富，而且还是一种绝对环保、零污染的能量，因此如何才能更多更好地开发利用重力能便引起了人们的极大兴趣。遗憾的是应该说直至今日人们还未能找到十分有效的途径。虽然已有一些人提出了若干不同的设想，但这些设想是否真正能够付诸实施，能否起到应有的效果，还有待人们去进行不断地探索。为便于读者的了解，我们摘取三例以供参考。

前面我们曾经提到，水力发电就是利用水在重力的牵引下迅猛下泻的冲力来发电。受水力发电的启发，有人建议在一些高山采矿场和工地，也可以利用开挖出来的土石向下倾倒的动力来发电，以解决工地施工所需的部分能源。为此应该建造一个必要的用于倾倒土石方的溜道，并配备能经受土石冲击的轮机。

设想之二是利用汽车的重力来为交叉路口的红绿灯提供电源。方法是在交叉路口设置一些稍稍突出地面的弹性路垫。它类似于为限制车速而设置的路障。每当车子驰过这些路垫时，汽车的重力会通过这些路垫传递给下面的感应器。让感应器中的转轮像磅秤中的指针一样，因压力而转动。只要不断有车子通过，感应器中的转轮也就会不停地运动，并带动发电机发电。虽然这样的装置不可能产生大量的电力，但设想者认为足可用来为交通路口的信号灯提供电源，甚至还可能为部分路灯提供电源。但其前提是要有足够多的车辆通过。

设想中的“重力能源列车”示意图

设想之三是所谓的“重力能源列车”。这一设想就是利用列车下坡的冲力。为了能充分利用列车下坡的冲力，使这部分冲力还能为上坡路段与平地行驶所用，列车必须配备一定的储能设备。设想中的储能设备可以是风力发电机，它利用列车下坡时产生的反向风来发电，并把所发的电力储存在高效能的蓄电装置里；还可以装置能高速运转的惯性飞轮，让其把列车下行时释放出来的部分势能转化成为飞轮的转动，并将其储存起来；也可以装置空气压缩机，利用下冲时产生的压力来压缩空气，并将这部分压缩空气贮藏起来。除此之外，列车还应该装置有太阳能电池和空气燃料电池以作必要的补充能源。按照设想，有了这些装置以后，这列“重力能源列车”就应该可以顺利地行驶在各种条件下的路段上。如列车下行，可以依靠重力惯性前进，同时开启可控负载来控制车行速度，也同时开启上述装置来储存下行时所释放的能量。在上坡段，列车将依靠重力惯性继续向上冲行一定距离；当列车上冲乏力时，可启动惯性飞轮所储存的动力能来推动列车上行；接着又可启动压缩空气发动机，以及蓄电池中贮存的来自风力发电的电源，推动列车前进。如果这些贮存的能量还不足以让列车驰完整个上坡段，那么还可以让太阳能和空气燃料电池来帮忙。当然所有这些都可以通过计算机来进行合理的调配与控制。

（张庆麟）

“空麻袋背米”——星际冲压发动机

用什么能源产生动力，始终是宇宙航行的主要问题。这既关系到飞船的速度，也关系到飞船的质量。反物质能源、核能源以及太阳帆(微波帆、激光帆)能源等都有望成为未来宇宙航行的原动力，它们“性格”特异，各有千秋。这里要介绍的是又一种有望适用于宇宙航行的动力，名叫星际冲压发动机，它的巧妙之处在于几乎不需自带燃料，可直接从太空中获取高性能的能源材料，经转化后可生成推动飞船飞行的强大动力。

星际冲压发动机的方案最早是由美国物理学家罗伯特·巴萨德于1960年针对星际航行中如何携带及补充燃料这个难题提出来的。

方案的基本想法是将广泛存在于星际空间的氢原子收集起来，用作航天器的燃料，这样就可大大减少从地球上携带燃料的数量了。氢是宇宙中普遍存在的物质，浩瀚的宇宙空间虽然是高度真空，但仍然有氢分子和氢原子的存在。在太阳周围的空间比较稀少，每立方厘米只有0.1个氢原子，在星际分子云中多一些，每立方厘米可达1万个左右。当然，这比起地球大气还是非常稀少的，在地球大气中，每立方厘米含有1万兆个氮、氧、氢分子。

星际冲压发动机飞船设想图

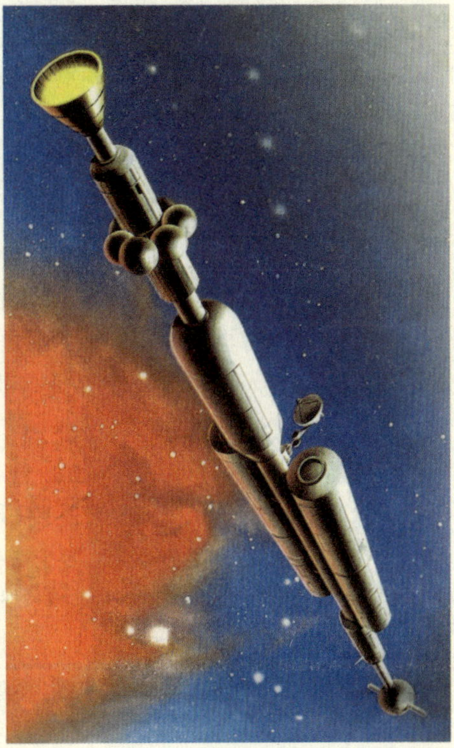

这种星际冲压发动机的原理是利用航天器前部的超导体产生一个绵延数百或数千千米的大磁场，它可以将太空中稀薄的氢原子收集起来，然后将它们送入核聚变反应堆，从反应堆中排出的气体再以极高的速度喷射出去，由此产生巨大的推力。

该发动机系统包括特大的进气道(前端呈漏斗形，称作氢采集器)、核聚变发动机及磁场产生装置。1克氢原子聚变，可产生6 300亿焦耳的能量，是烟煤能量的2 000万倍。

若航天器总重为1 000吨，按照巴萨德估

星际冲压发动机飞船设想图

计，进气道直径约为1千万平方米。假若航天器的初速度为16.7千米/秒，为了每秒钟能收集到0.5克氢，氢采集器的直径应远大于10 000千米。航天器的加速度可达到一个重力加速度(即1克)，这是个很重要的指标，虽然从增大速度、赢得时间来说，加速度愈大愈好，但加速度过大，"超重"会影响人的身心健康。对人类最合适的加速度正是"1克"，因为人类长期在地球表面上生活，已习惯于承受地球的"1克"的重力加速度。航天器以1克加速飞行，人在飞船上生活和工作，既不会超重，也不会失重，与在地球表面上一样。

别小看了这"1克"加速，它仍然会使飞行速度异乎寻常地增加。让我们展开目前来讲还是想像的翅膀，来展望这"1克"加速的美妙前景：

用1克加速只需2年(地球上为3.8年，这是"相对论效应"造成的)就可达到97%的光速，飞过2.91光年的距离。如果想到距地球11.8光年的金鱼ε星去考察，则在飞过航程中点以后，将航天器调转180°，这时以1克减速飞行，即可到达目的地，考察1年后返回地球，共需耗时7～8年(地球上已过去20年)。如果要在宇宙中畅游，则让航天器继续加速，12年可飞出银河系，14年飞过仙女座星系，20年飞过100亿光年的距离。如果宇宙是球形的话，周长约900亿光年，此时航天器已经绕宇宙飞了1/9圈。由于航天器的飞行速度已非常接近光速了，相对论效应非常显著，只要用1～2年时间就可飞完剩下的8/9圈，那时再回到地球，已不是"恍如隔世"的感觉，而是恍如隔几十万世了。因为人在航天器上数十年时间，地球已经历了900亿年的历史长河！令人难以想像！

话说得稍微远了一点，现在再讲一讲星际冲压发动机。这种发动机的前景十分诱人，但要研制成功则困难重重。据报道，美国正在积极研制星际冲压发动机，要求在2040年至2050年时能够投入实际使用。科研工作者将攻克这样几个技术难关：一是如此庞大的氢采集器和进气管道在工程上实难制造。二是设想用磁场来收集氢原子，但它只对氢离子有效。氢采集器在如此高速下，如此庞大的体积实难承受巨大的压力。三是核聚变理论上只对氘和氚有效，现在是氢，不知能否引发氢产生核聚

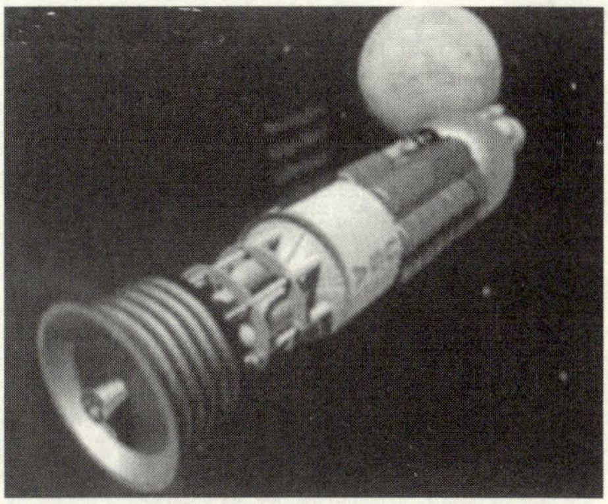

变。如果能够引发，其所需的能量也是个未知数。四是星际间还存在着其他的原子、分子，这类物质有可能会影响到聚变过程。五是在不断变化的飞行速度中，要有效地控制聚变反应也十分不易。

除此以外，要实现星际冲压推进，只有当航天器具有很高的初速时，才能保证为核反应堆收集到足够数量的氢。因此，使用这种推进器的航天器必须要配备一个辅助推进器，只有先达到必要的速度，星际冲压发动机才能开始正常工作。这个速度在地球上应超过每小时 3 000 千米，在太空中则需达到每小时 6 000 万千米才行。

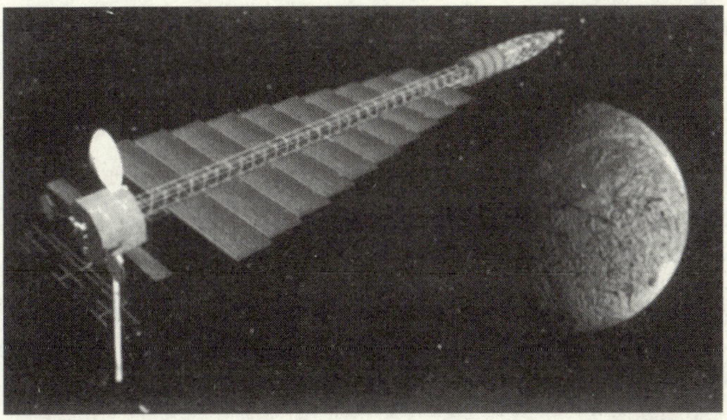

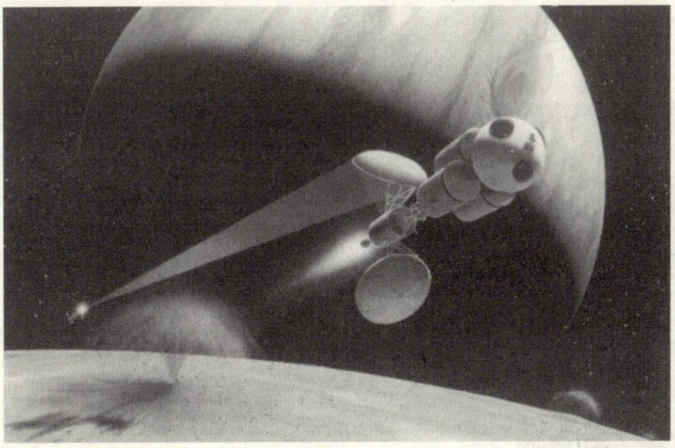

宇宙飞船设想图

（吴　沉）

飞缆试"捕"宇宙能

所谓太空飞缆，简单地讲就是采用柔性缆索，在太空中将两个物体连接起来的系统。如果缆索是导体(如电缆等)，整个系统便成为电动力学缆索，又称 EDT。

美国与意大利合作研制的"绳系卫星 1 号"(TSS-1)于 1992 年 7 月 31 日进行了第一次太空飞缆电动力学试验：意大利第一位航天员马莱巴在航天飞机上向太空释放了一颗卫星，卫星连着一根长 20 千米的铜质缆索(即飞缆)，直径为 2.54 毫米。在太空释放如此长的缆索是为了什么呢？见此情景，或许我们会联想起美国科学家富兰克林在雷电交加的天空中放风筝的故事。富兰克林放风筝为的是要将闪电引到莱顿瓶中以破译闪电的奥秘，而意大利航天员在太空中释放缆索的目的为了验证飞缆发电的可行性。

具体试验是这样进行的：TSS-1 绳系卫星随美国"亚特兰蒂斯号"航天飞机一起进入太空，当绳系卫星随航天飞机入轨后，它自身已获得了一定的环绕速度。然后用发送器将卫星从舱内向上送出，使绳系卫星的轨道在高于航天飞机的轨道上飞行。从航天飞机上看，卫星的离心力大于重力，所以卫星会沿着垂直线自动向上爬升，直到受缆索长度的限制为止。同样，若把卫星发送到航天飞机的下方，卫星的重力会大于离心力，因此卫星会相对于航天飞机呈垂直线下降。

艺术家笔下的飞缆在探索木星及其卫星时，与木星的巨大磁场相互作用而产生能量

原计划航天飞机和卫星 TSS-1 以 2 860 千米/小时的速度飞行时，通过释放飞缆卫星可以进行飞缆发电、地球磁场等科学实验。当导电的飞缆以如此巨大的速度切割地球磁场的磁力线时，飞缆中应产生电流，从而成为别开生面的发电设施。飞缆不仅可以发电，也能接受星载电源向其供电而

使卫星得到推力,为改变卫星的运行轨道创造条件。遗憾的是,第一次试验由于系统中的伸展机构绞盘被一只螺栓卡住,飞缆只上升到 257 米高度就告失败,但还是产生了 58 伏电压和 2 毫安电流。这就初步证明了该试验产生电能是可行的。1996 年 2 月 25 日,美国"哥伦比亚号"航天飞机在太空释放了第二颗"飞缆"卫星,进行第二次试验时,飞缆仅上升到 19.7 千米时,在航天飞机施放塔附近突然断裂,卫星带着一段飞缆失落在太空之中。虽然断裂原因尚不清楚,但在飞缆断裂时已产生了 3 400 伏特电压和 0.5 安培电流(预定目标为 5 000 伏特)。尽管两次试验均未达到预期的目标,但可以证实飞缆发电的原理是正确的,技术上具有可行性。

美国航空航天局遂于 2003 年 5 月批准了一项重要计划研究如何利用缆线取代运载火箭将卫星等航天器送入太空轨道,起名为"动力交换/电动力循环推进",飞缆长达 100 千米。哈佛-史密森天体物理中心的研究小组负责人恩里科·洛伦齐尼说,飞缆推进技术的设想由来已久,其进展往往受到硬件的制约。美国航空航天局认为到 2010 年会看到飞缆发电和飞缆推进技术的轨道运输系统。

太空飞缆发电系统由飞缆收放机构(装在母星上如航天飞机、空间站等的舱内)、飞缆、绕线轮、伺服电机、飞缆拉力传感器、飞缆长度传感器和速度传感器等组成。飞缆必须采用高强度材料制成,内芯是导体,外表为绝缘材料,飞缆收放机构应与母星上的中心计算机相连,计算机采集传感器信息,给绕线轮电机发出指令。航天员则通过控制与显示面板参与操控飞缆收放机构。

飞缆系统不仅具有"发电机"和"推力器"的双重作用,还可以将该系统与其他的能源(如太阳能电池阵)结合起来组成新型的能源系统:在无日照时,飞缆系统为航天器供电;在日照期间,由太阳能电池阵供电,而飞缆系统的推力可提升轨道高度。

飞缆系统在用于探测木星和它的卫星时,也能发挥出巨大的作用:木星和地球一样具有磁场和电离层,与地球不同的是,木星的电离层高度超出木星的静止轨道,因此当飞缆系统在静止轨道下飞行时会产生电能和"拖曳力"。相反,飞缆系统若在静止轨道上方飞行,除了产生电能外还有推力出现。据此,若具有飞缆系统的飞船,以大约每秒六千米的相对速度靠近木星,若错失"拖曳力",飞船将与木星擦肩而过。一旦飞船进入木星的静止轨道,打开飞缆系统可以使飞船减速,当飞缆长达数十千米时,飞船能减速至每秒数百米。因此只要对飞缆系统进行灵活控制,飞船只需用少量的作用力就能完成对木星四个卫星的探测,历时不超过一年。

(吴　沅)

反物质——不是虚无缥缈的能源

1908 年 6 月 30 日，在俄罗斯西伯利亚通古斯地区发生了惊天动地、威力相当于1 000 万吨 TNT 炸药的大爆炸。虽然通古斯大爆炸的原因至今仍众说纷纭，但反物质论已进入科学家重点关注探索的视线之中，这是因为无论是陨石爆炸论或是核爆炸论，都寻找不到爆炸遗留下的陨石碎片，探测不到释放出来的放射性元素……如此强烈的大爆炸怎么会没有留下始作俑者的蛛丝马迹？科学家们认为，反物质论或许有可能解开这个令人百思不得其解的谜团。

什么是反物质？反物质可以理解为物质的镜像。乍一听，反物质这个名词似乎有些虚无缥缈，但事实上现在的科学实验已经证实，反物质是一种客观存在的实体。所谓物质的镜像，就是指与物质的一切属性恰恰相反。

反物质之所以引起科学家们的特殊兴趣，其中最令人心动的是：当物质与反物质相接触时会释放出难以估量的巨大能量，并且它们均双双消失在爆发之中(这种现象称为“湮灭”)。

据科学家们计算：一颗盐粒般大小的反质子，能产生相当于 200 吨化学液体燃料的推力，可以将巨大的航天器送入太空，并能产生高达三分之一光速的速度。这样的速度只需花两年多的时间就可飞抵冥王星，轻松地飞越太阳系。这将为天文研究带来前所未有的机遇，到时，模糊不清的银河中心将清晰地呈现在人们的眼前，因为我们可以将太空望远镜架设在冥王星上！

计算还表明，用 9 千克正反氢“湮灭”时产生的能量，可以加热 4 吨液氢，把 1 吨重的飞船以 10%的光速送往比邻星座，正反物质的“湮灭”能100%转换成能量。

反物质飞船设想图

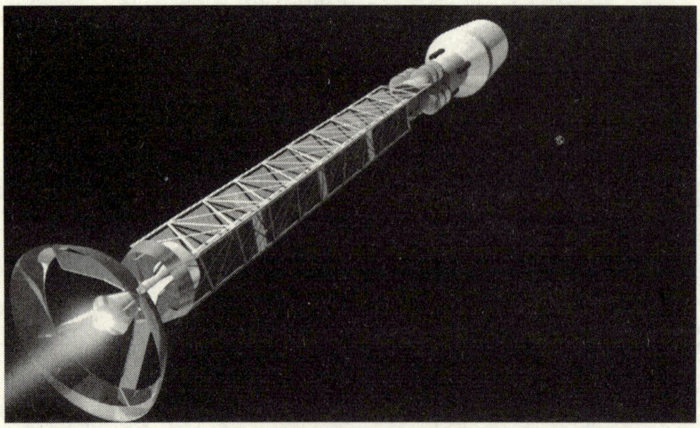

打个比方，如果你真能幸运地得到 1 克反物质，那么你的座车即使用上 10 万年也不用加燃料！这就是反物质的能量。

目前，科学家们采取两种途径寻觅反物质，一是在自然界中寻找反物质。1997 年 4 月，美国海军研究实验室、美国西北大学和加州大学伯克利分校等几个研究机构的天文学家宣布，他们利用伽马射线探测器发现，在银河系上方约 3 500 光年的地方有一个不断喷射反物质的反物质源，它喷射出的反物质竟可以在宇宙中形成一个高达 2 940 光年的“喷泉”。果真如此，这将是反物质研究领域中的一个重大发现，并促使人们开始考虑，如何开发宇宙中的反物质为人类服务！

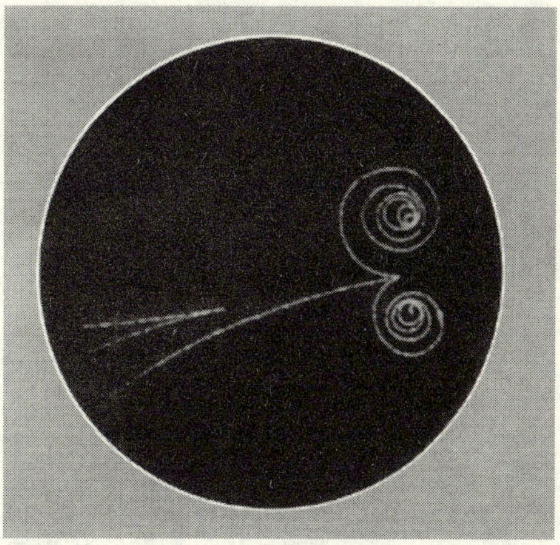

一个电子和一个正电子以相反方向穿过磁场

同时，美籍科学家丁肇中与一些物理学家合作，组成反物质探测小组，决心寻找到充满反物质的世界，为此研制成功了阿尔法磁谱仪，于 1998 年 6 月 3 日(北京时间)搭载美国“发现号”航天飞机，在太空遨游了 10 多天，这是人类历史上第一次将一台大型磁谱仪送入宇宙空间，开创了人类探索宇宙奥秘的新纪元。我国还和意大利合作将在西藏建成世界上第一个 10 000 平方米粒子探测陈列实验室，用以接收来自宇宙的高能射线和反物质粒子。

另外，科学家们正积极地在实验室中制造反物质。1995 年 9～10 月，欧洲核子研究中心制成了世界上第一批反氢原子，在累计 15 个小时的实验中共记录到 9 个反氢原子存在的证据。1996 年，位于美国费米国立加速器实验室也成功地制造了 7 个反氢原子，并能生产出反质子。不久前，欧洲核子研究中心建成的反质子生产厂负责人克洛斯教授称，该厂能每小时生产 2 000 颗反氢原子，这真是里程碑式的跃进！对于反物质的贮存和输出，科学家也已经想到了一些方法，比如将反物质保存在被称作“陷阱”的地方，就可以不会和物质发生“湮灭”。

反物质是能源之最，也是理想的宇宙航行能源，但要使反物质进入实际应用，还有漫长的路要走！

可以深信，反物质作为能源的前景是光辉灿烂的！

（吴　沅）

被忽视的能源——人体能

如果你做个试验，将鸡卵揣在怀里紧贴住皮肤，日夜小心呵护，经过一段时间，就能孵出小鸡！乍一听有些不可思议，但确实如此，这是利用人体能源的绝妙写照！从中可以得出结论：人体能源是可以开发的。

人体能，即人体散发的能量，表现为热能、机械能及经转化后的电能。专家认为，人的一生中至少有 50%的能量被白白地浪费掉了。一个重 50 千克的人，一昼夜可消耗热量 10 425 千焦。如果把这些热量收集起来，可以将 50 千克的水从 0 ℃加热到50 ℃。以小见大，以全世界 60 多亿人计算，得出的将是一个天文数字！当然，收集人体热量要利用先进的科学技术，比如科学家利用人体热能制成温差电池，这种电池十分小巧，可以放进口袋中，作为助听器、袖珍电视机、袖珍收录机、微型发报机等的电源。美国新泽西州电话电信公司设计建造了一座利用人体热能的办公大楼。在每个房间的内壁均装有一种特殊装置，可以有效吸收全大楼 3 000 多名员工散发出的热量，再将热量转换成电能，对蓄电池充电，不断地供给照明、电脑、空调等用电。

靠运动和温差发电

由践踏产生电流

美国匹兹堡大学的工程技术人员设计了收集人体和电灯等“热能回收”的系统，竟可供该校 6 座大楼，包括办公室、教室、剧院等的取暖。深入研究后，专家还发现，凡是学习用功的学生，他的身体发出的热量就越多，男生要比女生产生的热量多，越重的学生产生的热越多。也就是说，用功的、聪明的、超重的男生发出的热量最多。人体热能，不受天气影响，又无污染，使用方便，我国人口众多，是一种不可忽视的能源。

专家们还想出了利用商场、宾馆、办公大楼的旋转门发电，尤其是大商场，每天进进出出的人成千上万；一些大饭店、宾馆,来往的旅客也川流不息。这些人群都带来了不可低估的能量,他们都要用手去推动旋转门,别小看这推手之劳的能量,把许许多多人的能量加在一起就很可观了。专家们在旋转门下建造一个地下室,安装了人体能量收集器。所谓能量收集器,其实相当于机械式手表中的发条,发条拧紧后,就会通过棘轮稳定恒速地释放能量,使手表得到动力。再说能量收集器和旋转门的轴相连,通过旋转门的人越多,积聚的能量就越多。能量收集器通过变速机构和发电机的轴相连接。当能量收集器开始释放能量时就能带动发电机发电。这就是机械能通过发电机转化成电能的奥秘。电能可以直接使用,也可以用蓄电池储存起来作备用。

走路也能产生能量。美国佛罗里达州的一位工程师设计出一种利用步行产生能量转化成电能的装置。他将这种装置埋在马路下或公共场所的地毯下面。上面是一排踏板,当行人踏在上面时,体重的力量使与它相连的摇杆也被压下,摇杆从一个方向带动中心轴旋转,中心轴与发电机轴相连,从而带动发电机发电。当有许多人连续在踏板上行走时,摇杆不断被压下,中心轴就不停地旋转,产生电能。所发出的电可以用来照明和驱动电风扇。

在美国纽约的一条繁华马路上,就铺设了 20 块比路面稍高的金属板,在每块金属板下面放置一个橡皮容器,容器内存满了可循环的水,汽车或人群在金属板上经过,压迫金属板,使板下容器内的水被高速挤出,该高速水流经地下管道通往设在路旁的发电机房,驱动水轮发电机发电,水最后仍回到橡皮容器内。如此往复循环,就能源源不断地发电。据测量,有上百人或 5 吨重汽车在上面经过,就可产生 7 千瓦的电能。在此基础上,另一位工程师作了改进,他利用压电材料会产生微弱电流的原理,当脚压在“压电”地砖上时,压电转换装置会使动能转化为电能,再将电能存储到中心蓄电池中去备用。该中心蓄电池与成千上万块“压电”地砖相连,它所收集到的电能可满足附近的路灯和交通信号灯使用。

目前的健身器具大都忽略了对人体能的收集和利用,使这一部分体能被白白地消耗。若将健身器具稍加改进,配上小型发电装置,让健身者(或运动员)在锻炼过程中产生的机械能带动发电机变成电能,足可供家用电器使用。

美国俄亥俄州的一位名叫马克·艾曼的工程技术人员,他利用“压电效应”和“塞贝克效应”研制成一种织物,这种织物能把人的运动和人体与外界的温差都转化成能量。能靠自身产生的电流来调节使用者的体温和监测人体的生命特征。还能将能量收集起来,为各种附属设备供电(比如电池、显示元件、附加控制装置等等)。

(吴 沅)

建筑节能技术与建筑节能材料

我国国土幅员辽阔，而北方地区约占全国国土面积的72%。与同纬度许多发达国家相比，我国的冬天气候更冷，但我国建筑物的墙体、屋顶和门窗单位面积的传热量，却为气候条件接近的发达国家的2～5倍，对能源的消耗很高，迫切需要大力推进新型的建筑节能技术和建筑节能材料，以提高建筑物的节能效果。我国自1980年起，就组织实施建筑节能工作，制订了相应的节能技术标准，至20世纪90年代末，提出并开始实施节能50%的计划目标。

他山之石可以攻玉，欲达到50%的节能指标，吸取国外的经验是一条捷径。国外一些发达国家早在20世纪70年代末就已经开始了建筑节能的工作。首先，建筑保温材料是实现建筑节能的最基本的条件，各国在建筑中采用了大量的新型建材和保温材料。实心砖已普遍被空心砌块和多孔砖所替代，在空心砌块的墙体中，为了提高墙体的保温性能，需要隔断在砌块之间形成的空心通道的气流，这就要在各空隙中填加膨胀珍珠岩、散状玻璃棉或散状矿物棉等松散填充绝热保温材料。

在建筑物的围护结构（建筑物的整个外墙结构）中，不论是商用建筑还是民用建筑，一律采用轻质高效的玻璃棉、岩棉、泡沫塑料等保温材料。墙体的保温基本上有三种形式：内保温、外保温和夹心保温。居民建筑的墙体常用的是最外面为一层木质或塑料质的墙板，然后是一层硬质的泡沫塑料，里面就是墙的标准主体、木框结构等。另外一种典型墙的结构是在砌筑好的空心墙体的空腔内，填充保温材料，同样能起到很好的

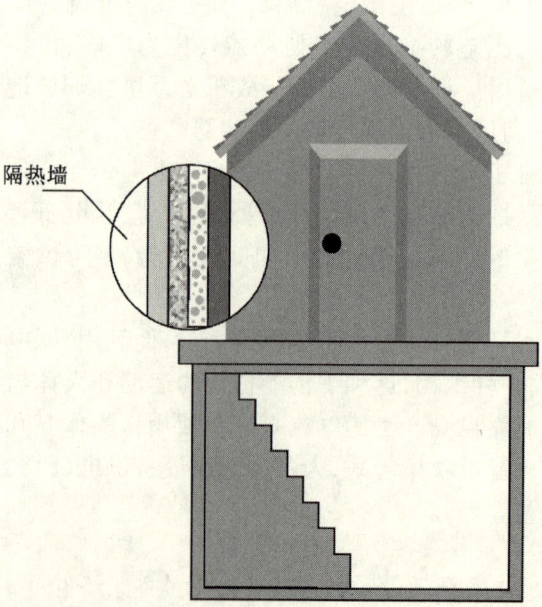

节能建筑示意图

保温作用。

国外的民用建筑屋顶一般采用尖顶的较多，在尖顶的阁楼紧接屋顶的下面，都装有供空气流通的通道，这通道既能解决空气的流通，又可起到一定的保温隔热作用，同时在天花板的上面，一般都要铺设玻璃棉或矿物棉制成的毡、垫，或在此空间直接吹入松散的保温棉，有的就直接吊装由玻璃棉或岩棉等保温材料和装饰贴面复合而成的天花板。

关于地面保温，国外大部分建筑都有地下空间或地下室，居住和活动空间的地板并不是直接暴露在外界环境中，这就为生活空间的保温创造了有利的条件。但是如果地下室和地下空间不是采暖空间时，尤其是在冬季，仍会有相当多的热量通过一楼的地板传出。因此，在建筑物的一楼地板下面，仍然需要填充足够的保温材料。同时，在地下室的混凝土地坪地基与土壤之间，也需要铺设一定厚度的刚性保温材料。

从以上国外建筑节能的经验来看，无论是墙体、屋顶还是地板，都要用建筑保温材料。因此，研究开发建筑保温节能材料便是建筑节能是否奏效的关键。目前我国常用的节能绝热材料主要有：岩棉、玻璃棉、聚苯乙烯泡沫塑料、水泥聚苯板、硅酸盐复合绝热砂浆等。

岩棉是以精选的玄武岩或辉绿岩为主要原料，经高温熔制成的无机人造纤维。岩棉可制成岩棉铁丝网毡、岩棉保温条、岩棉管壳等。岩棉制品具有良好的保温、隔热、吸声、耐热、不燃等性能和良好的化学稳定性。岩棉常用于建筑外墙。

玻璃棉是矿物棉的第二大类产品，以硅砂、石灰石、萤石等矿物为主要原料，经熔化，用火焰法、离心法或高压气体喷吹法等工艺，将熔融玻璃制成无机纤维。玻璃棉制品广泛应用于房屋、管道、贮罐、锅炉、飞机、船舶等有关部位的保温、隔热和吸声。目前我国的玻璃棉产量仅为美国的1/60。

聚苯乙烯泡沫塑料是以聚苯乙烯树脂为基料，加入发泡剂等辅助材料，经加热发泡而成的轻质材料。自1996年以来，国内聚苯乙烯泡沫塑料制品生产进入高速发展阶段。现已在建筑领域得到广泛应用。

水泥聚苯板是由聚苯乙烯塑料下脚料经破碎而成的颗粒，加水泥、水、起泡剂和稳泡剂等材料，经搅拌、成型、养护而成的一种新型保温隔热材料。它更有施工方便、粘贴牢固、价格较低等优点，适用于建筑物外墙和屋顶的保温隔热层。

建筑节能除了墙体、屋顶、地板的保温、隔热，建筑门窗的隔热、密封外，还有室内供电、供热水、取暖等设施的节能问题。2004年在广州召开的“中国城镇建设科技博览会”上同时举行了学术论坛。在学术论坛上，专家们提出了我国建筑节能需要突破的八大节能技术：一是提高建筑门窗的幕墙全周边高性能密封技术；二是中空玻璃和经济型双玻璃系列产品在工艺技术和产品性能上要有较大的突破；三是铝合金专用型材及镀锌彩板等材料断热技术的突破；四是复合型门窗专用材料开发和推广应用技术，重点开发铝塑、钢塑、木塑复合型门窗专用材料和复合型配套附件及密封材料；五是门窗窗型及幕墙保温隔热技术；六是门窗和幕墙成套技术，开发多功能、系列化、各具地域特色的成套产品；七是太阳能开发及利用技术；八是改进门窗的幕墙安装技术。

（周　戟）

建筑节能技术与建筑节能材料

节能玻璃窗在建筑节能中占了重要的地位。美国加利福尼亚州圣地亚哥的高层公共住宅，由于采用了大型玻璃窗，不仅海洋和街道的景致显得更优美了，更由于改变了窗户玻璃的安装角度，在节省能源方面显示了良好的效果。这种玻璃窗的下部是垂直的，可开可关，其上方向外倾斜。倾斜部分的玻璃为双层玻璃，并使用着色玻璃。在倾斜玻璃的上方有伸出长2米的混凝土屋檐。

其节能的效果表现在：寒冷时，从较低角度射入的太阳能几乎全部透过玻璃进入室内；夏天高照的太阳光被屋檐遮着，不能进入室内，而西照的阳光又被倾斜的窗户反射到下方，故热量向室内的侵入较少。

此外，这个建筑物又由于积极地采用了利用太阳能的冷暖气设备，估计所耗能量约为同类建筑的70%。

瑞士联邦工学院研究成功一种新型太阳能电池板，它装在窗户上可使太阳光能变成电能。这种太阳能电池板的成本只有现行硅基太阳能电池的1/5～1/10，但效率却一样。该成果已获专利。这种电池板的上层为碘基电解质溶液，中间为染料层，下层为二氧化钛半导体薄膜。其工作原理与植物通过光合作用，从光中获取能量的原理相似。

该太阳能电池板的优点是，除了构成夹层“面包”的专用传导玻璃外，该板完全是用普通材料制作的。而且这种太阳能电池板很容易安装。

英国研制成功一种新颖的玻璃窗式太阳板。把它安装在建筑物上，可使建筑物的热效率更高。这种多层排列的太阳板，也是模拟植物的办法，即通过光合作用把阳光当作养料。

中国绿色照明工程

20 世纪 90 年代初期，我国照明用电量占全国发电总量的 10%左右，在终端用电中仅次于电机，居第二位。我国的照明电光源是以传统的低效白炽灯和光效低、材料消耗大、寿命短的自镇流高压汞灯为主。而对于高效照明器具，如高压钠灯、金属卤物灯等应用不多，普及率很低。1993 年我国电光源中，普通白炽灯与荧光灯的比例为8.9∶1，而同期的发达国家，如日本等国的普通白炽灯与荧光灯的比例为 1∶2.4。随着经济的发展，人们对居住条件和生活环境的要求不断提高，对照明产品的需求也逐年增长。面对不断增长的需求，如何引导消费者合理使用电能，节约照明用电，以减少新建火电厂的投入，是当时亟待解决的问题。我国电力生产以火电为主，节约照明用电，便可减少火电厂燃烧矿物燃料所带来的温室气体的排放。

照明节电投入少、见效快，是所有终端用电设备中节电率和发电污染物减排率最高、成本效益最好的一种节电技术措施。节电投资回收期平均不到一年。

为推动全社会节约用电、提高能效、保护环境、促进经济社会可持续发展，“九五”期间(1996 年 10 月)，国家经贸委、国家计委、科技部等 13 个部门和单位，在联合国开发计划署和全球环境基金的支持下，共同组织实施了“中国绿色照明工程”。目的是在我国发展和推广高效的照明电器产品，逐步替代传统的低效照明电器产品，改善照明质量，节约照明用电，建立一个优质高效、经济舒适、安全可靠、有益人们工作和生活的照明环境。

中国绿色照明工程的核心内容就是以高效节能的照明灯具和器材替代传统的白炽灯具。在此市场经济的环境中，实际上只要做到四个字——价

各种节能灯

廉物美，绿色照明工程便可自然而然地顺利开展。假如市场上出售的照明灯具，一类是高效、美观、节能、长寿，价格又便宜的节能灯具，另一类是传统的价贵又费电的白炽灯，那么只要是个正常人，便都会选购节能灯的。现在的问题是怎样才能生产出价廉物美的节能灯。

在"物美"方面，主要靠科学技术来研发出各种优质节能灯具。现在已经开发出的节能灯具和器材有：以紧凑型荧光灯、细管型荧光灯、高压钠灯、金属卤化物灯等为主的高效电光源；以电子镇流器、高效电感镇流器、高效反射灯罩等为主的照明电器附件；以调光装置、声控、光控、时控、感控等为主的光源控制器件等。以上这些节能灯具和器材一般都经过多层次科学鉴定和实际应用的检验，它们的质量胜过白炽灯是毋庸置疑的。

现在的关键问题就是节能产品能否做到"价廉"。说到新产品的价格，就不是一个纯技术问题，它受到多方面因素的制约。当然，新技术(生产工艺、生产设备、选用的原材料等)的优劣仍是一个关键，但却不是惟一的因素。影响新产品价格的另一关键因素是生产批量。只有当新产品能够大批大量地投入生产，新产品的价格方可大幅度地下降。这就是所谓的"规模效应"。

这里就出现了一个如何"启动"的问题。在市场经济条件下，企业的生产必须是"以销定产"。新产品刚投产时，还未能打开市场销路，生产批量不可能大，那么新产品的市场售价必然随之而高，高价的新产品就难以打开市场销路。这样就形成了"恶性循环"，新产品有可能会夭折。这时，政府的扶持就是"雪中送炭"了。政府的扶持可以通过政策的优惠、经济的补助和媒体的宣传等途径。

"2004年北京市绿色照明工程"正式启动。北京市在饭店、商厦等照明用电大户中征集高效节能灯、照明节电器用户，被选定的用户将享受供货商以低于市场20%的价格供货，并获30%的政府补助。

我国在推进绿色照明工程时，提出要做到四个结合：一是推行大宗采购和政府采购相结合，推动各行业采用高效照明系统。如首钢集团公司一次改造安装节能灯2万余只，每年可节约电费200多万元；二是与北京2008年奥运会重点工程建设相结合，在新建体育设施、场馆及公用设施中推广采用高效照明系统；三是与整顿和规范市场经济秩序相结合，引导和规范高效照明电器产业的发展；四是与企业改革和发展相结合，促进行业重组，加快技术进步，创造名牌产品，增强高效照明电器生产企业的竞争力，巩固我国照明电器产品生产大国的地位，逐步发展成为照明电器产品的强国。

（周　戟）

节能新技术

当今人类利用的一次能源中，有近90%是不可再生的化石能源，用一点就少一点。随着人口的增长和生产的发展，能源的消费量在继续上升。可再生的、洁净的和潜力巨大的太阳能以及未来的核聚变能，离大规模实用化还有一段较长的历程。因此，节能是人类"保护资源，造福子孙"的千秋大业。当然，节能并不是简单地限制能源消费。节能的中心思想是采取技术上可行、经济上合理以及环境和社会可接受的措施。也就是说，应积极开发各项节能新技术，以更有效地利用能源。

目前，已实用化的节能新技术，在工业、农业、交通运输业和建筑业中都有广泛的应用。如在工业生产中已推广应用的节能新技术有余热回收利用技术、高效低污染工业锅炉、电子控制节能技术、高效加热技术、电热膜加热技术、非晶态变压器节能、电动机节能技术等。

在农业生产中主要是利用各种节水新技术来节能。

交通运输领域中有陶瓷发动机节能、油水乳化技术节能、汽油机稀薄燃烧节能等。

建筑节能主要是采用新的节能材料和设备，如开发各种高效保温材料用于复合墙体、屋面和地面，多层密封窗、开发红外热反射技术、太阳能利用技术、热回收技术以及采用各种高效节能灯等。

余热回收利用技术：余热是指在某一热加工过程中未被利用而排到周围环境中的热能。据统计，我国各行各业余热占其燃料消耗总量的17%～67%，其中约有60%可以回收。为回收利用余热，可通过热电联产技术、热泵技术和热管技术等。

电子控制节能技术：采用这项技术可使机电设备的负荷达到最佳匹配，实现经济运行，降低电力消耗。主要是推广绕线式异步电动机串级调速、异步电机的变频调速和电动机轻载节电器等。微电子控制技术可应用电子微处理器进行编程后，对生产工艺参数和操作过程进行自动控制。这项技术在国外已普遍采用，国内也在机床加工、燃煤锅炉和电炉钢冶炼等部门中示范应用，取得了良好的节能效果。电子控制节电还可用于将风机、水泵的阀门调节改为交流调速控制，可节电30%～40%。

电动机节能：电动机是工农业生产和日常生活中的动力设备，社会拥有量很大。由于我国电动机制造业比国外相对落后，特别是电动机容量

余热发电示意图

级差大，专用电机开发研究少。因此，电动机与生产机械的容量不匹配，“大马拉小车”的现象相当普遍。开发研制专用的节能型电动机，具有很大的节能潜力。

非晶态变压器节能：变压器也是工农业生产中用量很大的电器设备。虽然变压器本身的效率很高，但因其数量多、容量大，因此总损耗还是很大的。用非晶态材料代替硅钢片制作变压器的铁芯，不仅节约了能源，还可使变压器的体积减小，重量减轻。

电加热节能：电加热是指金属热处理和低温烘烤时的用电加热。电加热炉使用面很广，拥有量大。我国由于目前使用的电加热炉的热工设计落后、所用的绝缘保温材料性能差等原因，炉子的热效率低。对用于脱水、烘干、固化的低温加热炉，应推广采用高强度红外加热技术，改进热工设计，选用性能好和保温好的保温材料，一般可节电50％。对金属热处理电炉，应推广采用耐热保温的多莫来石纤维。采用空气保温夹层新技术和耐火纤维直接喷敷新技术对老电炉进行技术改造，可节电40％。

电热膜加热技术：电热膜是一种导电薄膜，可用于各种电热器具和建筑供暖。电热膜加热效率达85％，而普通电热丝加热效率仅为40％。

陶瓷发动机节能：用陶瓷材料代替合金钢制造汽车发动机，可以免除循环水冷却系统，这样，便可节省30％的热能。

储能技术与节能：开发各种储能新技术，可充分利用能源的供应，同样可达到节能的效果。现在已经投入使用和正在开发研究的储能新技术有压缩空气储能技术、抽水储能技术、高温超导储能新技术和二氧化碳储能等。

（周　戟）

畅通无"阻"说超导

超导体已经成为科学舞台上的"明星",但什么是超导体? 科学家们又为什么会对超导研究如此重视?

所谓导体就是能够通过电流的物体,通常金属材料都是导电的物体。但是,即使导电性能最好的银,也存在电阻,电流通过时会发热,造成损耗。因此,超导是一种在某一温度下不存在电阻的导电现象(出现零电阻),具有这种现象的物体称为超导体。当超导体在零电阻到达之前,随着温度的下降,电阻逐渐减小,最后才出现零电阻。我们将电阻发生明显下降的温度称为超导转变温度。

超导现象是在 1911 年由荷兰科学家翁尼斯和他的助手们在实验中发现的,当金属导体的温度降到 10 K (1 K =− 273.15 ℃) 以下时,电阻会明显下降至 10^{-9}欧姆以下,这种现象以前没有发现过。当用水银作研究对象时,在 4.2 K 附近突然发现水银的电阻完全消失了。经翁尼斯和助手们的反复研究证实,水银在 4.2 K(−269 ℃)附近进入了一个新的物态,电阻变为零。经过 75 年的研究实验,科学家们已经在上千种材料中发现了超导现象的存在,但它们的临界温度最高为 23.2 K(相当于−250 ℃)。直至 1986 年 1 月,瑞士物理学家缪勒博士和他的学生贝特诺兹在试验含铜和镍的氧化物的低温性质时,意外地发现了一种镧、钡、铜的三元氧化物在 30 K 时就出现了超导现象。这一意外发现,在物理学界激起了一阵"超导冲击波"。在短短的 75 天中连续打破超导临界温度,远远超过了以往 75 年的总和,但超导竞赛并没有结束,超导临界温度还将继续被更新,目标是实现室温超导体。

鞍形超导磁体

科学家对"超导"表现出如此浓厚的兴趣,是因为超导太吸引人,它的发展前景无可

估量。

大家知道,目前的输电线路都有热损耗,因为输电线有电阻,电阻发热与电流的二次方成正比。为了改善这种状况,使电阻值能降下来,比如加粗输电线,虽可降低电阻,但要浪费大量铜资源;或是升高电压,但远距离高压输电热损耗仍然很大,不能从根本上解决问题。据计算,现在的输电方法有30%的能量是通过热损耗被浪费掉的。而超导体电阻为零,电流通过超导材料没有热损耗,用很细的导线就可以通过很大的电流,也不必再采用高压输电方法。日本东京大学新领域创成科学研究系的北泽宏一教授梦想利用超导技术建立“超导全球电力网”。

“超导全球电力网”有两大优点:一是可以弥补因昼夜、季节而异的电量差。只有发电力保持恒定,发电效率才高。但实际上,白天比晚上、夏季比冬季用电量要多,差距最大时,夏季白天与冬季晚上所需电量相差可达4倍左右。这时,超导全球电力网就可派用场了。以东西方向看地球,地球的一半是晚上、一半是白天;以南北方向看地球,地球的北半球处于夏季时,南半球即处于冬季,若整个地球的电力网连接起来,由于电力需求近乎恒定,发电效率会最高。而要将全球电力网连接起来,除了超导材料外,没有更合适的材料了,否则,连接起来的导线所产生的热阻消耗是无法估量的。二是可以利用庞大的自然能。太阳光强烈照射的广大沙漠,适合利用太阳能发电;大陆沿岸等处常有大风,适合风力发电。但是这些发电方式受到输电线距离的制约,均难以成为现实。如果利用超导电缆传输,不仅无输电距离的限制,输电损耗为零,这种电力网如能建成,太阳能、风能所转化的电能供给社会应用将有最高的利用效率。日本东京电力公司已与其他公司合作开发超导电缆,数年后将推出实用化的超导电缆。按照这样的进展,或许若干年后真能圆北泽宏一教授的“超导全球电力网”梦。

在运输方面,利用超导材料可以制成超导磁悬浮列车,这种列车被超导材料产生的强磁场悬浮起来,不与钢轨接触。车一启动,时速即可达到50千米,跑过几十米距离后,列车便在钢轨上悬浮起来,时速可达550千米,前进的阻力只有空气。如果将空气阻力也消除掉,可以设置真空管道,让列车行进在真空管道里,此时速度可达每小时1 600千米。

超导技术还在电子计算机领域(运算速度可由上亿次提高到每秒几百亿次甚至更高)、在能源领域(超导发电机、超导变压器、超导电缆等)、在医学领域、在基础科学研究领域、在受控热核反应等领域里取得更多的辉煌成果。

（吴　沅）

非晶态变压器节能

电力变压器自1881年发明至今已经有100多年了。在大多数情况下,电能的电压等级自发电站到用户,至少要经过5级变压器方可输送到低压用电设备(380伏/220伏)。虽然变压器本身效率很高,但因其数量多、容量大,因此总损耗仍是很大的。据估计,我国变压器的总损耗占系统发电量的10%左右,如损耗每降低1%,每年便可节约上百亿度电,因此降低变压器的损耗是势在必行的节能措施。

现在大多数变压器都是采用硅钢片做铁芯,由于它在电流交变中会产生涡流损失,因此这一部分电力还没有派上用场就白白地损失了,这种损失叫无功损失,也叫铁损。欲减少无功损失,必须改变变压器的铁芯材料。1967年,美国加利福尼亚大学的波尔·杜维茨教授研究出一种非晶态金属。这种金属的内部结构像玻璃那样呈非晶体态,因此叫玻璃金属或非晶态金属。用它来做变压器铁芯时,无功损失特别小,只有普通硅钢片的1/4～1/5,因此大大节约了能源。

在日常生活中,人们接触的材料一般有两种:一种是晶态材料,另一种是非晶态材料。所谓晶态,是指材料内部的原子排列遵循一定的规律,而非晶态则是材料内部的原子处于无规律状态。像食盐、宝石等是晶态材料,而木材、纺织品、玻璃等属非晶态材料。以往我们认识的所有金属,其内部原子排列有序,都属于晶体材料。

怎样才能使晶体金属材料变成非晶体呢?科学家们发现,金属在熔化后,内部原子处于活跃状态,一旦金属开始冷却,原子就会随着温度的下降而慢慢地按照一定的晶态规律有序地排列起来,形成晶体。如果冷却过程很快,原子还来不及重新排列就被凝固住了,那么所得到的固体金属,就是非晶态金属。可见,产生非晶态金属的技术关键之一,就是如何使金属快速冷却的问题。

制备非晶态合金采用的是一种快速凝固的工艺。将处于熔融状态的高温钢水喷射到高速旋转的冷却辊上,钢水以每秒百万度的速度冷却,仅用千分之一秒的时间就将1 300 ℃的钢水降至200 ℃以下,便形成了非晶带材。用于制造变压器的典型的非晶态合金含80%的铁,而其他成分是硼和硅。

近年来世界各国都在积极研究开发非晶态金属材料。1979年,美国

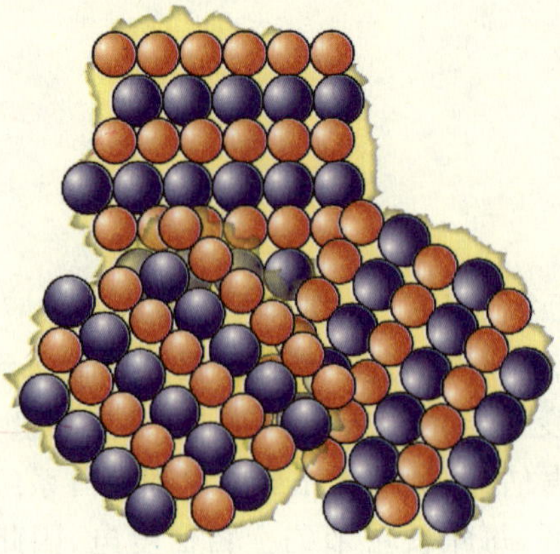

晶态

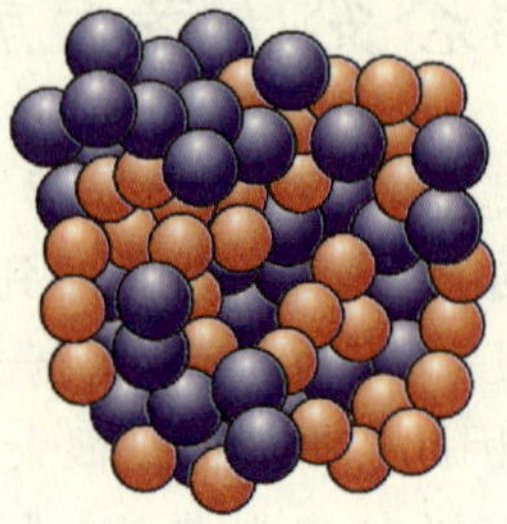

非晶态

麻省理工学院采用非晶态合金制作了15千伏安的干式变压器。美国电力公司立即投入产业化生产，用非晶态合金生产了几万台新型变压器，到各地进行试用。结果证明不仅能够节省能源，而且在不影响性能的条件下，可大大降低变压器的重量。比如，用铁基非晶材料制作400赫兹、3千伏安的电源变压器，使变压器的体积减小了17%，重量减轻了46%，无功损失降低了68%～87%，激磁电流降低80%～86%，并使变压器因无功热损失造成的温度升高降低50%～60%，能源利用率高达98.5%。用铁基非晶态材料制作8 000赫、500千伏安的中频变压器，铁芯由原来的45千克降低到10千克。

日本也很重视用非晶态材料来节约能源的研究。1982年，日本试制了30千伏安的高压油浸非晶态变压器，但日本在产业化应用方面的进度不如美国。据日本的能源专家称，目前日本各地使用的变压器大部分仍然使用硅钢片铁芯。如果将硅钢片换成非晶态铁芯，由此节省的电力可以满足100万户的家庭用电。

我国在20世纪80年代初期进行了非晶态合金变压器的研究，并于1986年研制了30千伏安的非晶态铁芯变压器。

有人估算，如果把我国现在的变压器、电动机所用的硅钢铁芯全部换成非晶态合金材料，每年可节电450亿度，经济效益超过200亿元。这意味着每年可以减少燃煤消耗1 900万吨，减少二氧化碳等废气排放4 500多亿立方米。

（周　戟）

陶瓷发动机节能

1990 年 8 月的一天，一辆“钱江”牌大客车进行了从上海到北京的往返运行试验，获得了成功。这辆车虽然貌不惊人，但是它的心脏——发动机，却是我国研制的第一台无水冷陶瓷发动机。它的研制和试车成功，标志着我国成为继美国和日本之后，第三个进行陶瓷发动机路试（行车试验）的国家。

无水冷陶瓷发动机之所以引人关注，是因为在发达国家中，消耗原油的数量大得惊人，而其中用于交通运输方面约占 42%。长期以来，人们在所用的常规发动机中，喷入汽缸的燃油燃烧后所产生的热量，约只有 40%转变成机械能，有 20%～30%由汽缸盖、汽缸套传给冷却水排出，其余热量由排气和润滑油带走。

有关专家认为，有三条途径可节约燃油，提高热效率：一是提高发动机效率；二是减少发动机机械零件之间的摩擦；三是取消发动机空气或水冷却系统。而采用陶瓷材料制作发动机，不仅可以提高发动机效率，而且还可以取消发动机的冷却系统。

过去汽车发动机的汽缸都是用合金钢制造的，这种汽缸的工作温度为 1 000 ℃左右，而且还要用循环水冷却，否则汽缸将受热变形。若降低工作温度，就会由于燃料不能充分燃烧而造成能源浪费。后来，科技人员发现，如采用耐热的陶瓷代替合金钢制造陶瓷发动机，其工作温度可达 1 300～1 500 ℃，并且可不用冷却系统，这样便可节省 30%的热能。

可用于制造发动机的陶瓷有氮化硅陶瓷和碳化硅陶瓷，这两种陶瓷耐高温、抗氧化、抗腐蚀、硬度大，本身具有润滑性、耐

陶瓷发动机

磨损，能抵抗冷热冲击。发动机用陶瓷制造，提高了发动机的工作温度后，可使燃料充分燃烧，排出的废气中的污染物成分大大减少，如排出的氮氧化物可减少到三分之一，这不仅降低了能源消耗，而且减少了环境污染。陶瓷材料的热传导性比金属低，这使发动机的热量不易散发，又可节省能源。当然，陶瓷发动机可不用冷却系统，这是主要的节省能源的途径。

陶瓷发动机可不用水冷系统，不仅仅可以节省能源，还可简化发动机的结构，减少发动机的故障率(过去约有 20%的发动机故障与冷却水系统有关)。另外，无水冷陶瓷发动机若安装到在高寒及沙漠等缺水地区行驶的汽车上，可为使用带来很大的方便。

从制造成本来看，陶瓷原料供应丰富，不存在资源紧缺的问题。用陶瓷代替镍基、钴基耐热合金，成本可降低到原来的 1/30。

陶瓷发动机可以说是价廉物美的新产品，为此，世界各国都很重视对陶瓷发动机的开发研究。20 世纪七八十年代，美国、德国、日本、中国等先后开始研究用于发动机的高技术陶瓷。我国在“七五”期间及其后的一段时间(1980～1990 年)，有数十个单位在国家科委的组织下，协同攻关，研制成一系列陶瓷发动机的关键零部件。到 90 年代初，有些零部件，如电热塞、涡轮塞镶块、增压器涡轮轮子、气门座等已投产使用。

但是到目前为止，陶瓷材料在发动机上的使用率仍然不高，尤其是整体陶瓷发动机的研制开发和产业化投产还有一定距离。究其原因，主要是需要进一步提高陶瓷材料的综合性能和可靠性，以及需要解决一些陶瓷制作工艺上的技术问题，如陶瓷喷涂和陶瓷的无损检验等问题。

欲提高陶瓷材料的综合性能可有两条途径，一是用陶瓷涂层技术，另外是用复合材料。陶瓷涂层技术可用离子喷涂工艺喷涂二氧化铝、碳化钛、二氧化钛等陶瓷涂层。目前的问题是如何进一步提高涂层的厚度。陶瓷复合材料的种类则十分广泛。更有纳米陶瓷材料，它是材料领域的新宠。2003 年，我国摩托车行业中推出了“纳米金属复合陶瓷发动机”，在业内引起了轰动。

（周　戟）

电热膜加热技术

电热膜是近几年来刚刚兴起的一种热辐射型的加热产品，它的基本原理是利用具有导电性和一定电阻的膜材料，在通电后，电能转变成热能而发热。电热膜的使用温度根据膜材料的不同，可有不同的使用温度范围，一般低温在 100 ℃以下，而高温则一般在 300 ℃以下使用。高温电热膜技术的工作温度，有的可提高到 600 ℃以上。

电热膜技术可以应用在建筑、工业、农业、交通、军事、家用等各个方面。

在建筑方面，可以用于住宅小区、宾馆、写字楼等各种建筑的采暖设施。建筑物应用电热膜辐射采暖，可把电热膜安装在墙内，有的安装在地板内，有的安装在吊顶天棚内。用电热膜采暖代替锅炉供暖的优点很多，比如可解决锅炉采暖的污染，可不用室内的暖气管路，并取消了住宅楼内的水暖管道井和暖气片。采用电热膜取暖，温度可以控制和调节，还具有节能、节水、造价低、免维修、计量方便、运行安全可靠、施工简便等优点，而且解决了采暖收费难的问题。因此，近年来我国北方地区已在推广使用电热膜采暖技术，如北京和东北地区有些小区和宾馆已经安装了电热膜采暖设施。

在工业上，电热膜可用于罐体、管道、库房、生产线、仪器、设备及各种设施的加温防冻。

农业上可用于恒温育雏箱、花房、蔬菜大棚、草坪育种土壤的蓄热保温等。

电热膜的制造方法由于膜材料的不同而有所区别，但一般说来都比较简单，如低温电热膜供暖系统是一种通电后能发热的半透明聚酯薄膜。它的制造方法是将可导电的特制油墨、金属条，经印刷后热压在两层绝缘聚酯薄膜间，便制成了纯电阻式的发热体。再配以独立的温控装置，便成为一种卫生条件和舒适标准都比较高的供暖系统。

低温辐射碳纤维电热膜是由两端覆有金属电极的上层绝缘薄膜、黏附有碳纤维层的中层导电薄膜(碳纤维具有导电性)，及下层绝缘薄膜复合而成。其制备方法有以下步骤：选择适当电阻率的碳纤维，将其切断至合适的长度，然后装入振动筛中，调整振动筛的沉降量(筛落碳纤维的数量)及辊轴转速，使其沉降分布密度控制在预定范围。同时，把浸渍处理过的薄膜通过碳纤维的沉降区，使碳纤维均匀地沉降在薄膜上，并被黏附。通过辊压，黏附有碳纤维的薄膜与另一条辊线上的薄膜复合（该薄膜两端敷有电极）。复合薄膜经过热压固化后便成为导电薄膜。该制备方法简便，成本低、效率高，可小批生产，更可以大批大量地投产。

纳米电热膜的制造，是将纳米电热涂料与石墨进行混合，然后将混合物涂在基板上。

电热膜由于具有诸多优点，并且应用广泛，故科技人员不断地进行探索，开发出名目繁多、性能不断提高的各种电热膜。

金属电热膜元件是将金属箔制作成各种电阻线路，并将其夹在两层绝缘薄片之间形成的电热元件。金属箔是一种特殊的合金材料，厚度仅为10～50微米。绝缘层可根据加热温度和使用环境等条件选取。元件尺寸可以小到几十平方厘米，大到几平方米，甚至能以600毫米的宽度成卷生产。

金属电热膜的优点是使用温度高，使用寿命长。金属膜电热元件的使用寿命为传统电热丝加热元件的10倍。热效率高，一般都在90%左右。无明火，使用时安全可靠。外形可选择，使用范围广。金属电热膜的厚度一般为0.3毫米左右，可以做成平面状，也可以做成其他各种形状，可使产品小型化、轻量化、薄型化。

另一种耐高温电热膜可耐600℃以上的高温。这是由于该产品在涂层的组分及配方上有所突破而创新的。耐高温电热膜可用于制造超轻、超薄的小型电热元件、电热玻璃器具、电热陶瓷器具、设备局部加热电热涂层等。该产品的使用寿命可达5 000小时，而成本仅为0.2～1.0元/平方米。

透明电热膜是最近研制成功的新产品，它的主要特点是可见光相对透过率达80%以上、耐酸碱，目前被广泛应用于家用电热器、食品加工、管道防冻、汽车窗防霜除霜等行业。

四川省的一家研究机构开发出的超薄电热膜技术，是经过特殊工艺处理后，在石英、硼硅玻璃等耐热材料表面形成一层透明的金属氧化物半导体薄膜，厚度不超过0.2微米。由于这种产品具有特殊的光电、电热物理性能，故应用前景极为广阔，不仅可用于工业、农业、日常生活中的光电、电热产品，还可用于航空航天、军事、科研等领域，所以越来越引起人们的关注。

（周　戟）

节能住宅畅行欧美

位于英国伦敦西北的沃特福德市，坐落着一座特殊住宅——节能概念房。这是一幢示范性的民居，取名为“梦幻住宅”。它除了具有符合21世纪环保和智能标准的要求之外，还具有最大限度节能的特点。

住宅西南侧建有大暖房，东北面是落地百叶窗。大暖房保护住宅的热量不致散发，接地百叶窗能调节室内外热量的流动，确保卧室冬暖夏凉；同时，地板层内的温度交换机可提供室内热量，热源由热泵从地下提取。室内照明采用钨和卤素低压荧光节能灯。

住宅还特别注重对太阳能的利用。建在屋顶的太阳能热水器为住宅提供热水；而光伏电池板与小风力发电机则产生电能驱动通风系统和为各种家用电器供电。

住宅的节水设施也十分完备，它由一个废水处理系统将洗澡用水等废水排放到地下水箱，经生物处理后再用于冲洗马桶，而收集雨水的贮水池则用于庭院的绿化灌溉和洗车。

这一住宅向人们展示的是21世纪英国环保节能型住宅的一种新理念。虽然目前这栋住宅还只是供参观的概念住宅，尚未批量进入住房市场，但其传达出的节能概念却给人留下了深刻印象。

目前，欧美国家的政府为使节能住宅成为未来建筑的发展趋势，提供了政策优惠。欧洲一些国家，在为建造节能建筑的建筑商提供资金和税收优惠的同时，也颁布了一些严格的条例，对节能建筑所使用的材料及电器都制订了标准要求。

节能住宅

英国建筑师邓斯特说：“节能住宅的关键之处在于‘智能设计’，尽可能用最简单的方法使能源得到最

大程度地节约。”据邓斯特介绍，目前世界各国的节能住宅虽然各有特色，但这些房子里都安装了各种各样的节能设备和节能系统，其中包括：

太阳能电池板：它可以把太阳能转化为电能。它安装在屋顶后，便可以吸收太阳光，把太阳能转化成电能，整栋房子的电力供应便来源于此。

隔热屋顶：在夏天，屋顶的温度可高达 50 ℃～60 ℃。为了防止屋顶外的热量传导到屋内，屋顶可铺上一层泡沫板。此举可使室内自然温度降低 2 ℃～3 ℃。

保温外墙：里层是承重墙，中间是空气层，内置具有保温、防水、反光特性的材料，最外层是轻质墙体材料。这种外墙可以阻止屋外的热气进入屋内，因此，空调机在这里几乎就没有用武之地了。

低辐射玻璃：这种玻璃可以有效地调控进入室内的光线。当室外温度高于室内温度时，玻璃自身的红外线透过率开始下降，从而阻止太阳能辐射进入室内。当室外温度下降时，玻璃会让更多的太阳光线进入室内，使室内的温度不会发生太大变化。

我国的“生态能源房”是由上海交通大学太阳能研究所建造的。该节能房包括4 千瓦的太阳能电池、1 千瓦的风机、10 平方米的太阳能集热器和 2 千瓦的地温热泵等。这些绿色能源向生态能源房供电、供热和供冷。其中太阳能和风能发出的电能充入蓄电池，并由逆变器变成 220 伏电能，向室内的照明灯和家用电器供电。2 千瓦的地热泵用井水循环，可对室内供冷、供热。而 10 平方米的太阳能集热器可为室内 24 小时提供热水。这样的生态能源房完全适合于家庭居住，被认为是对未来住宅的有益探索。

我国第一幢农村节能住宅，同时也是生态住宅，坐落在浙江省唐光镇金畈村。这是一幢用玻璃马赛克装饰一新的三层平顶楼房。住宅地下建有沼气池、过滤井、净水井；底层设有工业生产用房；二层楼建有厨房、卧房、客厅和卫生间；三层为学习、娱乐和科研用房；屋顶按防渗漏标准施工后，上面培土 20 厘米，建成屋顶高质量菜园。在屋顶还建有一沼肥贮存池，它用来贮存用小水泵从地下沼气池中抽上来的沼液，这是一种优质的有机肥。

这幢能源生态住宅，以沼气为纽带，厨房废水、有机下脚料、人粪水等用循环管道自动流入沼气池。沼气池中发生的沼气，用来点灯、烧饭。沼渣做肥料，生活污水打上屋顶后浇菜。

（周　戟）

地球治理与新能源

地球是人类的摇篮和家园。人们赖以生存的一切物质产品的原材料都取自自然界。所有物质产品的原材料的来源,除了取自无机界(各种矿物、水和大气)就是取自生物界(农、林、牧、渔)。大自然是慷慨的,但它只垂青于有智慧的人。人们凭着智慧向大自然索取。人类的智慧创造了科学技术,科学指导技术,技术推动生产。正是由于社会生产力的发展才有了人类文明。

人们从事社会生产的目的,从原始社会到农业社会,再到工业社会,自觉不自觉地都是为了提高人们不断增长的物质生活和精神生活的需求。因此,作为第一生产力的科学技术,必然与之相应地也是为人类社会的生产、生活服务。千百年来都是如此。

但是当人类社会进入工业社会后期,尤其是进入信息社会时,情况发生了根本性的变化。在信息社会,由于科学技术和社会生产力的飞速发展,从生活层面上看,一方面人们的生活水平快速提高,在发达国家和发达地区,已远远超过了小康水平,进入了高生产、高消费的层次。生活上挥霍、浪费、豪华、奢侈成为习惯。另一方面,由于人们大量地、无休止地向大自然索取,地球不堪重负,出现了严重的地球环境危机:地球资源匮乏危机、环境污染危机、生态失衡危机、自然灾害加剧危机等。

再从社会经济层面上来看,一方面出现经济危机,这是由于社会生产力相对过剩,各国的社会失业率都大幅飙升。也就是说,社会上无事可干的劳动力越来越多。另一方面却对地球危机束手无策。那么,能否把社会多余劳动力转向对地球的治理?

要想全面治理地球,克服地球环境危机,首先是人们的思想观念需要转变,也就是要转变社会生产的目的。今后的社会生产,除了继续满足人们不断提高的物质生活和精神生活的需要之外,更主要的是为了治理地球。当然,这两者并不矛盾,因为只有在治理好地球的前提下,人们的物质生活和精神生活才有基本保障。"可持续发展"的提出就是人们思想观念转变的开始。

欲维持"可持续发展",靠的是高新技术,只有用高新技术来治理地球,才可能达到可持续发展的目的。

治理地球,维持"可持续发展",能源是"主角"之一。欲治理地球,新

能源、机器人、新材料、基因工程、信息技术、空间技术，六者缺一不可，其中新能源又是重中之重。

比如，欲克服地球资源匮乏危机，首先需解决能源危机。当太阳能、地热能、核聚变能等无污染的取之不尽、用之不竭的可再生能源产业化大生产时，其他资源危机也随之迎刃而解。如水资源，大海中的水也是取之不尽用之不竭的，但却必须使之淡化后方能用于生产和生活。淡化海水的技术早已解决，所需要的就是能源。一旦能源便宜了，就可以从大海中通过海水淡化取得大量便宜的淡水。其他矿物资源也是如此。各种金属、非金属元素，在地壳中的蕴藏量与人们生产、生活所需的用量相比，都高出好几个数量级，关键是如何富集和开采。当然，提高技术是一个方面，另一方面就是能源消耗。当有了大量的廉价能源供应时，资源开采的深度和广度便能大为扩展。再则，克服资源危机的另一条途径是资源回收，资源回收除了技术外，也需要消耗能源。

又如，欲克服地球环境污染，大力开发无污染新能源是“釜底抽薪”的好办法。燃烧矿物燃料是大气污染的罪魁祸首，以无污染新能源取代矿物燃料，便消除了大气污染的祸根。至于水污染、废渣、垃圾等的环境污染的消除，除了技术需要过关外，也需要消耗能源。只是在某些情况下，在消除污染的同时还能生产出能源，如垃圾发电。

再如克服自然灾害，则与能源的关系更大。自然灾害都是自然界不可控能量的大爆发，若是能把不可控的能量转化成可控的能源，便是消除自然灾害的过程了。如水灾、旱灾、风灾、寒潮、热浪等都是太阳能的不谐调，而火山喷发、地震等则是地热能的肆虐。如何化害为利，都是能源开发的任务。

至于地球生态危机、土地沙漠化等也与能源有关。如防止土地沙漠化和绿化沙漠，关键在于淡水灌溉。有了廉价的无污染能源，就是有了淡水。有了用不尽的淡水，就能绿化沙漠，变沙漠为良田。

（周　戟）

海水淡化与新能源

水是生命之源，淡水是人类生存的必要条件。但是在地球上，可供人类直接利用的淡水资源却很有限。地球实际上是个“水球”，地球上的总储水量若把地球整个包起来，可达3 000米深。但其中97.2%是海水，陆地水(淡水)仅占2.8%。而陆地水，又有约70%在南极、北极和雪山冰川，实际可供利用的淡水只占总水量的0.64%。这有限的淡水的来源主要靠降水。

随着工农业生产的发展和人类生活水平的提高，对淡水的需求量不断增加。据统计，从20世纪初到70年代中期，全世界农业用水增长了7倍，工业用水增加了20倍。目前已有约90个国家和40%的人口面临缺水危机。

面对波及全球的水荒，为了寻求淡水资源，许多国家采取了不少措施，有的广采地下水，但过度开采又会造成地面下沉和海水入侵；有的使污水净化重复使用；有的就近引水或跨流域调拨，像我国的“南水北调”等；有的在河口建立水库，最大限度的保留和利用淡水。但这些办法都属于节流，不能增加自然界的淡水量，难以满足人们生活水平的提高和工农业生产发展对淡水的需求。于是，人们想方设法“开源”，把目光转向了占全球水源97.2%的海洋。

千百年来，人类一直渴求寻找把海水变成淡水的办法。我们知道，海水含盐量很高，平均在3.5%左右，而日常生活用水的含盐量在0.05%左右，工农业用水的含盐量有的可以稍高一些，但也不能高于0.3%。要使海水变成淡水，就要脱掉海水中的盐分。这种除去海水中的盐分而得到淡水的过程，叫做海水淡化。

海水淡化的方法到目前已经有20多种，主要有蒸馏法、电渗析法、反

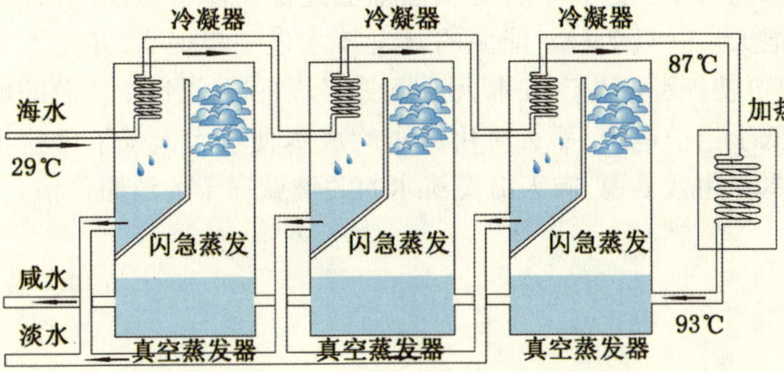

多级闪蒸法

渗析法、冷冻法等。

最早使用的是蒸馏法。海水受热后会变成水蒸气，水蒸气遇冷后凝聚成水珠，汇集成淡水。这就是蒸馏淡化最基本的原理。蒸馏法装置的类型有单级闪蒸法、多级闪蒸法、薄膜竖管式、浸管式等，其中多级闪蒸法无论其装置数量还是造水能力，均居首位。

大家知道，水在常压下，要到 100 ℃才沸腾，但若降低气压，水不到 100 ℃也可以沸腾，压力越低，沸点也越低。如果蒸发室保持在低压真空状态，引入经过加热器加热的海水，海水通过蒸发室后就能很快蒸发，蒸汽迅速逸出海水，这就叫闪蒸。蒸汽上升后遇到刚刚输入冷海水的水管，则迅速凝结成水滴，变成淡水；与此同时，冷海水管中的海水由于蒸汽的加热又升高了温度。如果把多个蒸发室连在一起，不仅能使进入的冷海水经过多个蒸发室不断加温，而且在多个蒸发室中依次降低压力，依次出现蒸发，这样既节省了燃料，又增加了淡水。这个把多个蒸发室连接起来进行蒸馏产生淡水的方法叫“多级闪蒸法”。

与其他方法相比，多级闪蒸法的优点是可以充分利用低温热源，热利用率高，产生的水量较大，且成本低，设备结构简单，操作方便，运行可靠，操作和维修费用较少。目前，国内外已投产的海水淡化厂，大多采用多级闪蒸法生产淡水。

电渗析法的基本原理与蒸馏法正好相反，蒸馏法是把淡水从海水中提出；而电渗析法是把盐从海水中取走。电渗析法是利用海水的导电性，在电渗槽中通上直流电，并插入多组阴阳离子膜。这样，海水中的盐分被电离后，分别向阴、阳极移动。在此过程中，阴、阳离子分别被阴、阳离子膜阻挡，而从膜间室中流出。脱盐后的淡水便可用专门的管道引出。

实用的蒸馏法海水淡化装置早在 19 世纪末 20 世纪初就已在航海的船上使用。20 世纪 30 年代初，在发现石油的中东地区开始设置小型海水淡化设备。海水淡化产业从 20 世纪 50 年代后开始有较快的发展。

当前，海水淡化存在的主要问题是成本高。淡化海水的主要成本费就在于能源的成本。因为不管是用蒸馏法还是用渗析法淡化海水，能源的消耗都很大。一旦各种新能源的开发技术进一步提高，并投入产业化大生产，便可使能源的生产成本大为降低。若有朝一日，新能源的电价能大幅度地低于当前电价，那么淡化海水的成本便可大大低于目前生产自来水的成本。也就是说，向大海要淡水的关键就在于能源的价格。

（周　戟）

绿化沙漠与新能源

沙漠能否改造成良田？公元前 8000 年到公元前 2000 年是地质年代的潮湿期，那时的撒哈拉并不是如今的满目黄沙，而是一片辽阔的大草原。草原上泉水叮咚，溪流潺潺，雨量充足，草木茂盛，适合于飞禽走兽生存。肥沃的土地也哺育了这片土地上的人们。到了公元前 4000 年，撒哈拉地区的人民已经开始饲养牲畜，他们劳动耕作，创造了繁荣而灿烂的远古文化。

然而，曾经昌盛一时的撒哈拉文化，在非洲、在地球上却彻底地消失了。昔日辽阔的大草原竟然演化成全球最大的沙漠！既然草原可以变沙漠，那么沙漠为什么不能还原为草原呢？关键就在于淡水灌溉。

所谓绿化沙漠，就是把沙漠改造成草原、森林和耕地等能生长植物、有肥力的土壤。土壤生长植物靠的是土壤的肥力。肥力是指土壤能不断地供应和调节植物生长过程中所需要的水分、养分、空气和热量的能力。

土壤的组成包括矿物质、有机质、水分和空气，当然还需要阳光，土壤才能生长植物。按容积来说，适于植物生长的土壤约含 50%的孔隙，其中土壤空气和土壤水分各占 25%左右（空气和水分的比例是经常变动的）。土壤的固体部分约占 50%，主要是矿物质和有机质。

矿物质是土体的物质基础，矿物质风化分解后释放出植物生长所需的钾、磷、钙、镁等养分。土壤有机质的含量约占固体体积的 12%左右。土壤有机质包括遗留在土壤里的生物残体，以及经过土壤微生物（细菌、真菌、藻类等）的生物化学作用所形成的腐殖质等。

沙漠与土壤相比，沙漠中矿物质、空气、阳光都不缺，主要是缺淡水和有机质。为此，欲绿化沙漠，把沙漠改造成良田，就需要大量的淡水灌溉和增加有机质以提高土壤的肥力。

用淡水灌溉沙漠，问题是地球上的淡水资源原本就紧缺，只占地球总水量的0.64%。若需要大量的淡水用于大面积地灌溉沙漠，即使开发地下水也是不够用的。那么，只能向大海要水，通过海水淡化获取用之不尽的淡水。好在海水淡化在技术上已经成熟，可用多级闪蒸法和电渗析法等生产淡水。目前的关键问题就在于淡化海水的生产成本价格太高。

有机质的来源有城市生活垃圾、农村农作物秸秆、江河湖泊底层的淤泥和有机废水等。城市生活垃圾中通常含有 25%～30%具有一定价值

淡水绿化沙漠示意图

的生物降解物，可作为有机肥；江河湖泊底层的河泥、湖泥由于水生生物的不断沉积，使其中包含着大量的有机物，成为肥力丰富的沃土；工业废水中有些是有机废水，如食品厂、制革厂、酿酒厂、造纸厂等排出的废水中都含有大量的有机物。若想节省有机物的运输费，也可在沙漠就地生产有机物。日本科学家在科威特沙漠成功地做了试验，仅用了两个普通游泳池大小的培育池，在半年中竟生产出37吨蓝藻，用这些蓝藻提炼液制成调味剂，其残渣就是很好的有机肥了。

看来，欲绿化沙漠，有机质的来源是不成问题的，关键在于淡水灌溉，而淡水的来源主要靠海水淡化。能否大量地通过海水淡化来生产淡水，又取决于能源的价格。A决定于B；B决定于C，这样C(降低能源的价格)就成了能否绿化沙漠的关键了。

那么，怎样才能使新能源的价格大幅度地下降呢？那就得靠太阳能、地热能、风能、海洋能等新能源的开发技术的不断提高。因为这些新能源原本是大自然免费赐给人们的。所谓“价格”，只是人们在开发这些新能源时所花的“劳动量”而已。开发的技术越高明，开发过程中花费的人力物力就越少，价格便能降下来。

（周　戟）